中国农业科学院烟草研究所
牡丹江烟叶公司穆棱分公司
中国烟草东北农业试验站
黑龙江省农业科学院牡丹江分院
延边朝鲜族自治州农业科学院
丹东农业科学院烟草研究所

DONGBEI LIANGSHAIYAN ZHONGZHI ZIYUAN TUJIAN

东北晾晒烟种质资源图鉴

张兴伟　赵　彬　陈荣平　冯全福　主编

中国农业科学技术出版社

图书在版编目（CIP）数据

东北晾晒烟种质资源图鉴 / 张兴伟等主编. —北京：中国农业科学技术出版社，2019. 10

ISBN 978-7-5116-4424-4

Ⅰ. ①东… Ⅱ. ①张… Ⅲ. ①烟草—种质资源—东北地区—图谱 Ⅳ. ①S572.024-64

中国版本图书馆 CIP 数据核字（2019）第 219627 号

责任编辑 闫庆建 王思文 马维玲
责任校对 李向荣

出 版 者 中国农业科学技术出版社
北京市中关村南大街12号 邮编：100081
电 话 （010）82106632（编辑室） （010）82109702（发行部）
（010）82109709（读者服务部）
传 真 （010）82106650
网 址 http: // www.castp.cn
经 销 者 各地新华书店
印 刷 者 北京富泰印刷有限责任公司
开 本 880mm × 1 230mm 1/16
印 张 34.75
字 数 885千字
版 次 2019年10月第1版 2019年10月第1次印刷
定 价 298.00元

《东北晾晒烟种质资源图鉴》

编委会

主　　编： 张兴伟　赵　彬　陈荣平　冯全福

副 主 编： 董清山　吴国贺　姜洪甲　戴培刚　刘国祥　佟　英

参编人员（以姓氏笔画为序）：

马维广　王　刚　王　俊　王　艳　王元英　王志德　王春军
王琰琰　邓贵义　申莉莉　冯全福　邢世东　吕洪坤　任　民
任广伟　向小华　刘　旦　刘好宝　刘国祥　安承荣　李　媛
李凤霞　李尊强　杨　哲　杨全柳　杨金广　杨爱国　吴国贺
邱恩建　佟　英　宋　健　张　玉　张兴伟　张瑞娜　陈志强
陈荣平　陈德鑫　范书华　罗成刚　金妍姬　郑永美　赵　彬
赵云彤　胡海洲　姜洪甲　耿锐梅　徐　博　徐建华　崔昌范
董清山　蒋彩虹　程立锐　傅迎军　鲁世军　解国庆　戴培刚

审　　校： 蒋予恩

Preface

前 言

中国农业科学院烟草研究所、牡丹江烟叶公司穆棱分公司、中国烟草东北农业试验站、黑龙江省农业科学院牡丹江分院、延边朝鲜族自治州农业科学院和丹东农业科学院烟草研究所共同编辑出版的《东北晾晒烟种质资源图鉴》是几代烟草种质资源工作者辛勤劳动的结晶，是烟草种质资源基础工作的重要体现。

根据国家烟草专卖局发布的《名晾晒烟名录》（国烟法〔2003〕72号），东北地区的名晾晒烟有吉林省延边朝鲜族自治州、蛟河市、桦甸市、农安县的晒红烟，黑龙江省尚志县、林口县、穆棱县的晒红烟。其中蛟河市漂河镇寒葱沟村是最早开始种植蛟河烟的地方，是正宗关东烟的发源地。黑龙江尚志县生产的晒红烟，即知名的亚布力烟亦属于关东烟。

东北晾晒烟大多属于地方农家品种，是我国烟草种质资源的重要组成部分，为科学研究和优良品种选育提供了丰富的材料。东北是我国晾晒烟的重点产区，特具东北香型风格的晾晒烟产地尚志、亚布力、林口刁翎、穆棱、延边、蛟河等地更是被列为国家名优晒烟区。东北晾晒烟烟叶风格独特，品质尤佳，久享“关东烟”盛誉，以“穆棱晒烟”“亚布力晒烟”“林口刁翎晒烟”“蛟河晒烟”而驰名中外。悠久的烟草生产历史、复杂的生态环境、分散独立自给自足的烟草生产方式形成了东北独特的烟草种质资源。截至2018年年底，国家烟草种质资源中期库共收集编目东北晾晒烟种质资源457份，其中黑龙江省收集整理晾晒烟种质资源259份，吉林省收集整理101份，辽宁省收集整理97份。

对东北晾晒烟种质进行整理，繁殖更新，鉴定品种的使用价值，对于开发本地区晾晒烟资源，发展本地区的优质晾晒烟生产具有重要意义。东北晾晒烟是生产混合型卷烟的重要原料，尤其是晒黄烟，可用于烤烟型卷烟，在增加卷烟原香和烟气浓度、提高卷烟安全性方面起到不可替代的作用。当前我国卷烟多数为烤烟型，晾晒烟的用量还不大，但从世界卷烟产品降焦减害的发展趋势来看，生产低危害、安全型卷烟是我国烟草行业的必由之路，而提高卷烟中晾晒烟的比例是降低卷烟中焦油含量、减少危害的重要手段。同时东北晾晒烟苦味较低，在口含烟烟草制品研发方面，具有很大的原料优势。晾晒烟的生育期相对较短，不需要烘烤，相对生产成本低、效益高，在未来烟草制品开发中具有广阔的利用前景。

本书以图文并茂的形式全面系统地介绍了东北晾晒烟的植物学性状、化学成分、经济性状、外观质量、病虫害抗性等重要特征特性，内容丰富，资料翔实，数据可靠。

本书的出版得到了农业农村部保种项目、科技部平台运行服务项目、中国农业科学院科技创新工程（ASTIP-TRIC01）、海南省烟草公司科技项目（201846000024055）和四川省烟草公司科技项目（SCYC201903）的大力资助，在此一并致谢。

尽管全体编写人员为本书付出了极大的艰辛和努力，但因内容较多，编写时间仓促，再加之编写人员水平所限，书中难免存在疏漏之处，敬请广大读者指正，以便再版时修正，使之更臻完善。

编　者

2019年8月于青岛

Contents

目 录

第一章　概　论

烟草是一种非常重要的经济作物，同时作为模式植物，其起源、进化及多倍化过程一直备受研究者关注。烟草在世界上分布很广，遍布亚洲、南美洲、北美洲、非洲及东欧的广大地区。我国是世界最大的烟草生产国和消费国，生产和销售量均居世界之首。近年来，我国烟草行业每年的税利占国家财政收入的7%左右，烟草产业对我国经济的稳定和发展意义重大。

第一节　烟草的起源、分类和传播

烟草最早是美洲的印第安人发现并开始利用的，后由西班牙航海家哥伦布带到欧洲，进而传遍全世界。在1573—1620年传入我国。现在我国南起海南岛，北至黑龙江，东起黄海之滨，西至新疆伊犁甚至在西藏海拔3 000多米的高山均有烟草种植，种植区域星罗棋布，资源种类也丰富多样。

（一）烟草的起源

烟草起源于美洲、大洋洲及南太平洋的某些岛屿，其中普通烟草种和黄花烟草种起源于南美洲的安第斯山脉。普通烟草又叫红花烟草，是一年生或二、三年生草本植物，一般适宜种植在较温暖地区；黄花烟是一年生或两年生草本植物，耐寒能力较强，适宜于低温地区种植。野生烟中有45个种分布在北美洲（8个种）和南美洲（37个种），15个种分布在大洋洲，20世纪60年代又在非洲西南部发现了一个新的野生种*N. africana*（佟道儒，1997）。之后半个多世纪以来，许多新种被相继发现，其中8个烟草自然种得到普遍认可，即*N. burbidgeae*（Symon，1984）、*N. wuttkei*（Clarkson等，1991）、*N. heterantha*（Symon等，1994）、*N. truncata*（Symon，1998；Horton，1981）、*N. mutabilis*（Stehmann等，2002）、*N. azambujae*、*N. paa*和*N. cutleri*。

相关烟草资源考察证明，普通烟草和黄花烟草都原产于南美洲安第斯山脉自厄瓜多尔至阿根廷一带。苏联柯斯的《原始文化始纲》和美国摩尔根的《古代社会》中都曾指出美洲印第安人早在原始社会就有吸烟嗜好。当地居民为了祛邪治病开始吸食烟草，后来慢慢变成一种嗜好。人类迄今使用烟草最早的证据是公元432年的墨西哥贾帕思州（Chiapas）倍伦克（Palenque）一座神殿里的浮雕。考古人员发现该浮雕描绘了玛雅人在举行祭祀典礼时首领吸烟的场景。另一证据是考古学家在美国亚利桑那州（Arizona）北部印第安人居住过的洞穴中，发现有公元650年左右遗留的烟草和烟斗中吸剩下的烟丝。1492年10月，西班牙探险家克里斯托夫·哥伦布（Christopher Columbus）发现美洲时就看到当地人把干烟叶卷着吸用。这些证据说明公元5世纪美洲人已经普遍种植烟草。原产于南美洲的烟属植物既有黄花烟草种、红花烟草种（普通烟），又有碧冬烟草种，而原产于北美洲、澳大利亚和非洲的都属于碧冬烟亚属。从分布上看，原产于南美洲的烟属种最多；从分类上看，南美洲的烟属植物分布于3个亚属中，类型最丰富。因此，烟草起源于南美洲的学说最被研究者认同。还有一些烟草起源学说，包括中国起源新说、非洲起源新说、埃及起源新说、蒙古起源新说等，但由于缺乏有力证据，不被大部分研究者认同。

（二）烟草的分类

烟草在植物分类学上属于双子叶植物纲（Dicotyle doneae），管花目（Tubiflorae），茄科（Solanaceae），烟属（*Nicotiana*）。烟属植物是茄科内染色体数目变化最大的一个属。在烟属现有的种中，体细胞染色体数目有2n=9Ⅱ、10Ⅱ、12Ⅱ、14Ⅱ、16Ⅱ、18Ⅱ、19Ⅱ、20Ⅱ、21Ⅱ、22Ⅱ、23Ⅱ、24Ⅱ，共12种之多，其中以2n=12Ⅱ的种最多。烟属中普通烟草和黄花烟草对农业经济意义重大，其他野生种也是烟草主要病害的抗源，对烟草新品种创制意义重大。

1954年，Goodspeed所著的《烟属》中第一次详细阐述烟属分类系统（Goodspeed，1954）。这一经典分类系统一直到2004年被广泛采纳。近年来，基于新种的发现及遗传学与形态学的研究进展，特别是FISH（荧光原位杂交）和GISH（基因组原位杂交）等现代分子生物技术在烟属分类上的使用（Chase等，2003），Knapp提出了对烟属分类的新方法（Knapp等，2004）。新分类系统与原分类系统的主要差异体现在：

一是在Knapp的烟属划分方法中，淡化了亚属的概念。

二是将Goodspeed的分组中*N. sect. Repandae*（残波烟草组）和*Nudicaules*（裸茎烟草组）合并为*N. Sect. Repandae*（残波烟草组），因为质体和细胞核数据分析表明，这2个组具有相同的亲本。

三是将*N. sect. Thrysiflorae*（拟穗状烟草组）与*Undulatae*（波叶烟草组）合并为*N. Sect. Undulatae*（波叶烟草组）。

四是因*N. sylvestris*（林烟草）基因组属多种异源多倍体，不同于其他的现存种，因此将其从*N. Sect. Alatae*（具翼烟草组）中分出，建立1个新组*N. Sect. Sylvestres*（林烟草组），即将林烟草种单独列为1组。

五是将*N. nudicaulis*（裸茎烟草）由*N. sect. Nudicaules*（裸茎烟草组）列入*N. sect. Repandae*（残波烟草组），将*N. thrysiflora*（拟穗状烟草）由*N. sect. thrysiflorae*（拟穗状烟草组）列入*N. sect. undulate*（波叶烟草组），*N. glauca*（粉蓝烟草）从*N. sect. Paniculatae*（圆锥烟草组）调至*N. sect. Noctiflorae*（夜花烟草组），*N. glutinosa*（黏烟草）由*N. sect. Tomentosae*（绒毛烟草组）调至*N. sect. Undulatae*（波叶烟草组）。

六是新增8个种，分别为*N. mutabilis*（姆特毕理斯烟草）、*N. azambujae*（阿姆布吉烟草）列入*N. Sect. Alatae*（具翼烟草组），*N. paa*（皮阿烟草）列入*N. Sect. Noctiflorae*（夜花烟草组），*N. cutleri*（卡特勒烟草）列入*N. sect. Paniculatae*（圆锥烟草组），*N. burbidgeae*（巴比德烟草）、*N. heterantha*（赫特阮斯烟草）、*N. truncata*（楚喀特烟草）、*N. wuttkei*（伍开烟草）列入*N. Sect. Suaveolentes*（香甜烟草组）。

七是将*N. Sect. Trigonophyllae*（三角叶烟草组）由1960年合并而来的1个种（*N. trigonophylla*，三角叶烟草）重新拆分，并用种名*N. obtusifolia*替代了原名*N. trigonophylla*，该组变为2个种，即*N. obtusifolia*

（欧布特斯烟草）和*N. palmeri*（帕欧姆烟草）。

八是普通烟草组的写法由原先的*N. sect. Genuinae*改为*N. sect. Nicotiana*。用*N. sect. Polydicliae*（多室烟草组）替代了原组名*N. sect. Bigelovianae*（毕基劳氏烟草组）。种名*N. bigelovii*（*Torrey*）S. Watson（毕基劳氏烟草）改为*N. quadrivalvis Pursh*（夸德瑞伍氏烟草）。

九是Burbidge于1960年将*N. Sect. Suaveolentes*（香甜烟草组）中的*N. stenocarpa*改名为*N. rosulata*，Knapp分类系统则将其分列为*N. rosulata*（S.Moore）Domin（莲座叶烟草Ⅰ）和*N. stenocarpa* H. M. Wheeler（莲座叶烟草Ⅱ）。

十是将原先的14个分组整合为13个，种数由原66个增至76个（表1）。

表1 Knapp新分类系统对烟属的分组（Knapp等，2004）

组名	种名	配子染色体数
N. sect. Nicotiana（普通烟草组）	*N. tabacum* L.（普通烟草）	24
N. sect. Alatae（具翼烟草组）	*N. alata* Link & Otto（具翼烟草）	9
	N. bonariensis Lehm.（博内里烟草）	9
	N. forgetiana Hemsl.（福尔吉特氏烟草）	9
	N. langsdorffii Weinm.（蓝格斯多夫烟草）	9
	N. longiflora Cav.（长花烟草）	10
	N. plumbaginifolia Viv.（蓝茉莉叶烟草）	10
	□*N. mutabilis* Stehmann & Samir（姆特毕理斯烟草）	9
	□*N. azambujae* L.B.Smith & Downs（阿姆布吉烟草）	?
N. sect. Noctiflorae（夜花烟草组）	*N. acaulis* Speg（无茎烟草）	12
	N. glauca Graham（粉蓝烟草）	12
	N. noctiflora Hook.（夜花烟草）	12
	N. petuniodes（Griseb.）Milla'n.（矮牵牛状烟草）	12
	□*N. paa* Mart. Crov.（皮阿烟草）	12
	N. ameghinoi Speg .（阿米基诺氏烟草）	12
N. sect. Paniculatae（圆锥烟草组）	*N. benavidesii* Goodsp.（贝纳末特氏烟草）	12
	N. cordifolia Phil.（心叶烟草）	12
	N. knightiana Goodsp.（奈特氏烟草）	12
	N. paniculata L.（圆锥烟草）	12
	N. raimondii J.F.Macbr.（雷蒙德氏烟草）	12
	N. solanifolia Walp.（茄叶烟草）	12
	□*N. cutleri* D'Arcy（卡特勒烟草）	12
N. sect. Petunioides（渐尖叶烟草组）	*N. acuminata*（Graham）Hook.（渐尖叶烟草）	12
	N. attenuata Torrey ex S.Watson（渐狭叶烟草）	12
	N. corymbosa J.Remy（伞床烟草）	12
	N. linearis Phil.（狭叶烟草）	12
	N. miersii J.Remy（摩西氏烟草）	12
	N. pauciflora J.Remy（少花烟草）	12

（续表）

组名	种名	配子染色体数
N. sect. Petunioides（渐尖叶烟草组）	*N. spegazzinii* Milla'n.（斯佩格茨烟草）	12
	N. longibracteata Phil.（长苞烟草）	12
N. sect. Polydicliae（多室烟草组）	*N. clevelandii* A.Gray（克利夫兰氏烟草）	24
	N. quadrivalvis Pursh（夸德瑞伍氏烟草）	24
N. sect. Repandae（残波烟草组）	*N. nesophila* I.M.Johnston（岛生烟草）	24
	N. nudicaulis S.Watson（裸茎烟草）	24
	N. repanda Willd（残波烟草）	24
	N. stocktonii Brandegee.（斯托克通氏烟草）	24
N. sect. Rusticae（黄花烟草组）	*N. rustica* L.（黄花烟草）	24
N. sect. Suaveolentes（香甜烟草组）	*N. africana* Merxm.（非洲烟草）	23
	N. amplexicaulis N.T.Burb.（抱茎烟草）	18
	N. benthamiana Domin（本塞姆氏烟草）	19
	□ *N. burbidgeae* Symon（巴比德烟草）	21
	N. cavicola N.T.Burb（洞生烟草）	20，23
	N. debneyi Domin（迪勃纳氏烟草）	24
	N. excelsior J.M.Black（高烟草）	19
	N. exigua H.M.Wheeler（稀少烟草）	16
	N. fragrans Hooker（香烟草）	24
	N. goodspeedii H.M.Wheeler（古特斯比氏烟草）	20
	N. gossei Domin（哥西氏烟草）	18
	N. hesperis N.T.Burb（西烟草）	21?
	□ *N. heterantha* Kenneally & Symon（赫特阮斯烟草）	24
	N. ingulba J.M.Black（因古儿巴烟草）	20
	N. maritima H.M. Wheeler（海滨烟草）	16
	N. megalosiphon Van Huerck & Miill. Arg.（特大管烟草）	20
	N. occidentalis H.M.Wheeler（西方烟草）	21
	N. rosulata（S.Moore）Domin（莲座叶烟草Ⅰ）	20
	N. rotundifolia Lindl.（圆叶烟草）	22
	N. simulans N.T.Burb.（拟似烟草）	20
	N. stenocarpa H.M.Wheeler（莲座叶烟草Ⅱ）	20
	N. suaveolens Lehm.（香甜烟草）	16
	□ *N. truncata* D.E.Symon（楚喀特烟草）	18
	N. umbratica N.T.Burb.（荫生烟草）	23
	N. velutina H.M.Wheeler（颤毛烟草）	16
	□ *N. wuttkei* Clarkson & Symon.（伍开烟草）	14

（续表）

组名	种名	配子染色体数
N. sect. Sylvestres（林烟草组）	*N. sylvestris* Speg. & Comes（林烟草）	12
N. sect. Tomentosae（绒毛烟草组）	*N. kawakamii* Y.Ohashi（卡瓦卡米氏烟草）	12
	N. otophora Griseb.（耳状烟草）	12
	N. setchellii Goodsp.（赛特氏烟草）	12
	N. tomentosa Ruiz & Pay.（绒毛烟草）	12
	N. tomentosiformis Goodsp.（绒毛状烟草）	12
N. sect. Trigonophyllae（三角叶烟草组）	*N. obtusifolia* M.Martens & Galeotti（欧布特斯烟草）	12
	N. palmeri A.Gray（帕欧姆烟草）	12
N. sect. Undulatae（波叶烟草组）	*N. arentsii* Goodsp.（阿伦特氏烟草）	24
	N. glutinosa L.（黏烟草）	12
	N. thrysiflora Bitter ex Goodsp.（拟穗状烟草）	12
	N. undulata Ruiz & Pav.（波叶烟草）	12
	N. wigandioides Koch & Fintelm（芹叶烟草）	12

注：□表示新增加的种。

（三）烟草的传播

随着哥伦布发现美洲进而通往美洲航道的开通，欧美大陆之间的往来日益频繁。星川清亲在所著《栽培植物的起源与传播》一书中称：“烟草是由跟哥伦布第二次航海的罗曼伯恩于1518年把烟草种子带到西班牙的。这是烟草首次登陆欧亚大陆。”1565年左右，烟草传播到英格兰，随后传遍欧洲大陆。人们陆续发现烟草的其他功能，如有麻醉作用和一些药用功能。1561年，法国驻葡萄牙大使Jean Nicot听说烟草可以解乏提神、止痛和治疗疾病，尤其对治疗头痛更为有效，他即将烟草种子带回法国，精心栽培在自己的花园中，人们为了纪念尼古特，将烟草碱称为尼古丁（Nicotine）。

烟草传入亚洲是在16世纪中叶，大多是从西班牙和葡萄牙传入的。1543年，西班牙殖民者沿着麦哲伦走过的航路入侵菲律宾，烟草也由此在菲律宾种植。1599年传入印度，1600年传入日本，1616年传入朝鲜。

烟草传入我国的具体时间国内学术界一直有争论。当前最流行的看法是以吴晗为代表，认为烟草是在明万历年间传入的。吴晗（1959）认为，烟草最早传入我国是在17世纪初，由福建水手从吕宋（今菲律宾，下同）带回烟草种子，再从福建传到广东、江浙一带。他的依据是明末名医张介宾在他的著作《景岳全书》中首次提到的有关烟草的故事。近年来，一些研究烟草史的学者提出不同看法。郑超雄（1986）根据广西合浦县一座明代龙窑遗址的考古发现，认为烟草应该早于万历而在正德至嘉靖二十八年间（1506—1549）率先传入我国广西。但同时也有学者质疑，匡达人（2000）依据“烟草种子是1558年前后从美洲带到欧洲，由殖民者传入我国的时间应当在1558年之后”而否定此观点。

据《满洲烟草事业小史》记载，烟草传入东北的时间是清顺治年间，距今已有350多年。传入路线有两条：一是从吕宋传入我国，然后再从内地传到东北；二是由日本经朝鲜传到东北。

1. 烟草从内地传入东北

《蚓庵琐语》一书说："烟叶出闽中，北地多寒疾，关以外至以马一匹易烟一斤，初惟南兵北戍者吃之。"这里的"关以外"指山海关以外的辽东大地。明末大批征调"南兵北戍"，始于万历四十六年（1618年），仅至天启二年（1622年）即从内地调入辽东二三十万军队，其中颇多南兵，故吃烟御寒者亦当有之，他们成为烟草传入东北的载体。另外，后金（清）直接从内地获取烟草。自1629年起，后金越过长城，活动于长城沿边及河北、山西、山东等地，掠俘明之军民，驱回辽东，其中亦有吸食烟草之人在内。特别是1632年6月，后金军至大同"近边一带驻营"，遣使与驻德胜堡之明官员商讨"议和之事"。随后明官员回拜皇太极时，"献牛二、羊八、缎四、茶一百八十四包、烟叶六包……"烟叶虽然不多，但说明了内地传输渠道的存在。

2. 烟草从朝鲜传入东北

这条路径是烟草从日本传入朝鲜后，再由朝鲜传入东北。

现在韩国几乎所有的烟草著作及教材都记述为"烟草是光海君10年（1618年）由日本传入的"。天聪元年（1627年）正月后金出征朝鲜，迫使朝鲜求和。自1628年起，烟草随着朝鲜信使每年两次输入辽东，这些信使是朝鲜烟草、烟具在辽东的主要供应者。1627年应是朝鲜烟草传入东北的最早年份。

但满语中烟草的名称"dambagu"，使用了中国汉语的译名体系"danbagu"，而未采用朝鲜译名体系"dambai"，从侧面说明烟草更可能最早是从内地传入东北。

第二节　晾晒烟的类型

我国晾晒烟资源之丰富，为其他国家所不及。国家烟草种质库的统计数据显示，现保存晾晒烟资源达到了2 533份，占全部资源的44%，是最丰富的一类烟草资源。国内品质优良的晒烟有八大香、二明烟、凤凰小花青、半铁泡、红花铁杆、枇杷柳、督叶尖干种、红花铁矮子、青梗等。我国绝大部分省份都有晾晒烟分布，其中分布比较集中的有广东、贵州、黑龙江、湖北、湖南、山东、陕西、四川和云南等，占总数量的82%。晒烟在我国有悠久的栽培历史，各地烟农不仅具有丰富的栽培经验，并且因地制宜创造了许多独特的晒制方法。一些名牌晒烟如四川的"泉烟""大烟""毛烟"和"柳烟"（李毅军，1996），吉林的"关东烟"，青川的上梁晒烟，广东南雄的晒黄烟和高鹤的晒红烟，广西的"大宁烟""大安烟""良丰烟"，江西的"紫老烟"，河南的"邓片"，山东的"沂水绺子"，云南的"刀烟"等早已驰名中外。我国的地方性晾烟面积较少，主要产地有广西武鸣、云南永胜和贵州黔东南等地。此外，一些晒晾烟品种还具有某些优异的特性和特点。例如，湖北黄冈晒烟品种"千层塔"，晒后叶色黄亮，燃烧性好，香气浓，吃味好，深受国内卷烟企业的欢迎。广东廉江晒烟品种"塘蓬"是我国特有的烟草隐性遗传白粉病抗源（国外选育的抗病品种是显性遗传）。

晾晒烟是指以自然条件为主的晾晒结合或晾制方法调制的烟叶，包括除烤烟以外的烟草类型。我国一般分为晒烟和晾烟两大类，然后又细分成若干类型（图1）。凡以晒制为主的列为晒烟，只进行晾制的列为晾烟，并按不同的调制方法，结合调制后的颜色进行归纳分类。

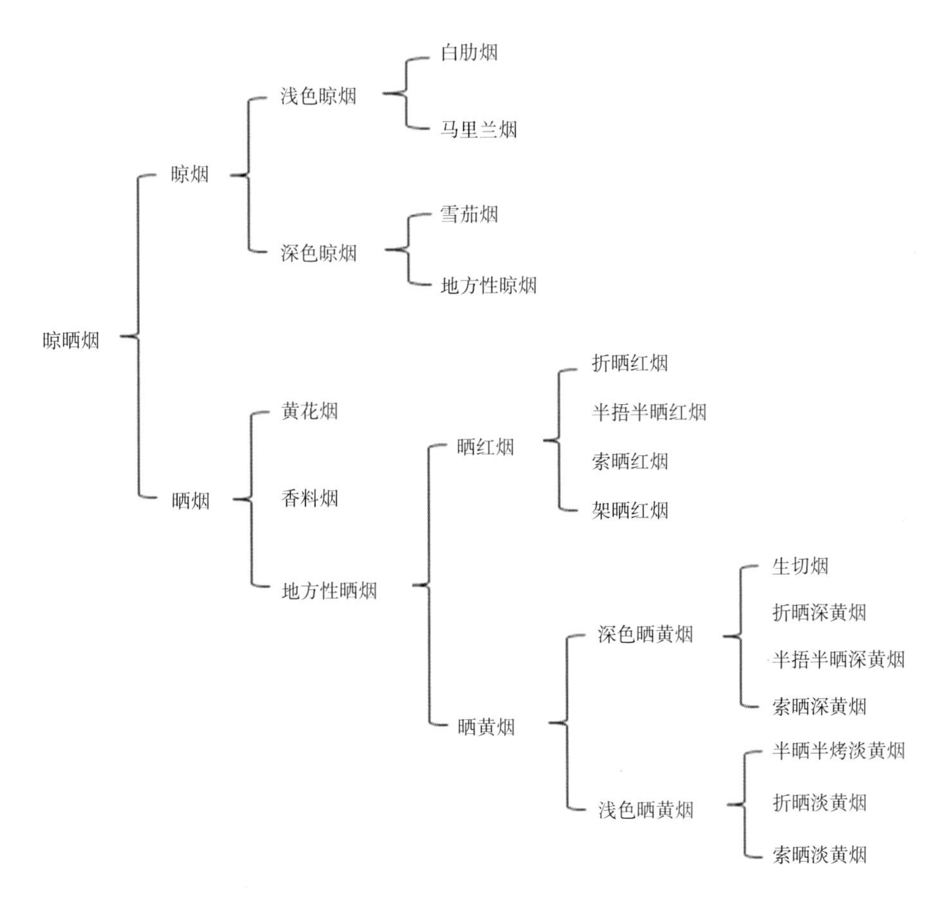

图1 以调制方法为主的晾晒烟类型

（一）晒烟

晒制是一种较古老的调制方法，就是利用阳光，以晒为主、晾晒结合将烟叶晒干。一般在调制初期避免烈日直晒，减缓干燥速度，以便让烟叶充分凋萎变黄，完成烟叶内部化学成分完全转化，再进行定色干燥，使所希望的颜色和内在品质固定下来。晒烟调制历程比晾烟时间短。晒烟可作斗烟、卷烟、雪茄烟、鼻烟、嚼烟等的原料。

1. 地方性晒烟

地方性晒烟属于晒烟类型，因各地生态条件、品种和栽培调制方法不同，形成了多种晒烟类型，按调制后颜色可分为晒红烟和晒黄烟两类（相当于国外的深色晒烟和浅色晒烟）。晒红烟按晒烟工具和方式分为折晒红烟（桐乡烟）、半捂半晒红烟（穆棱晒烟、腾冲晒烟）、索晒红烟（什邡毛烟、会泽晒烟）和架晒红烟（亚布力晒烟、湘西晒红烟）四类，由于它们的栽培调制技术原理、品质特点相近，且调制后烟叶颜色又为深红褐色，所以总称晒红烟。我国晒黄烟类型较多，按颜色可分为深色和淡色两类。深色晒黄烟包括生切烟（保山红土晒烟、腾冲生切烟、广东五华生切烟）、折晒深黄烟（广丰烟）、半捂半晒深黄烟（蛟河晒黄烟）和索晒深黄烟（大方晒烟、栖霞晒烟）。淡色晒黄烟包括半晒半烤淡黄烟（南雄晒烟）、折晒淡黄烟（广丰烟）和索晒淡黄烟（蒙自晒烟）。

2. 黄花烟

黄花烟与红花烟（普通烟草）在植物分类上属不同的种，在植物学特性及生长习性上有较大的差异。黄花烟的植株比红花烟矮小，生长期短，耐寒力强，所以我国种植黄花烟的地区多在北方，在湖北神农架地区也有部分黄花烟资源（李毅军，1992）。其中著名的有兰州黄花烟（即兰州水烟）、东北蛤蟆烟、新疆维吾尔自治区（全书简称新疆）的伊犁莫合烟（又称马合烟）。新疆莫合烟以茎秆为主要原料，加工成金黄色的颗粒，再掺入一定比例的烟叶，用纸卷吸，烟味清香，劲头大，以霍城所产品质最佳（佟道儒，1986）。

3. 香料烟

香料烟香气浓郁，吃味芬芳，是混合型卷烟的调香配料。我国香料烟主要集中在云南保山、浙江新昌、湖北郧西和新疆伊犁等地，目前我国的香料烟种质大多是从国外引入的。近年来云南省烟草农业科学研究院选育了云香巴斯玛一号，该品种各性状明显优于当地主栽品种，有很好的推广前景。

（二）晾烟

晾烟是指将逐叶采收的烟叶，或者整株、半整株砍收后置于晾棚，利用自然温湿度完成颜色、内在化学成分、含水量的变化，以达到理想的要求。由于晾制时间较长，糖的氧化降解过程接近完成，因此晾制后烟叶糖碱比明显降低。晾烟一般分为浅色晾烟和深色晾烟两类，浅色晾烟包括白肋烟和马里兰烟，深色晾烟包括雪茄烟和地方性晾烟。

1. 白肋烟

白肋烟原产于美国，是马里兰型阔叶烟的一个突变种。1864年在美国俄亥俄州布朗县的一个种植马里兰阔叶型烟的苗床里发现的缺绿型突变株，后经专门种植，证明具有特殊使用价值，从而发展成为烟草的一个新类型。世界上生产白肋烟的国家主要是美国，其次是马拉维、巴西、意大利和西班牙等。我国于1956—1966年先后在山东、河南、安徽等省试种。进入20世纪80年代以来，又先后在湖北、重庆等地种植白肋烟，烟叶品质有所提高，已用于生产混合型卷烟。湖北鹤峰县的黄筋蔸、白筋蔸等，是白肋烟型晒烟，兼具白肋烟和晒烟两种风格，是极好的遗传研究材料（李毅军，1992）。优质的白肋烟有白肋21、白肋37等。

2. 马里兰烟

马里兰烟属于浅色晾烟，因原产于美国马里兰州而得名。其调制方法与白肋烟相同，烟叶特点是填充力强，燃烧性好，中等芳香，因此将马里兰烟用于混合型卷烟既可改善卷烟的阴燃性，又不会影响烟的香气和吃味，还能增加卷烟透气度，是混合型卷烟的良好配料。世界上生产马里兰烟的国家主要是美国，集中在马里兰州。我国湖北五峰有少量生产。

3. 雪茄烟

雪茄烟劲头大、香气浓郁，吃味浓，同时焦油与烟碱比值小，近年国内外市场需求日益增长，产业前景广阔（闫克玉，2008）。我国雪茄烟研究工作起步晚，基础研究落后，目前种植的品种绝大部分为国外品种。受种植条件及栽培措施的限制，烟叶品质与国外优质雪茄烟叶还存在差距，不能充分满足烟草工业公司对烟叶原料的需求。

目前，世界上的优质雪茄产区包括古巴、巴西、多米尼加、美国、印度尼西亚等，世界上公认的高品质的雪茄大都产自古巴，而古巴雪茄烟叶种植的品种大都来源于两个最古老的品种Corojo和Criollo，其中Corojo用作生产雪茄茄衣。此外国际市场比较受欢迎的古巴茄衣品种还有Habona 2000，常用来生产高端茄衣Maduro。

我国雪茄烟叶的主产区有四川什邡、海南及湖北来凤等地。我国目前保存的雪茄烟种质资源多为引进种质，如Havana 10、Havana 211、Connecticut Broad Leaf、Connecticut Shade、Florida 301和Florida 503等，地方品种较少，其中最为著名的是浙江桐乡的“督叶尖干种”。近几年开始种植的茄衣品种大多来自国外，种植面积较大的是印度尼西亚的H382。但是我国晾晒烟资源丰富，很多地区种植的晾晒烟都具有特殊的雪茄香型和吃味。如什邡毛烟、新都柳烟都是上等的茄芯原料，江西广丰紫老烟、广东廉江晒红烟、广西壮族自治区（全书简称广西）的武鸣晾烟及贵州打宾烟等，都曾是良好的茄芯或茄套原料（訾天镇，1988）。因此，加大对国家种质资源库中晾晒烟材料的筛选，从中筛选出优异的茄衣、茄芯、茄套资源及培育具有自主知识产权的雪茄品种，是今后雪茄烟发展的重要途径。

4. 地方性晾烟

地方性晾烟是在特定的土壤、气候、品种和栽培调制下形成的带有地方特色的晾烟。这类烟调制后烟叶呈棕色，可作卷烟、雪茄烟原料。美国路易斯安那州的Perique烟属于此类，我国广西武鸣晒烟亦属于深色晾烟。

第三节　晾晒烟的特性与作用

我国的卷烟多为烤烟型，2010年11月召开的世界卫生组织烟草控制框架公约第四次缔约方会议通过一项决议：烟草制品中旨在增强吸引力的香料成分应当被管制，要求“禁止”或“限制使用”增强吸引力的香料成分，这给卷烟降焦减害提出了新的严峻挑战，使中式卷烟“降焦而不减香”更加艰难。在卷烟中增加晾晒烟的比例，是降低焦油增加香气，减少危害的重要手段。我国地域辽阔，不同地区所产的晾晒烟除品种和栽培技术不同外，调制技术的差别也很大，因而形成了有地方特色的各种晾晒烟，这些吸食质量风格独特，香气量足，香气浓郁，配伍性好，安全性高的晾晒烟资源是生产混合型卷烟的重要原料，尤其是我国独特的晒黄烟，可用于烤烟型卷烟，在增加卷烟原香和烟气浓度、提高卷烟安全性方面起到不可替代的作用。当前我国卷烟多数为烤烟型，晾晒烟的用量还不大，但从世界卷烟产品降焦减害的发展趋势来看，生产低危害、安全型卷烟是我国烟草行业的必由之路，而提高卷烟中晾晒烟的比例是降低卷烟中焦油含量、减少危害的重要手段。同时晾晒烟的生育期相对较短，不需要烘烤，相对生产成本低、效益高，晾晒烟在未来烟草制品开发中利用前景广阔。

在世界控烟越来越严峻的形势下，各国烟草生产者把新型烟草制品研究和开发作为发展的重要目标和竞争焦点。新型烟草制品能在一定程度上满足消费者对烟碱的需求，对人体和环境的危害相对较低，被认为是烟草行业发展的热点领域。新型烟草制品主要包括电子烟、低温卷烟和无烟气烟草制品等。共同的特点是：①不需要燃烧，极大减少了因燃烧产生的焦油和其他有害成分，相比传统卷烟危害性较小；②不会产生二手烟气，不会对公共环境和他人健康产生影响，在一定程度上缓解了吸烟和公共场所禁烟的矛盾；③含有烟草成分，能在一定程度上适应和满足消费者的生理需要（张兴伟，2015）。无烟气烟草制品包括口含烟、鼻咽、嚼烟等。我国口含烟烟草制品研发尚处于初级阶段，口含烟中苦味物质会给消费者带来不愉悦的感觉，因此含有较低含量苦味物质的晾晒烟发展前景看好。从全国范围来看，苦味较低的烟叶产地有吉林延边、浙江嘉兴、山东临沂、四川德阳、江西抚州以及吉林蛟河；苦味中等的烟叶产地为黑龙江牡丹江、陕西省及湖南怀化；苦味较重的烟叶产地为贵州省（窦玉青，2017）。综上，东北晾晒烟苦味较低，在口含烟烟草制品研发方面，具有很大的原料优势。

第四节　东北晾晒烟种质资源概况

（一）东北晾晒烟品种资源概况

东北晾晒烟大多属于地方农家品种，是我国烟草种质资源的重要组成部分，为科学研究和优良品种选育提供了丰富的材料。东北晾晒烟有悠久的种植历史，所产烟叶风格独特，品质尤佳，誉享盛名，是我国晾晒烟的重点产区，特具东北香型风格的晾晒烟产地尚志、亚布力、林口刁翎、穆棱、延边、蛟河等地便被列为国家名优晒烟区管理，久享“关东烟”盛誉，以“穆棱晒烟”“亚布力晒烟”“林口刁翎晒烟”“蛟河晒烟”而驰名中外。悠久的烟草生产历史、复杂的生态环境、分散独立自给自足的烟草生产方式形成了东北独特的烟草种质资源。截至2018年年底，国家烟草种质资源中期库共收集编目东北晾晒烟种质资源份457份。黑龙江省共收集整理晾晒烟种质资源259份，其中地方晒烟184份，选育晒烟61份，地方黄花烟9份，选育白肋烟3份，外引香料烟2份。吉林省共收集整理晾晒烟种质资源101份，其中地方晒烟91份，选育晒烟9份，地方黄花烟1份。辽宁省共收集整理晾晒烟种质资源97份，其中地方晒烟48份，选育晒烟10份，地方黄花烟39份。

（二）东北晾晒烟种质资源的形成条件

东北地区地处中纬度亚洲东大陆，属于中温带大陆性季风气候。自然地理条件复杂多样，山环水绕，土质肥沃，自然资源丰富。虽然地理纬度偏高，年总热量不足，但夏季气候温热、湿润良好，适宜晾晒烟生长发育和优质烟叶的形成。晾晒烟种植区域在北纬40°13' ~ 51°43'和东经123°11' ~ 130°33'。黑龙江、吉林、辽宁3个省均有种植。

1. 东北晾晒烟区主要气候条件

东北晾晒烟区日照充足、雨量充沛、气候温热良好。具备生产香气浓、焦油低、劲头足、吃味好的优质晾晒烟的气候资源（表2）。

（1）日照充足。东北晾晒烟产区夏季日照时数较长，日照率高达60%左右，属于长日照地区，有利于晾晒烟的叶片分化和形成繁茂烟株，获得较高烟叶产量。

（2）雨量充沛。东北夏季雨量充沛，70%集中分布在5—9月。但各地降水量差异较大，南部宽甸最多，达872.5mm；北部干旱地区呼玛最少，为400mm。降水量可以满足晾晒烟生长期对水分的需求。

（3）全年热量集中分布在夏季。从表2看出，晾晒烟产区热量集中分布在夏季的5—9月。年≥10℃积温2 061.1 ~ 3 254.5℃，90%以上集中分布在5—9月。7月气温最高，平均气温高达20.4 ~ 24.5℃，晾晒烟大田生长期6—8月，平均气温18.4～22.1℃，可充分满足晾晒烟生长发育要求和优质烟叶的形成。

表2 东北晾晒烟区主要气象因素分析

台站	纬度	经度	海拔（m）	年≥10℃积温（℃·d）	6—8月平均气温（℃）	≥15℃天数（d）	5—9月降水（mm）	5—9月日照（h）
呼玛	51°43'	126°39'	177.4	2 061.1	18.4	76.3	400.0	1 253.0
黑河	50°15'	127°27'	166.4	2 150.1	18.8	79.4	452.7	1 238.1
嫩江	49°10'	125°14'	242.2	2 214.6	19.1	83.5	419.8	1 299.3
北安	48°17'	126°31'	269.7	2 246.7	19.2	87.8	452.5	1 243.8
龙江	47°20'	123°11'	190.0	2 691.3	21.2	104.8	421.3	1 267.8
尚志	45°13'	127°58'	189.7	2 458.9	20.0	93.1	543.2	1 175.8
林口	45°16'	130°14'	274.7	2 646.4	19.8	81.8	431.2	1 114.9
穆棱	44°56'	130°33'	266.3	2 508.9	20.0	87.9	417.6	1 191.5
宁安	44°20'	129°28'	267.9	2 688.9	20.4	93.9	411.5	1 213.7
吉林	43°57'	126°58'	183.4	2 857.0	21.5	111.0	531.0	1 126.0
蛟河	43°42'	127°20'	295.0	2 680.0	20.7	102.0	544.0	1 118.0
延吉	42°53'	129°28'	176.8	2 689.0	20.6	113.0	441.0	999.0
龙井	42°46'	129°24'	240.6	2 758.0	20.3	115.0	451.0	1 038.0
清源	42°06'	124°55'	237.2	2 876.2	21.5	116.0	619.9	1 082.5
凤城	40°28'	124°04'	72.6	3 254.5	22.1	123.0	836.8	988.0
岫岩	40°17'	124°17'	79.8	3 204.2	22.0	122.0	684.9	955.3
宽甸	40°13'	124°47'	260.1	3 204.5	21.2	114.0	872.5	1 021.2

2. 东北晾晒烟区主要生态条件

（1）地理跨度大。东北地区位于我国东北部纬度最高地区，包括黑龙江、吉林、辽宁3个省。南起北纬38°43'，北抵北纬53°33'，纵越14°50'纬度，西起东经118°53'至135°05'，横跨16°12'经度，全区面积80万km^2，占全国总面积的8.3%。

（2）地形多样。本区东、北、西三面有长白山、大兴安岭、小兴安岭环绕，南达辽东半岛和渤海沿岸平原，中部是全国最大的平原之一东北大平原（含松嫩、三江、辽河平原）。有黑龙江、松花江、嫩江、乌苏里江、鸭绿江、图们江、牡丹江、绥芬河、辽河等江流和湖泊。形成烟区山盘水绕、复杂多样的自然条件。沃野千里，土壤肥美，宜于烟草种植。

（3）地貌特殊。东北地貌大致为四周高中间低的半封闭式盆地结构。在平原与山地的过渡地带，土壤pH5.9～6.3，含盐量低，适于种植烟草。

（4）土壤类型丰富。主要适宜种烟土壤有棕壤、暗棕壤、草甸土、草甸黑钙土，沿江河冲积壤土和岗地白浆土壤等。东北区幅员辽阔，土壤类型繁多，土层厚，土壤肥力较高，其土壤多数属微酸性，适宜晾晒烟栽培。一般山地、丘陵区、砂砾质中壤至重壤土所产烟叶香味浓，而砂质轻壤土所产烟叶香味淡，平原地区的以轻壤土至中壤土的烟叶品质优良。

3. 东北烟区晾晒烟种植积温区划

晾晒烟生长的最低温度10～11℃，因此田间定植时以土温10℃以上为宜，大田生长期日平均温度不能低于17℃，这是产值下限的临界指标。生长前期日平均温度20～24℃需保持30d。低于13℃会抑制营养生长，促进生殖生长，出现早花现象。大田生长后期日平均温度20℃是形成优质烟的临界指标。

利用温室育苗，大棚假植的育苗方式，可保障≥10℃的活动积温在1 000℃・d以上，采用地膜覆盖的技术能做到≥10℃的活动积温400℃・d左右。生育期提前10～15d，使现蕾期和烟叶成熟期置于平均温度20℃以上的最佳热量期7—8月，达到充分利用热量资源的目的，有利于优质烟的形成。

（1）东北晾晒烟区积温条件分析。东北烟区幅员辽阔，南北纵越14°15'，东西横跨16°12'，在此以18个地处不同经、纬度和海拔高度的气象台站为代表进行积温条件分析（表2）。

从表2看出，北起呼玛（北纬51°43'）南抵宽甸（北纬40°13'）区域内，年≥10℃积温2 061.1～3 254.5℃・d，6—8月平均气温18.4～22.1℃，稳定通过≥15℃天数76～125d。可充分满足晾晒烟生长发育和优质烟叶形成对热量的需求。

近年全球性气候变暖，我国东北地区气候变暖明显。研究表明，年≥10℃积温线北移、东扩，近10年（1991—1999）比前30年（1961—1990）增温显著，黑龙江省北部增温80～110℃，东部增温30～50℃；吉林省东部山区增温90～100℃，中部70～90℃，西部增温50～70℃；辽宁省平均增温50～60℃。因气候变暖东北烟区热量明显增多，在热量条件方面缩小了与南方的差距，更有利于烟叶生产的发展。

（2）东北区晾晒烟积温区划研究。烟草对生态条件的要求是划分适宜生态类型的主要依据。晾晒烟是喜温的经济作物，积温对烟草的生长发育起关键作用，因此可作为划分生态区的主要依据。

按晾晒烟区域积温状况及晾晒烟对生态环境栽培反应划分4个生态区（表3）：最适宜生态区、适宜生态区、次适宜生态区和不适宜生态区。

表3　晾晒烟积温区划指标

生态区	年≥10℃积温（℃・d）	6—8月平均气温（℃）	≥15℃天数			5—9月降水（mm）
			初日	终日	天数	
最适宜区	2 600以上	21.5以上	28/5	11/9	100以上	600～500
适宜区	2 400～2 600	19.5～21.5	4/6	8/9	90～100	400～500
次适宜区	2 000～2 400	18.0～19.5	8/6	7/9	75～90	400以下
不适宜区	2 000以下	18.0以下			75以下	

（3）东北晾晒烟种植积温区划。东北烟区晾晒烟积温区划的研制，是按晾晒烟区划综合指标，衡量验证各个区域的热量条件划定生态区范围。按照年≥10℃积温（1971—1999年平均值）2 061.1～3 254.5℃・d，6—8月平均气温18.4～22.1℃，≥15℃天数76～125d，分别划分为最适宜区和适宜区两个生态区。各生态区包括晾晒烟种植的县（市）见表4和表5。东北晾晒烟种植区域在北纬40°13'～51°43'，适宜区在北纬48°29'（讷河）以南，含名晒烟产地龙江、宁安、尚志、林口、穆棱、延边、蛟河等地。

表4 东北晾晒烟积温区划最适宜区分布范围

烟区	包括县（市）	累计数
黑龙江	双城、阿城、宾县、巴彦、呼兰、五常、龙江、肇洲、肇东、兰西、青岗、望奎、宁安、牡丹江、东宁、鸡东、佳木斯、集贤、双鸭山、宝清、桦南、七台河、勃利	23
吉林	长春、榆树、德惠、农安、九台、双辽、梨树、四平、公主岭、伊通、吉林、永吉、磐石、桦甸、延吉、龙井、图们、珲春、辽源、辉南、梅河口、柳河、通化市、通化县、临江、集安	26
辽宁	凤城、喀呸、建平、昌图、岫岩、朝阳、凌源、北票、宽甸、桓仁、黑山、北镇、清源、本溪、东港、庄河、海城、辽阳、康平、绥中、辽中、营口、新民、阜新、开原	25
合计		74

表5 东北晾晒烟积温区划适宜区分布范围

烟区	包括县（市）	累计数
黑龙江	尚志、延寿、方正、木兰、通河、依兰、甘南、富裕、依安、拜泉、克山、齐齐哈尔、杜蒙、讷河、泰来、肇源、林甸、安达、绥化、明水、庆安、绥棱、海伦、海林、穆棱、林口、鸡西、密山、虎林、汤源、鹤岗、桦川、萝北、绥滨、富锦、同江、抚远、饶河	38
吉林	蛟河、白山、汪清、和龙、乾安、长岭、镇赉、白城、洮南、大安、通榆、松源、前郭	13
合计		51

4. 悠久的烟草生产历史

据辽宁省烟草志记载，烟草自明朝中晚期（1636—1653年）传入辽宁，已有近400年的种植历史。清代初期晒烟种植和需求逐渐形成风气，主要分布在今辽东地区的丹东（凤城、岫岩、宽甸）、本溪（桓仁、本溪）等地。明朝崇祯年间，朝鲜李氏王朝即已用烟草向建州（辽宁）的官吏进贡，商人开始贩卖烟草，驻蓟辽士兵多嗜食烟草。辽宁的烟草种植历史悠久。清朝初年，辽宁地区已普遍种植烟草。早期的烟草基本为晒烟（俗称旱烟），最盛时期烟草种植曾遍布全省各地，迄今仍有农民自种自用自销。凤城市（古称凤凰城）被誉为东北烟草发祥地。白肋烟试种始于1918年。香料烟试种始于1937年。清代初期，晒烟种植和需求逐渐形成风气。1784年编纂的《盛京通志》称："一名淡巴菰，味温有毒，解山峦瘴气。多吸则火气熏灼，耗血损年。"在辽东民间，将晒烟叶熬水洗眼，治疗红眼症速效。烟草既可御寒，又有药效功能，也有杀虫解疲劳之功效。《抚顺志》云："烟草冬可御寒，土人尤多食之。出抚顺者佳。茎高数尺，叶互生而有纤毛，采叶露干则片烟，切为细丝，可制各种卷烟，有麻醉性，能解疲劳。黄烟、线麻为土产大宗。"清代妇女吸烟也相当普遍。《昌图府志》称："普通民间嗜好，男女老幼，皆嗜烟草。"广为流传的"东北三大怪"中的"大姑娘嘴里叼着旱烟袋"，就是对东北妇女吸食烟草的真实写照。辽宁民间满族婚嫁给"装烟钱"的习俗，至今仍有流传。

据《吉林的土特产》记载："吉林种烟的历史很久，早在1653年，满清公布开垦令后，山东、直隶地方迁移东北来的农民携带烟籽，种植在松花江上游及其各支流，即漂河、拉法河、双岔河等流域。”由于吉林省的自然条件适宜烟叶生长，加上烟叶种植使经营者获得较好收益，因而清初吉林省东部山区的桦甸、永吉、敦化等县种植烟草已较普遍，烟叶连同木材、大豆并称为吉林特产。据成书于1827年的《吉林外纪》记载：“烟，东三省俱产，唯吉林省者极佳，名色不一，吉林城一带为南山烟，味艳而香；江东一带为东山烟，味艳而醇；城北边台烟为次，宁古塔烟名为台片，独汤头沟有地四、五垧所生烟叶只有一掌，与别处所产不同，味浓而厚，清香入鼻，人多争买，此南山、东山、台片、汤头沟之所做分也，通名黄烟。”汤头沟即今天吉林省蛟河市漂河镇寒葱沟村，这里的烟质非常好，远近闻名，为正宗关东烟的发祥地。1992年由清朝皇室后裔爱新觉罗·溥佐亲笔题词“正宗关东烟”，立碑于此。

与吉林省北部相邻的黑龙江省晒烟栽培历史也较悠久。据卜奎县（今齐齐哈尔市）县志记载，晒烟始种于清康熙年间（1662—1723年），迄今已有300多年的历史，栽培和调制工艺日渐纯熟。主要分布在牡丹江流域的宁古塔一带，拉林河上游的五常，呼兰河上游的溪谷地（呼兰、巴彦、安庆、海伦等地），齐齐哈尔一带的富裕、甘南、龙江等达斡尔民族聚集地。清代宁古塔产的“湖头烟”、龙江依布气屯生产的“庹烟”曾作为贡品饮誉京城。在长期自然和人工选择中，逐步演变并形成了黑龙江省独特的晾晒烟类型，如晒红烟、晒黄烟、黄花烟、白肋烟等，涌现出了穆棱晒烟、亚布力晒烟、林口刁翎晒烟等名晒烟。

据现有的史料来看，黑龙江省晒烟栽培历史要晚于吉林省和辽宁省。烟草虽然首先传入东北的辽河流域，但清中叶以后吉林地区后来居上。清代东北烟草主产于吉林地区，其次为黑龙江地区。东北所产的“关东烟”也是以吉林所产烟草为主。“关东烟”的中心产地是吉林地区。

5. 分散独立自给自足的烟草生产方式

东北幅员辽阔，晒烟栽培分布广，很多市县均为独立自给自足的烟草生产方式，即烟叶自产自销自用，栽培区分散独立。长此以往就形成了各自区域各具风格特点的烟草种质资源。

“亚布力烟”是亚布力的特产，也是关东烟的代称。“亚布力烟”属于架晒红烟，每年下霜时节，当地的烟农把绿油油的烟叶割下来，放在田间地头搭起的木头架子上，经过霜打、日晒、风吹、阴干。就可以撮碎，吸用了。“亚布力烟”产于黑龙江省尚志市亚布力镇和新光乡。那里的村民喜好种烟是有其缘由的。一是亚布力得天独厚的地理环境决定的。从关内来的流民在这里安家落户，种庄稼也种黄烟，发现黄烟长的特别好，便一代一代种下去，结果成了当地的主要经济作物。二是恶劣的生存环境决定的。亚布力地处山区，夏秋两季蚊虫、瞎虻和蛇特别多，可是蚊虫、瞎虻和蛇都怕烟，抽烟的人它们不敢近身。故不分男女都抽烟，既解了乏又起到了防身的作用，抽烟仅次于吃饭，所以家家户户都种烟，精心伺弄，于是闯出了亚布力烟这个著名品牌，也形成了尚志柳叶尖、尚志大红花、尚志大青筋等各具特色的晒烟种质资源。

穆棱晒烟有悠久的种植历史，是黑龙江省晒烟的主要产区。得天独厚的地理位置，适宜的气候生态条件，科学的栽培技术，使穆棱晾晒烟早在清末时期，就成为进贡朝廷的佳品，以其风格独特而久享“关东烟”的盛名。全市所辖6镇3乡141个行政村均有晒烟栽培。多以自栽自用为主，少有集市贸易。烟农在长期的生产实践中，积累了丰富的生产实践经验，也筛选培育出了很多具有地方特色的优良品种。如马桥河镇的穆棱1号、穆棱镇的穆棱大护脖香、穆棱镇腰岭子村的腰岭子、穆棱镇柳毛村的柳毛烟、下城子镇的穆棱大青筋、下城子镇的大寨山1号等。

蛟河晒黄烟是著名的“关东烟”，种植历史悠久，在国内享有非常高的声誉。蛟河烟主要有以下特点：一是叶脉对生，俗称“对筋烟”；二是色泽纯正，成熟后烟叶深红或酱红色，油性足，手感柔软；三是吸用时香味浓郁，气味芳香；四是不截火，燃后白灰，在任何潮湿的环境中都能点着；五是吸食后不呛嗓子。广大烟草科技工作者和烟农经过长期筛选，选育了很多地方特色品种，如大虎耳柳叶尖、大青筋、红花铁矬子、胎里黄、琥珀香、孟山草、黄叶子、青湖晚熟、自由中早熟、五十叶、香叶子、千层塔、自来红及延晒系列品种。

第五节　东北晾晒烟栽培简史

（一）黑龙江省晾晒烟栽培简史

黑龙江省地处中纬度亚洲东大陆，属于中温带大陆性季风气候。地处北纬43°23' ~ 53°34'和东经121°13' ~ 135°。幅员辽阔，山环水绕，土壤肥沃，晒烟栽培历史悠久，因烟叶风格独特而久享“名晒烟”盛名。尤以穆棱晒烟、亚布力晒烟更为著名，不仅作为斗烟、手卷烟原料，也是雪茄型卷烟和高档混合型卷烟原料，哈尔滨卷烟厂以30%亚布力晒烟比例卷制的混合型卷烟“灵芝烟”畅销国内外，穆棱卷烟厂以晒烟作原料生产的“琥珀香”牌卷烟也深受广大吸烟者的欢迎。

据卜奎县（今齐齐哈尔市）县志记载，晒烟始种于清康熙年间（1662—1723年），迄今已有300多年的历史，清咸丰年间（1851—1862年）广为种植。主要分布在牡丹江流域的宁古塔一带，拉林河上游的五常，呼兰河上游的溪谷地（呼兰、巴彦、庆安、海伦等地），齐齐哈尔一带的富裕、甘南、龙江等达斡尔民族聚居地。

1918—1945年晒烟种植面积为8万亩（1亩≈667米^2，全书同）左右，亩产40 ~ 50kg，总产300万 ~ 400万kg。形成了东北名晒烟区（主要指黑龙江、吉林两省名晒烟产区）。黑龙江省名晒烟有宁安的古塔晒烟、林口刁翎晒烟、尚志亚布力晒烟。这些烟叶远销天津、北京等地，颇受欢迎。

20世纪50年代末黑龙江省晒烟生产一度兴旺发展。当时因全国卷烟原料不足，国家要求收购晒烟叶作补充原料。1960年晒烟生产出现了一个种植高峰，栽培面积达到11.9万亩，但单产较低，仅为24.4kg/亩，总产量290万kg，晒烟叶远销吉林、辽宁、内蒙古、天津、北京等地。

1970—1980年，晒烟种植面积大幅度回落，每年为2.2万 ~ 2.4万亩，亩产为83.4 ~ 111.4kg，总产200万 ~ 245万kg。1984年国家烟草专卖局制定的《烟草专卖条例实施细则》中规定，黑龙江省的尚志亚布力晒烟、林口刁翎晒烟、穆棱晒烟被列为国家名晒烟管理。

1985年以来，黑龙江省实施科技兴烟战略，在晒烟生产上开始应用新育成品种，鼓励晒烟生产和雪茄型卷烟的发展，使晒烟栽培面积超越历史水平。1985年当年晒烟栽培面积回升到10.5万亩，亩产高达196.2kg，总产2 060万kg。1985—1989年，晒烟栽培面积每年稳定在10万 ~ 12万亩，总产1 760万 ~ 2 400万kg。1992年晒烟面积发展到15万多亩，总产2 690万kg；新育成品种推广应用面积12.8万亩，占晒烟总面积的83.7%。

优质晒烟是混合型卷烟的主要原料，近年来，由于混合型卷烟的发展及烟草制品减害降焦的需要，迫切需要优质晒烟。但多年来晒烟品种出现了“多、乱、杂”，致使单产降低，品质下降，远不能满足卷烟生产发展的需要。为此，1985年以来，相继推广应用了黑龙江省农业科学院牡丹江分院育成的晒烟新品种龙烟二号、龙烟三号、龙烟四号、龙烟五号、龙烟六号、龙杂烟1号、龙杂烟2号、龙烟7号，形成了早、中、晚熟系列配套品种，扩大了晒烟种植区域和面积。

穆棱市是黑龙江省晒烟栽培面积最大的县市，所产烟叶风格独特，是国家名晒烟。2007年争得国家指令性收购计划4万担的批复，为进一步扩大晒烟生产规模提供了政策支持和保障。2008年穆棱市政府与云南红塔烟草集团签署合作协议，穆棱晒烟进入红塔集团卷烟配方，成立了穆棱市晒烟协会，初步形成了“基地+烟农+协会+龙头”的产业模式，率先采取统一供种、统一育苗、分户假植、统一晾晒方式等一系列标准化管理措施，2010年栽培面积一度达到4万亩。

（二）吉林省晾晒烟栽培简史

吉林省地处东经122°～131°、北纬41°～46°，面积为18.74万平方千米，占全国总面积的2%。位于中国东北地区中部，处于日本、俄罗斯、朝鲜、韩国、蒙古与中国东北部组成的东北亚的腹心地带。吉林省晒烟栽培历史悠久，名晒烟众多，尤以“正宗关东烟”享誉全国。

顺治九年（1652年）清王朝为了增强国家经济实力，颁布了东招民垦令，招抚汉民到东北，随着山东、河北移民来到东北，带入部分烟籽。由于吉林省的自然条件非常适合烟叶生长，不同地方风格不一，尤以蛟河市漂河镇寒葱沟村所产烟叶品质最佳，这里即是正宗关东烟的发祥地。

朝鲜总督府间岛产业调查报告记载，1910年吉林省烟草种植面积为649hm^2。到1931年延边敦化年产4 000kg，汪清年产15 000kg。龙井到解放前一直维持在300hm^{2}左右。自20世纪70年代起，吉林省晒烟产区发生了变化，除了享有盛誉的传统产区外，以龙井、和龙、延吉、图们等县市为主产区的延边晒红烟产区逐渐形成。延边晒红烟色泽鲜红，吃味顺，香气浓，文明省内外，其中龙井市石井的铧尖子烟、智新的自由烟、朝阳川的风林烟等，更是受到各界人士的欢迎。

1984年10月，国家烟草专卖局制定了《烟草专卖条例施行细则》，吉林省延边晒红烟列为国家名晒烟进行管理，延边晒烟名声大振。1993年蛟河晒烟也被列入全国名晒烟。

吉林省烟草公司从实际情况出发，制定了“巩固扩大老产区，开辟发展新适宜区”的发展战略，根据各县市土壤气候条件和市场需求，对晒烟种植、培育和引进优良品种，提高栽培技术，提高烟叶质量提出了具体要求。延边朝鲜族自治州农业科学院在此基础上经过长期不懈努力，培育了众多延晒系列优质品种，有效满足了吉林晒烟发展对品种的要求。

（三）辽宁省晾晒烟栽培简史

辽宁省地处北纬38°43'～43°26'，东经118°53'～125°46'，南濒黄海、渤海，西南与河北接壤，西北与内蒙古毗连，东北与吉林为邻，东南以鸭绿江为界与朝鲜隔江相望，辽宁省总面积14.8万平方千米。由山地、丘陵、平原构成，属温带大陆性季风气候。辽宁省种植晾晒烟历史悠久，早在16世纪末，在辽宁已有种植、吸食晒烟的记载。

据辽宁省烟草志记载，烟草自明朝中晚期传入辽宁，已有近400年的种植历史。清代初期晒烟种植和需求逐渐形成风气，主要分布在今辽东地区的丹东（凤城、岫岩、宽甸）、本溪（桓仁、本溪）等地。

1910—1945年，晒烟种植逐步遍布辽宁全省，种植面积20万亩左右，总产800万～1 000万kg。铁岭北方清河、江域，辽北省东部浑河、苏河、辉发河上游山地溪谷地方，西丰等诸县及安东部分所产的

“东山烟叶”和锦西市新台门乡汉沟村所产“汉沟烟”颇受欢迎，远销朝鲜、香港、日本，大部分运往天津、烟台、直隶、山东。1918年满铁在凤凰城烟草试验场（今丹东农业科学院烟草研究所）开始试种白肋烟，1943年，奉天省（今辽宁省）种植白肋烟8 056亩，总产量658t。香料烟在20世纪30年代中期开始试种，于1937—1938年在朝阳县进行两年试种。1937—1943年，在锦州省进行香料烟品种试验。1943年种植沙姆逊74.2亩，总体表现良好。

20世纪50年代到60年代初，晒烟种植面积和产量上升幅度较大。“文化大革命”期间，烟草被当作资本主义毒草受到批判。全省晒烟种植面积和产量滑到低谷，甚至连农民自家自用种植的晒烟也被当作资本主义尾巴割掉。

20世纪70年代末到90年代初，随着小卷烟厂的相继出现，晒烟需求量急剧增加，晒烟种植得到发展。晒烟年均种植面积5万～8万亩，亩产可达到60～80kg。最初主要种植品种大青筋、蛤蟆烟、护脖香、大柳叶等，千层塔、八里香，80年代初省内先后选育出十里香、凤晒1-10号和开晒1号、开晒2号等晒烟品种。新品种比原品种每亩可增产50kg，香气和吃味也很纯正，“开晒1号”1985年被辽宁省农牧厅评定为名晒烟。辽宁省内生产的晒烟主要供应岫岩雪茄烟厂、凤城雪茄烟厂、沈阳卷烟厂和营口卷烟厂，当时生产的“古瓷”“百花香”等10多个品牌雪茄烟和混合型卷烟受到消费者极大欢迎。1994年以来，省公司不再下达晒烟的种植和收购计划，转为农民自由种植、自由销售。此间，辽宁省断断续续种植白肋烟1.5万亩左右，亩产160kg，主要分布在岫岩、喀左和昌图等地种植，供应沈阳、营口烟厂的调拨。营口卷烟厂组建了原料基地办公室，并制定了白肋烟收购标准。70年代初香料烟在岫岩、开原等县有少量种植。1989—1993年，喀左和凌源县种植PK-873和沙姆逊近1 000亩。

第二章　黑龙江省晾晒烟种质资源

第一节　黑龙江省晒烟种质资源

下城子晒烟-1

全国统一编号00000662

下城子晒烟-1是黑龙江省牡丹江市穆棱市下城子镇仁里村地方晒烟品种。

特征特性： 株型筒形，叶形长椭圆，叶尖尾状，叶面平，叶缘平滑，叶色绿，叶耳大，叶片主脉粗细中，叶片较薄，花序松散、球形，花色红，有花冠尖，株高121.24cm，茎围10.50cm，节距5.20cm，叶数16.00片，腰叶长60.00cm，腰叶宽32.04cm，无叶柄，主侧脉夹角小，茎叶角度中，移栽至现蕾天数42.0d，移栽至中心花开放天数48.0d。

抗病虫性： 感黑胫病，高感CMV。

外观质量： 原烟深棕色，色度强。

化学成分： 总糖3.81%，还原糖2.63%，两糖差1.18%，两糖比0.69，总氮2.50%，蛋白质11.93%，烟碱3.42%，施木克值0.32，糖碱比1.11，氮碱比0.73。

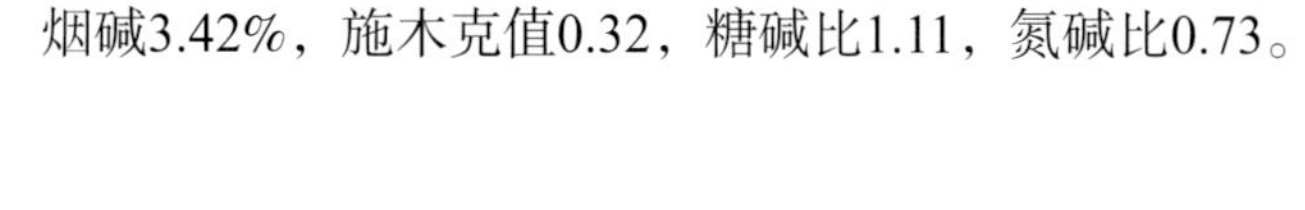

下城子晒烟-2

全国统一编号00000778

下城子晒烟-2是黑龙江省牡丹江市穆棱市下城子镇仁里村地方晒烟品种。

特征特性：株型塔形，叶形长椭圆，叶尖尾状，叶面平，叶缘平滑，叶色绿，叶耳大，叶片主脉粗细中，叶片厚薄中等，花序密集、球形，花色淡红，有花冠尖，株高114.90cm，茎围9.68cm，节距5.14cm，叶数15.00片，腰叶长56.80cm，腰叶宽30.90cm，无叶柄，主侧脉夹角中，茎叶角度中，移栽至现蕾天数42.0d，移栽至中心花开放天数48.0d。

抗病虫性：感黑胫病，高感CMV。

大寨山1号

全国统一编号00001467

大寨山1号是黑龙江省牡丹江市穆棱市下城子镇地方晒烟品种。

特征特性：株型筒形，叶形卵圆，叶尖渐尖，叶面较皱，叶缘平滑，叶色深绿，叶耳小，叶片主脉粗细中，叶片厚薄中等，花序松散、菱形，花色淡红，有花冠尖，种子椭圆形、褐色，蒴果卵圆形，株高153.80cm，茎围8.14cm，节距5.25cm，叶数21.20片，腰叶长42.50cm，腰叶宽25.60cm，叶柄3.70cm，主侧脉夹角中，茎叶角度中，花冠长度3.81cm，花冠直径1.88cm，花萼长度1.20cm，千粒重0.092 5g，移栽至现蕾天数49.0d，移栽至中心花开放天数55.0d，全生育期154.0d。

抗病虫性：抗TMV，中抗PVY，感黑胫病、青枯病和根结线虫病，高感CMV和烟蚜。

外观质量：原烟深棕色，色度弱。

化学成分：总糖1.46%，还原糖1.39%，两糖差0.07%，两糖比0.95，总氮3.84%，蛋白质18.73%，烟碱4.86%，施木克值0.08，糖碱比0.30，氮碱比0.79。

评吸质量：香型风格晒红香型，香气质有，香气量有，浓度中等，余味尚舒适，杂气有，刺激性微有，劲头适中，燃烧性强，灰色白色，质量档次中等。

经济性状：产量82.50kg/亩。

大寨山2号

全国统一编号00001468

大寨山2号是黑龙江省牡丹江市穆棱市下城子镇地方晒烟品种。

特征特性：株型塔形，叶形宽椭圆，叶尖渐尖，叶面较平，叶缘平滑，叶色深绿，叶耳大，叶片主脉粗细中，叶片厚，花序密集、菱形，花色红，有花冠尖，种子椭圆形、褐色，蒴果卵圆形，株高138.00cm，茎围7.12cm，节距7.21cm，叶数13.60片，腰叶长48.10cm，腰叶宽26.50cm，无叶柄，主侧脉夹角中，茎叶角度大，花冠长度4.07cm，花冠直径1.70cm，花萼长度1.29cm，千粒重0.062 9g，移栽至现蕾天数50.0d，移栽至中心花开放天数57.0d，全生育期155.0d。

抗病虫性：抗CMV，中感青枯病，感黑胫病和根结线虫病，高感烟蚜。

外观质量：原烟红棕色，色度中，油分有，身份厚。

化学成分：总糖7.09%，还原糖6.29%，两糖差0.80%，两糖比0.89，总氮3.72%，蛋白质23.28%，烟碱5.40%，施木克值0.30，糖碱比1.31，氮碱比0.69。

大寨山3号

全国统一编号00001469

大寨山3号是黑龙江省牡丹江市穆棱市下城子镇地方晒烟品种。

特征特性：株型塔形，叶形宽卵圆，叶尖渐尖，叶面较皱，叶缘平滑，叶色深绿，叶耳小，叶片主脉粗细中，叶片厚，花序密集、菱形，花色淡红，有花冠尖，种子椭圆形、浅褐色，蒴果卵圆形，株高156.00cm，茎围6.10cm，节距4.72cm，叶数24.60片，腰叶长37.40cm，腰叶宽24.20cm，叶柄4.30cm，主侧脉夹角中，茎叶角度大，花冠长度3.74cm，花冠直径1.56cm，花萼长度1.52cm，千粒重0.106 6g，移栽至现蕾天数54.0d，移栽至中心花开放天数60.0d，全生育期157.0d。

抗病虫性：感黑胫病、青枯病和根结线虫病，高感CMV和烟蚜。

外观质量：原烟红棕色，色度中，油分有，身份厚。

化学成分：总糖4.40%，还原糖4.04%，两糖差0.36%，两糖比0.92，总氮4.05%，蛋白质25.29%，烟碱4.99%，施木克值0.17，糖碱比0.88，氮碱比0.81。

穆棱1号

全国统一编号00001470

穆棱1号是黑龙江省牡丹江市穆棱市马桥河镇地方晒烟品种。

特征特性：株型塔形，叶形宽椭圆，叶尖渐尖，叶面较皱，叶缘微波，叶色深绿，叶耳中，叶片主脉细，叶片较厚，花序密集、球形，花色红，有花冠尖，种子椭圆形、浅褐色，蒴果长卵圆形，株高159.80cm，茎围9.88cm，节距9.82cm，叶数12.20片，腰叶长61.18cm，腰叶宽32.74cm，无叶柄，主侧脉夹角中，茎叶角度中，花冠长度3.99cm，花冠直径1.32cm，花萼长度0.86cm，千粒重0.088 0g，移栽至现蕾天数40.0d，移栽至中心花开放天数48.0d，全生育期150.0d。

抗病虫性：抗TMV，高感烟蚜。

化学成分：总糖9.41%，还原糖8.12%，两糖差1.29%，两糖比0.86，总氮2.86%，蛋白质14.20%，烟碱3.38%，施木克值0.66，糖碱比2.78，氮碱比0.85。

穆棱护脖香

全国统一编号00001471

穆棱护脖香是黑龙江省牡丹江市穆棱市地方晒烟品种。

特征特性： 株型筒形，叶形宽椭圆，叶尖渐尖，叶面较平，叶缘平滑，叶色深绿，叶耳大，叶片主脉粗细中，叶片厚，花序密集、菱形，花色深红，有花冠尖，种子椭圆形、褐色，蒴果卵圆形，株高137.40cm，茎围8.28cm，节距7.00cm，叶数14.20片，腰叶长69.80cm，腰叶宽37.80cm，无叶柄，主侧脉夹角中，茎叶角度中，花冠长度5.08cm，花冠直径1.14cm，花萼长度1.22cm，千粒重0.109 1g，移栽至现蕾天数50.0d，移栽至中心花开放天数57.0d，全生育期157.0d。

抗病虫性： 中感黑胫病、青枯病和赤星病，感TMV、CMV和PVY，高感烟蚜。

外观质量： 原烟褐色，色度弱，油分稍有，身份稍薄，结构疏松。

化学成分： 总糖1.77%，还原糖1.57%，两糖差0.20%，两糖比0.89，总氮3.35%，蛋白质17.44%，烟碱3.24%，钾1.45%，氯1.30%，钾氯比1.12，施木克值0.10，糖碱比0.55，氮碱比1.03。

评吸质量： 香型风格晒红香型，香型程度较显，香气质较好，香气量较足，浓度中等，余味较舒适，杂气较轻，刺激性有，劲头较大，燃烧性较差，灰色黑灰。

经济性状： 产量98.02kg/亩。

穆棱小红花

全国统一编号00001472

穆棱小红花是黑龙江省牡丹江市穆棱市下城子镇地方晒烟品种。

特征特性：株型筒形，叶形宽椭圆，叶尖渐尖，叶面平，叶缘平滑，叶色绿，叶耳中，叶片主脉细，叶片厚薄中等，花序密集、球形，花色深红，有花冠尖，种子椭圆形、褐色，蒴果长卵圆形，株高143.00cm，茎围9.12cm，节距9.81cm，叶数9.40片，腰叶长62.42cm，腰叶宽33.08cm，无叶柄，主侧脉夹角中，茎叶角度中，花冠长度4.55cm，花冠直径1.16cm，花萼长度1.49cm，千粒重0.054 5g，移栽至现蕾天数46.0d，移栽至中心花开放天数54.0d，全生育期150.0d。

抗病虫性：中抗TMV。

外观质量：原烟红棕色，色度中，油分有，身份厚，结构疏松。

化学成分：总糖10.11%，还原糖7.72%，两糖差2.39%，两糖比0.76，总氮3.21%，蛋白质16.69%，烟碱3.10%，施木克值0.61，糖碱比3.26，氮碱比1.04。

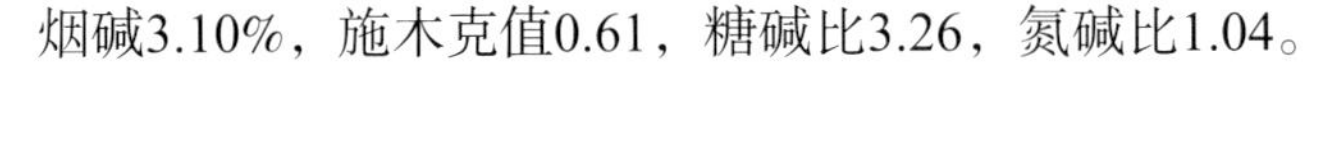

对口

全国统一编号00001473

对口是黑龙江省牡丹江市穆棱市下城子镇地方晒烟品种。

特征特性：株型筒形，叶形卵圆，叶尖渐尖，叶面较平，叶缘平滑，叶色黄绿，叶耳无，叶片主脉粗细中，叶片厚薄中等，花序松散、菱形，花色深红，有花冠尖，种子卵圆形、褐色，蒴果圆形，株高157.00cm，茎围7.64cm，节距6.72cm，叶数17.40片，腰叶长52.50cm，腰叶宽29.20cm，叶柄6.00cm，主侧脉夹角中，茎叶角度大，花冠长度4.41cm，花冠直径1.14cm，花萼长度1.02cm，千粒重0.080 3g，移栽至现蕾天数50.0d，移栽至中心花开放天数57.0d，全生育期148.0d。

外观质量：原烟红棕色，色度中，油分有，身份厚。

化学成分：总糖7.06%，还原糖5.88%，两糖差1.18%，两糖比0.83，总氮3.08%，蛋白质14.36%，烟碱4.53%，施木克值0.49，糖碱比1.56，氮碱比0.68。

护耳

全国统一编号00001474

护耳是黑龙江省牡丹江市穆棱市下城子镇地方晒烟品种。

特征特性：株型橄榄形，叶形宽卵圆，叶尖急尖，叶面较平，叶缘微波，叶色深绿，叶耳大，叶片主脉粗细中，叶片厚薄中等，花序密集、球形，花色淡红，有花冠尖，种子卵圆形、褐色，蒴果卵圆形，株高114.60cm，茎围6.00cm，节距6.38cm，叶数12.00片，腰叶长49.20cm，腰叶宽34.20cm，无叶柄，主侧脉夹角中，茎叶角度大，花冠长度3.71cm，花冠直径1.17cm，花萼长度0.52cm，千粒重0.084 8g，移栽至现蕾天数31.0d，移栽至中心花开放天数38.0d，全生育期135.0d。

抗病虫性：中抗PVY，中感TMV和CMV，感青枯病。

外观质量：原烟红棕色，色度强，油分多，身份稍厚，结构疏松。

化学成分：总糖5.25%，还原糖3.88%，两糖差1.37%，两糖比0.74，总氮2.69%，蛋白质11.90%，烟碱4.58%，钾2.06%，氯2.01%，钾氯比1.02，施木克值0.44，糖碱比1.15，氮碱比0.59。

评吸质量：香型风格晒红调味香型，香型程度有，香气质中等，香气量尚足，浓度中等，余味尚舒适，杂气有，刺激性微有，劲头适中，燃烧性中等，灰色灰白，得分73.6，质量档次中等。

经济性状：产量77.10kg/亩。

穆棱红

全国统一编号00001475

穆棱红是黑龙江省牡丹江市穆棱市地方晒烟品种。

特征特性：株型橄榄形，叶形椭圆，叶尖渐尖，叶面较皱，叶缘微波，叶色绿，叶耳大，叶片主脉粗细中，叶片较厚，花序密集、球形，花色深红，有花冠尖，种子卵圆形、浅褐色，蒴果卵圆形，株高165.40cm，茎围10.44cm，节距8.04cm，叶数15.60片，腰叶长57.14cm，腰叶宽27.44cm，无叶柄，主侧脉夹角中，茎叶角度中，花冠长度2.67cm，花冠直径1.80cm，花萼长度0.90cm，千粒重0.101 9g，移栽至现蕾天数51.0d，移栽至中心花开放天数58.0d，全生育期145.0d。

化学成分：总糖9.43%，还原糖6.62%，两糖差2.81%，两糖比0.70，总氮2.81%，蛋白质14.29%，烟碱3.05%，施木克值0.66，糖碱比3.09，氮碱比0.92。

穆棱小葵花

全国统一编号00001476

穆棱小葵花是黑龙江省牡丹江市穆棱市地方晒烟品种。

特征特性：株型橄榄形，叶形宽椭圆，叶尖急尖，叶面皱，叶缘微波，叶色绿，叶耳大，叶片主脉粗细中，叶片厚薄中等，花序密集、扁球形，花色淡红，有花冠尖，种子卵圆形、褐色，蒴果圆形，株高136.00cm，茎围5.04cm，节距7.50cm，叶数12.80片，腰叶长35.00cm，腰叶宽21.80cm，无叶柄，主侧脉夹角中，茎叶角度大，花冠长度5.04cm，花冠直径2.43cm，花萼长度1.60cm，千粒重0.069 7g，移栽至现蕾天数52.0d，移栽至中心花开放天数59.0d，全生育期146.0d。

抗病虫性：中抗赤星病，感黑胫病、青枯病和根结线虫病。

外观质量：原烟红棕色，色度浓，油分多，身份厚。

化学成分：总糖4.38%，还原糖4.13%，两糖差0.25%，两糖比0.94，总氮3.10%，蛋白质13.37%，烟碱5.55%，施木克值0.33，糖碱比0.79，氮碱比0.56。

评吸质量：香型风格晒红香型，香型程度较显，香气质较好，香气量尚足，浓度浓，余味尚舒适，杂气有，刺激性略大，劲头较大，燃烧性强，灰色灰白，质量档次较好。

经济性状：产量70.00kg/亩。

地里础

全国统一编号00001477

地里础是黑龙江省哈尔滨市尚志市新光乡地方晒烟品种。

特征特性：株型塔形，叶形宽椭圆，叶尖渐尖，叶面较皱，叶缘微波，叶色绿，叶耳大，叶片主脉粗细中，叶片厚薄中等，花序松散、菱形，花色淡红，有花冠尖，种子椭圆形、褐色，蒴果卵圆形，株高175.00cm，茎围7.42cm，节距7.76cm，叶数17.40片，腰叶长44.10cm，腰叶宽27.30cm，无叶柄，主侧脉夹角中，茎叶角度大，花冠长度4.04cm，花冠直径1.61cm，花萼长度1.02cm，千粒重0.103 6g，移栽至现蕾天数48.0d，移栽至中心花开放天数54.0d，全生育期154.0d。

抗病虫性：抗TMV，中感PVY，感黑胫病、青枯病、根结线虫病，高感CMV。

外观质量：原烟红棕色，色度中，油分有，身份厚。

化学成分：总糖5.86%，还原糖4.97%，两糖差0.89%，两糖比0.85，总氮3.69%，蛋白质22.93%，烟碱5.72%，钾0.70%，氯0.03%，钾氯比21.21，施木克值0.26，糖碱比1.02，氮碱比0.65。

评吸质量：香气质中等，香气量有，余味尚舒适，杂气有，刺激性微有，劲头小，燃烧性强，灰色灰白。

经济性状：产量78.22kg/亩。

尚志一朵花

全国统一编号00001478

尚志一朵花是黑龙江省哈尔滨市尚志市新光乡地方晒烟品种。

特征特性：株型塔形，叶形宽椭圆，叶尖渐尖，叶面较皱，叶缘微波，叶色黄绿，叶耳大，叶片主脉粗细中，叶片厚，花序密集、球形，花色深红，有花冠尖，种子椭圆形、深褐色，蒴果长卵圆形，株高139.00cm，茎围8.30cm，节距7.03cm，叶数13.80片，腰叶长54.10cm，腰叶宽32.50cm，无叶柄，主侧脉夹角中，茎叶角度中，花冠长度3.56cm，花冠直径2.31cm，花萼长度1.56cm，千粒重0.063 4g，移栽至现蕾天数47.0d，移栽至中心花开放天数55.0d，全生育期159.0d。

抗病虫性：抗PVY，感黑胫病、青枯病、根结线虫病、TMV和CMV，高感烟蚜。

外观质量：原烟红棕色，色度中，油分有，身份中等。

化学成分：总糖7.98%，还原糖6.42%，两糖差1.56%，两糖比0.80，总氮3.91%，蛋白质24.41%，烟碱4.32%，钾1.13%，氯0.16%，钾氯比6.89，施木克值0.33，糖碱比1.85，氮碱比0.91。

评吸质量：香气质较好，香气量有，余味尚舒适，杂气有，刺激性有，劲头适中，燃烧性强，灰色灰白。

经济性状：产量110.00kg/亩。

尚志柳叶尖

全国统一编号00001479

尚志柳叶尖是黑龙江省哈尔滨市尚志市新光乡地方晒烟品种。

特征特性：株型塔形，叶形宽椭圆，叶尖急尖，叶面较皱，叶缘平滑，叶色深绿，叶耳中，叶片主脉粗细中，叶片薄，花序密集、菱形，花色红，有花冠尖，种子椭圆形、褐色，蒴果长卵圆形，株高157.80cm，茎围9.06cm，节距8.06cm，叶数15.00片，腰叶长54.92cm，腰叶宽29.60cm，无叶柄，主侧脉夹角中，茎叶角度中，花冠长度4.81cm，花冠直径1.89cm，花萼长度1.33cm，千粒重0.080 3g，移栽至现蕾天数46.0d，移栽至中心花开放天数54.0d，全生育期145.0d。

抗病虫性：中感TMV。

外观质量：原烟红棕色，色度中，油分有，身份厚。

化学成分：总糖4.62%，还原糖3.04%，两糖差1.58%，两糖比0.66，总氮3.65%，蛋白质17.17%，烟碱5.25%，施木克值0.27，糖碱比0.88，氮碱比0.70。

尚志大红花

全国统一编号00001480

尚志大红花是黑龙江省哈尔滨市尚志市新光乡地方晒烟品种。

特征特性： 株型塔形，叶形椭圆，叶尖渐尖，叶面较平，叶缘平滑，叶色深绿，叶耳中，叶片主脉粗细中，叶片厚，花序密集、菱形，花色深红，有花冠尖，种子椭圆形、褐色，蒴果长卵圆形，株高176.40cm，茎围9.16cm，节距8.32cm，叶数17.00片，腰叶长54.92cm，腰叶宽27.98cm，无叶柄，主侧脉夹角中，茎叶角度中，花冠长度4.44cm，花冠直径1.71cm，花萼长度1.49cm，千粒重0.068 2g，移栽至现蕾天数38.0d，移栽至中心花开放天数48.0d，全生育期147.0d。

外观质量： 原烟红棕色，色度中，油分有，身份厚。

化学成分： 总糖4.96%，还原糖3.80%，两糖差1.16%，两糖比0.77，总氮3.19%，蛋白质15.59%，烟碱4.04%，施木克值0.32，糖碱比1.23，氮碱比0.79。

尚志大青筋

全国统一编号00001481

尚志大青筋是黑龙江省哈尔滨市尚志市新光乡地方晒烟品种。

特征特性：株型橄榄形，叶形椭圆，叶尖急尖，叶面较平，叶缘微波，叶色绿，叶耳大，叶片主脉中等，叶片厚，花序密集、菱形，花色深红，有花冠尖，种子卵圆形、褐色，蒴果长卵圆形，株高136.00cm，茎围8.76cm，节距9.80cm，叶数9.80片，腰叶长52.50cm，腰叶宽26.52cm，无叶柄，主侧脉夹角中，茎叶角度中，花冠长度3.03cm，花冠直径1.61cm，花萼长度1.60cm，千粒重0.063 1g，移栽至现蕾天数38.0d，移栽至中心花开放天数48.0d，全生育期150.0d。

化学成分：总糖10.22%，还原糖8.30%，两糖差1.92%，两糖比0.81，总氮2.95%，蛋白质15.08%，烟碱3.10%，施木克值0.68，糖碱比3.30，氮碱比0.95。

林口一枝花

全国统一编号00001482

林口一枝花是黑龙江省牡丹江市林口县刁翎镇地方晒烟品种。

特征特性： 株型筒形，叶形椭圆，叶尖渐尖，叶面较皱，叶缘平滑，叶色绿，叶耳大，叶片主脉细，叶片厚，花序密集、球形，花色红，有花冠尖，种子卵圆形、褐色，蒴果卵圆形，株高107.80cm，茎围8.84cm，节距5.44cm，叶数11.20片，腰叶长41.40cm，腰叶宽20.14cm，无叶柄，主侧脉夹角中，茎叶角度中，花冠长度3.36cm，花冠直径1.84cm，花萼长度1.60cm，千粒重0.087 7g，移栽至现蕾天数34.0d，移栽至中心花开放天数41.0d，全生育期145.0d。

抗病虫性： 中感黑胫病、TMV，感CMV和PVY。

外观质量： 原烟红棕色，色度中，油分有，身份中等。

化学成分： 总糖9.60%，还原糖8.64%，两糖差0.96%，两糖比0.90，总氮3.58%，蛋白质16.42%，烟碱5.54%，施木克值0.58，糖碱比1.73，氮碱比0.65。

评吸质量： 香气质较差，香气量有，余味欠适，杂气有，刺激性有，劲头适中，燃烧性中等，灰色灰白。

雪茄多叶

全国统一编号00001483

雪茄多叶是黑龙江省牡丹江市林口县建堂乡地方晒烟品种。

特征特性：株型筒形，叶形宽椭圆，叶尖渐尖，叶面较平，叶缘平滑，叶色绿，叶耳中，叶片主脉粗细中，叶片厚，花序松散、菱形，花色红，有花冠尖，种子椭圆形、褐色，蒴果长卵圆形，株高149.40cm，茎围8.22cm，节距7.68cm，叶数13.60片，腰叶长59.60cm，腰叶宽33.60cm，无叶柄，主侧脉夹角中，茎叶角度中，花冠长度2.83cm，花冠直径1.48cm，花萼长度1.46cm，千粒重0.073 9g，移栽至现蕾天数48.0d，移栽至中心花开放天数54.0d。

抗病虫性：高抗烟蚜，中感TMV，感青枯病和PVY。

外观质量：原烟褐色，色度中，油分稍有，身份中等，结构尚疏松。

化学成分：总糖10.00%，还原糖9.05%，两糖差0.95%，两糖比0.91，总氮3.27%，蛋白质18.00%，烟碱3.18%，钾1.90%，氯1.23%，钾氯比1.54，施木克值0.56，糖碱比3.14，氮碱比1.03。

经济性状：产量110.90kg/亩，上中等烟比例71.84%。

建堂大叶

全国统一编号00001484

建堂大叶是黑龙江省牡丹江市林口县建堂乡地方晒烟品种。

特征特性：株型筒形，叶形椭圆，叶尖渐尖，叶面较皱，叶缘平滑，叶色深绿，叶耳中，叶片主脉细，叶片厚，花序密集、球形，花色深红，有花冠尖，种子椭圆形、褐色，蒴果长卵圆形，株高141.80cm，茎围8.64cm，节距7.99cm，叶数13.00片，腰叶长50.90cm，腰叶宽24.68cm，无叶柄，主侧脉夹角中，茎叶角度中，花冠长度4.23cm，花冠直径1.40cm，花萼长度0.83cm，千粒重0.077 9g，移栽至现蕾天数38.0d，移栽至中心花开放天数48.0d，全生育期145.0d。

抗病虫性：高感CMV。

化学成分：总糖10.61%，还原糖9.27%，两糖差1.34%，两糖比0.87，总氮3.04%，蛋白质15.74%，烟碱3.02%，施木克值0.67，糖碱比3.51，氮碱比1.01。

林口大叶

全国统一编号00001485

林口大叶是黑龙江省牡丹江市林口县建堂乡地方晒烟品种。

特征特性：株型塔形，叶形宽椭圆，叶尖渐尖，叶面较皱，叶缘微波，叶色深绿，叶耳中，叶片主脉粗，叶片厚薄中等，花序密集、球形，花色淡红，有花冠尖，种子卵圆形、褐色，蒴果长卵圆形，株高151.40cm，茎围10.18cm，节距8.19cm，叶数13.60片，腰叶长60.22cm，腰叶宽32.70cm，无叶柄，主侧脉夹角中，茎叶角度中，花冠长度4.84cm，花冠直径2.33cm，花萼长度0.60cm，千粒重0.068 9g，移栽至现蕾天数48.0d，移栽至中心花开放天数60.0d，全生育期150.0d。

化学成分：总糖11.52%，还原糖9.01%，两糖差2.51%，两糖比0.78，总氮2.69%，蛋白质13.74%，烟碱2.84%，施木克值0.84，糖碱比4.06，氮碱比0.95。

林口多叶

全国统一编号00001486

林口多叶是黑龙江省牡丹江市林口县建堂乡地方晒烟品种。

特征特性：株型塔形，叶形宽椭圆，叶尖渐尖，叶面较平，叶缘平滑，叶色深绿，叶耳中，叶片主脉粗，叶片厚，花序密集、球形，花色淡红，有花冠尖，种子卵圆形、褐色，蒴果长卵圆形，株高137.80cm，茎围9.08cm，节距7.07cm，叶数13.60片，腰叶长72.80cm，腰叶宽44.20cm，无叶柄，主侧脉夹角中，茎叶角度中，花冠长度4.52cm，花冠直径1.58cm，花萼长度0.77cm，千粒重0.089 9g，移栽至现蕾天数48.0d，移栽至中心花开放天数61.0d，全生育期150.0d。

抗病虫性：中感TMV、PVY，感青枯病、CMV、烟蚜。

外观质量：原烟褐色，色度中，油分稍有，身份稍厚，结构稍密。

化学成分：总糖2.94%，还原糖2.13%，两糖差0.81%，两糖比0.72，总氮2.69%，蛋白质12.70%，烟碱3.79%，钾1.84%，氯0.70%，钾氯比2.63，施木克值0.23，糖碱比0.78，氮碱比0.71。

评吸质量：香型风格晒红调味香型，香型程度有，香气质中等，香气量有，浓度中等，余味尚舒适，杂气有，刺激性有，劲头适中，燃烧性中等，灰色灰白，得分74.6，质量档次中等。

经济性状：产量103.2kg/亩。

海林红

全国统一编号00001487

海林红是黑龙江省牡丹江市海林市旧街乡地方晒烟品种。

特征特性： 株型筒形，叶形宽椭圆，叶尖渐尖，叶面较平，叶缘平滑，叶色深绿，叶耳中，叶片主脉粗细中，叶片厚，花序密集、菱形，花色深红，有花冠尖，种子卵圆形、褐色，蒴果长卵圆形，株高170.20cm，茎围9.58cm，节距8.92cm，叶数14.60片，腰叶长61.62cm，腰叶宽37.70cm，无叶柄，主侧脉夹角中，茎叶角度中，花冠长度4.71cm，花冠直径1.81cm，花萼长度0.50cm，千粒重0.051 5g，移栽至现蕾天数48.0d，移栽至中心花开放天数58.0d，全生育期150.0d。

化学成分： 总糖9.43%，还原糖6.62%，两糖差2.81%，两糖比0.70，总氮2.81%，蛋白质14.29%，烟碱3.05%，施木克值0.66，糖碱比3.09，氮碱比0.92。

海林大红花

全国统一编号00001488

海林大红花是黑龙江省牡丹江市海林市旧街乡地方晒烟品种。

特征特性：株型筒形，叶形宽椭圆，叶尖急尖，叶面较皱，叶缘微波，叶色绿，叶耳中，叶片主脉细，叶片厚薄中等，花序密集、球形，花色深红，有花冠尖，种子卵圆形、浅褐色，蒴果长卵圆形，株高129.20cm，茎围8.80cm，节距9.91cm，叶数9.00片，腰叶长58.50cm，腰叶宽31.20cm，无叶柄，主侧脉夹角中，茎叶角度中，花冠长度5.27cm，花冠直径1.84cm，花萼长度1.56cm，千粒重0.074 1g，移栽至现蕾天数46.0d，移栽至中心花开放天数56.0d，全生育期147.0d。

化学成分：总糖5.64%，还原糖4.07%，两糖差1.57%，两糖比0.72，总氮3.40%，蛋白质16.21%，烟碱4.68%，施木克值0.35，糖碱比1.21，氮碱比0.73。

海林大护脖香

全国统一编号00001489

海林大护脖香是黑龙江省牡丹江市海林市旧街乡地方晒烟品种。

特征特性：株型筒形，叶形宽椭圆，叶尖渐尖，叶面较皱，叶缘平滑，叶色深绿，叶耳中，叶片主脉粗，叶片厚薄中等，花序密集、球形，花色淡红，有花冠尖，种子卵圆形、浅褐色，蒴果长卵圆形，株高150.40cm，茎围9.94cm，节距8.34cm，叶数13.20片，腰叶长57.22cm，腰叶宽39.44cm，无叶柄，主侧脉夹角中，茎叶角度中，花冠长度4.05cm，花冠直径1.25cm，花萼长度0.72cm，千粒重0.053 4g，移栽至现蕾天数51.0d，移栽至中心花开放天数60.0d，全生育期150.0d。

抗病虫性：中抗TMV，中感PVY，感黑胫病和CMV。

外观质量：原烟棕色，色度中，油分稍有，身份稍薄，结构尚疏松。

化学成分：总糖4.14%，还原糖3.77%，两糖差0.37%，两糖比0.91，总氮2.88%，蛋白质10.80%，烟碱2.74%，钾2.94%，氯0.12%，钾氯比23.71，施木克值0.38，糖碱比1.51，氮碱比1.05。

评吸质量：香气质较差，香气量有，余味尚舒适，杂气有，刺激性有，劲头适中，燃烧性中等，灰色灰白。

经济性状：产量51.76kg/亩。

海林小护脖香

全国统一编号00001490

海林小护脖香是黑龙江省牡丹江市海林市旧街乡地方晒烟品种。

特征特性：株型筒形，叶形宽椭圆，叶尖渐尖，叶面较平，叶缘微波，叶色绿，叶耳大，叶片主脉中，叶片厚薄中等，花序密集、球形，花色淡红，有花冠尖，种子卵圆形、浅褐色，蒴果卵圆形，株高144.60cm，茎围8.30cm，节距8.71cm，叶数11.60片，腰叶长44.82cm，腰叶宽30.22cm，无叶柄，主侧脉夹角中，茎叶角度中，花冠长度4.55cm，花冠直径1.89cm，花萼长度1.20cm，千粒重0.081 0g，移栽至现蕾天数38.0d，移栽至中心花开放天数48.0d，全生育期153.0d。

抗病虫性：中感PVY、TMV，感黑胫病和CMV。

外观质量：原烟红棕色，色度浓，油分多，身份厚。

化学成分：总糖11.18%，还原糖6.64%，两糖差4.54%，两糖比0.59，总氮3.08%，蛋白质15.77%，烟碱3.22%，钾1.69%，氯0.12%，钾氯比14.44，施木克值0.71，糖碱比3.47，氮碱比0.96。

评吸质量：香气质好，香气量足，余味舒适，刺激性有，劲头适中，燃烧性强。

经济性状：产量50.00kg/亩。

宁安人参烟

全国统一编号00001491

宁安人参烟是黑龙江省牡丹江市宁安市地方晒烟品种。

特征特性：株型塔形，叶形卵圆，叶尖渐尖，叶面较皱，叶缘微波，叶色绿，叶耳小，叶片主脉细，叶片薄，花序密集、菱形，花色深红，有花冠尖，种子椭圆形、褐色，蒴果卵圆形，株高157.60cm，茎围8.86cm，节距9.29cm，叶数11.80片，腰叶长57.80cm，腰叶宽30.20cm，无叶柄，主侧脉夹角中，茎叶角度中，花冠长度4.31cm，花冠直径1.31cm，花萼长度0.84cm，千粒重0.083 8g，移栽至现蕾天数40.0d，移栽至中心花开放天数50.0d，全生育期145.0d。

抗病虫性：中抗TMV。

外观质量：原烟红棕色，色度中，油分有，身份厚，结构疏松。

化学成分：总糖7.12%，还原糖5.85%，两糖差1.27%，两糖比0.82，总氮3.33%，蛋白质15.85%，烟碱4.61%，施木克值0.45，糖碱比1.54，氮碱比0.72。

齐市大叶

全国统一编号00001492

齐市大叶是黑龙江省齐齐哈尔市地方晒烟品种。

特征特性：株型筒形，叶形宽椭圆，叶尖渐尖，叶面较皱，叶缘微波，叶色绿，叶耳中，叶片主脉粗细中，叶片薄，花序密集、菱形，花色红，有花冠尖，种子椭圆形、褐色，蒴果卵圆形，株高153.80cm，茎围9.88cm，节距4.12cm，叶数27.60片，腰叶长64.80cm，腰叶宽36.40cm，无叶柄，主侧脉夹角中，茎叶角度中，花冠长度3.34cm，花冠直径2.10cm，花萼长度1.66cm，千粒重0.098 3g，移栽至现蕾天数65.0d，移栽至中心花开放天数76.0d，全生育期168.0d。

抗病虫性：中抗TMV，中感青枯病和PVY，感CMV，高感烟蚜。

外观质量：原烟棕色，色度中，油分有，身份中等，结构尚疏松。

化学成分：总糖9.01%，还原糖7.12%，两糖差1.89%，两糖比0.79，总氮2.90%，蛋白质13.63%，烟碱4.16%，钾1.89%，氯0.77%，钾氯比2.45，施木克值0.66，糖碱比2.17，氮碱比0.70。

经济性状：产量158.60kg/亩，中等烟比例84.67%。

齐市护脖香

全国统一编号00001493

齐市护脖香是黑龙江省齐齐哈尔市地方晒烟品种。

特征特性：株型筒形，叶形椭圆，叶尖渐尖，叶面较皱，叶缘微波，叶色绿，叶耳中，叶片主脉粗细中，叶片薄，花序密集、菱形，花色淡红，有花冠尖，种子椭圆形、褐色，蒴果卵圆形，株高159.60cm，茎围9.24cm，节距4.21cm，叶数27.20片，腰叶长67.40cm，腰叶宽34.80cm，无叶柄，主侧脉夹角中，茎叶角度中，花冠长度3.91cm，花冠直径1.36cm，花萼长度1.34cm，千粒重0.060 0g，移栽至现蕾天数64.0d，移栽至中心花开放天数77.0d，全生育期168.0d。

抗病虫性：中感TMV和PVY，感青枯病和CMV，高感烟蚜。

外观质量：原烟红棕色，色度强，油分有，身份稍厚，结构疏松。

化学成分：总糖20.21%，还原糖12.75%，两糖差7.46%，两糖比0.63，总氮2.37%，蛋白质11.45%，烟碱3.09%，钾1.87%，氯0.25%，钾氯比7.48，施木克值1.77，糖碱比6.54，氮碱比0.77。

经济性状：产量248.80kg/亩，上等烟比例44.50%，上中等烟比例90.82%，综合评价优。

齐市大红花

全国统一编号00001494

齐市大红花是黑龙江省齐齐哈尔市地方晒烟品种。

特征特性：株型塔形，叶形宽椭圆，叶尖渐尖，叶面较皱，叶缘微波，叶色绿，叶耳中，叶片主脉中，叶片厚薄中等，花序密集、球形，花色深红，有花冠尖，种子椭圆形、褐色，蒴果卵圆形，株高138.40cm，茎围8.90cm，节距7.81cm，叶数12.60片，腰叶长57.50cm，腰叶宽30.40cm，无叶柄，主侧脉夹角中，茎叶角度大，花冠长度4.06cm，花冠直径2.43cm，花萼长度0.50cm，千粒重0.077 5g，移栽至现蕾天数48.0d，移栽至中心花开放天数58.0d，全生育期150.0d。

外观质量：原烟棕色，油分有，身份中等，结构疏松。

化学成分：总糖10.67%，还原糖9.14%，两糖差1.53%，两糖比0.86，总氮2.96%，蛋白质14.02%，烟碱4.12%，施木克值0.76，糖碱比2.59，氮碱比0.72。

评吸质量：香气量少，余味欠适，刺激性有，劲头适中。

经济性状：产量140.00kg/亩。

六团千层塔

全国统一编号00001495

六团千层塔是黑龙江省哈尔滨市延寿县六团镇地方晒烟品种。

特征特性：株型塔形，叶形宽椭圆，叶尖渐尖，叶面较平，叶缘微波，叶色深绿，叶耳大，叶片主脉中，叶片较厚，花序密集、球形，花色深红，有花冠尖，种子椭圆形、褐色，蒴果长卵圆形，株高135.40cm，茎围8.38cm，节距9.94cm，叶数9.60片，腰叶长54.80cm，腰叶宽31.50cm，无叶柄，主侧脉夹角中，茎叶角度大，花冠长度4.96cm，花冠直径1.20cm，花萼长度1.28cm，千粒重0.082 8g，移栽至现蕾天数48.0d，移栽至中心花开放天数54.0d，全生育期150.0d。

抗病虫性：中感TMV。

化学成分：总糖5.51%，还原糖3.90%，两糖差1.61%，两糖比0.71，总氮3.42%，蛋白质16.60%，烟碱4.40%，施木克值0.33，糖碱比1.25，氮碱比0.78。

中和千层塔

全国统一编号00001496

中和千层塔是黑龙江省哈尔滨市延寿县中和镇地方晒烟品种。

特征特性：株型橄榄形，叶形宽椭圆，叶尖渐尖，叶面较平，叶缘微波，叶色深绿，叶耳大，叶片主脉中，叶片薄，花序密集、菱形，花色深红，有花冠尖，种子椭圆形、褐色，蒴果长卵圆形，株高146.40cm，茎围9.86cm，节距11.08cm，叶数9.60片，腰叶长62.68cm，腰叶宽33.02cm，无叶柄，主侧脉夹角中，茎叶角度中，花冠长度5.11cm，花冠直径2.45cm，花萼长度0.63cm，千粒重0.053 7g，移栽至现蕾天数50.0d，移栽至中心花开放天数59.0d，全生育期147.0d。

化学成分：总糖6.91%，还原糖5.08%，两糖差1.83%，两糖比0.74，总氮3.11%，蛋白质15.49%，烟碱3.65%，施木克值0.45，糖碱比1.89，氮碱比0.85。

中和柳叶尖

全国统一编号00001497

中和柳叶尖是黑龙江省哈尔滨市延寿县中和镇地方晒烟品种。

特征特性：株型塔形，叶形卵圆，叶尖渐尖，叶面较平，叶缘平滑，叶色绿，叶耳小，叶片主脉细，叶片厚薄中等，花序松散、菱形，花色红，有花冠尖，种子椭圆形、褐色，蒴果卵圆形，株高122.20cm，茎围8.06cm，节距7.29cm，叶数11.20片，腰叶长49.74cm，腰叶宽25.54cm，叶柄5.00cm，主侧脉夹角中，茎叶角度大，花冠长度3.01cm，花冠直径1.16cm，花萼长度0.88cm，千粒重0.080 7g，移栽至现蕾天数40.0d，移栽至中心花开放天数48.0d，全生育期145.0d。

抗病虫性：中感TMV。

化学成分：总糖11.18%，还原糖9.01%，两糖差2.17%，两糖比0.81，总氮2.60%，蛋白质14.23%，烟碱1.87%，施木克值0.79，糖碱比5.98，氮碱比1.39。

青川柳叶尖

全国统一编号00001498

青川柳叶尖是黑龙江省哈尔滨市延寿县青川乡地方晒烟品种。

特征特性：株型塔形，叶形卵圆，叶尖渐尖，叶面较平，叶缘平滑，叶色绿，叶耳小，叶片主脉细，叶片厚薄中等，花序松散、菱形，花色红，有花冠尖，种子椭圆形、褐色，蒴果卵圆形，株高142.80cm，茎围8.06cm，节距9.02cm，叶数11.40片，腰叶长45.54cm，腰叶宽26.90cm，叶柄5.00cm，主侧脉夹角中，茎叶角度大，花冠长度5.32cm，花冠直径1.30cm，花萼长度0.98cm，千粒重0.058 7g，移栽至现蕾天数40.0d，移栽至中心花开放天数48.0d，全生育期145.0d。

化学成分：总糖11.11%，还原糖8.02%，两糖差3.09%，两糖比0.72，总氮3.08%，蛋白质16.07%，烟碱2.95%，施木克值0.69，糖碱比3.77，氮碱比1.04。

延寿护脖香

全国统一编号00001499

延寿护脖香是黑龙江省哈尔滨市延寿县中和镇地方晒烟品种。

特征特性：株型橄榄形，叶形宽椭圆，叶尖渐尖，叶面较皱，叶缘微波，叶色绿，叶耳中，叶片主脉粗细中，叶片薄，花序松散、菱形，花色淡红，有花冠尖，种子卵圆形、浅褐色，蒴果长卵圆形，株高148.40cm，茎围6.94cm，节距10.00cm，叶数10.20片，腰叶长58.60cm，腰叶宽35.60cm，无叶柄，主侧脉夹角中，茎叶角度中，花冠长度4.73cm，花冠直径1.42cm，花萼长度1.47cm，千粒重0.092 2g，移栽至现蕾天数31.0d，移栽至中心花开放天数48.0d，全生育期150.0d。

抗病虫性：高抗烟蚜，中抗TMV，感青枯病和PVY。

外观质量：原烟褐色，色度中，油分稍有，身份中等，结构疏松。

化学成分：总糖12.84%，还原糖10.73%，两糖差2.11%，两糖比0.84，总氮3.82%，蛋白质19.34%，烟碱4.21%，钾1.75%，氯1.08%，钾氯比1.62，施木克值0.66，糖碱比3.05，氮碱比0.91。

经济性状：产量98.70kg/亩，上中等烟比例75.97%。

延寿一枝花

全国统一编号00001500

延寿一枝花是黑龙江省哈尔滨市延寿县寿山乡地方晒烟品种。

特征特性：株型塔形，叶形椭圆，叶尖急尖，叶面平，叶缘平滑，叶色黄绿，叶耳大，叶片主脉细，叶片厚薄中等，花序密集、球形，花色深红，有花冠尖，种子椭圆形、浅褐色，蒴果卵圆形，株高116.40cm，茎围7.50cm，节距8.77cm，叶数9.00片，腰叶长43.84cm，腰叶宽22.70cm，无叶柄，主侧脉夹角中，茎叶角度中，花冠长度5.40cm，花冠直径1.59cm，花萼长度1.27cm，千粒重0.083 9g，移栽至现蕾天数23.0d，移栽至中心花开放天数31.0d，全生育期135.0d。

化学成分：总糖5.21%，还原糖3.80%，两糖差1.41%，两糖比0.73，总氮3.65%，蛋白质17.80%，烟碱5.34%，施木克值0.31，糖碱比0.98，氮碱比0.68。

延寿懒汉烟

全国统一编号00001501

延寿懒汉烟是黑龙江省哈尔滨市延寿县中和镇地方晒烟品种。

特征特性：株型橄榄形，叶形宽椭圆，叶尖急尖，叶面较平，叶缘平滑，叶色深绿，叶耳中，叶片主脉中，叶片较厚，花序密集、球形，花色深红，有花冠尖，种子卵圆形、褐色，蒴果长卵圆形，株高151.00cm，茎围8.84cm，节距11.56cm，叶数9.60片，腰叶长58.10cm，腰叶宽30.52cm，无叶柄，主侧脉夹角中，茎叶角度中，花冠长度5.16cm，花冠直径1.31cm，花萼长度1.15cm，千粒重0.060 4g，移栽至现蕾天数48.0d，移栽至中心花开放天数54.0d，全生育期150.0d。

化学成分：总糖10.86%，还原糖8.37%，两糖差2.49%，两糖比0.77，总氮2.35%，蛋白质10.77%，烟碱3.64%，施木克值1.01，糖碱比2.98，氮碱比0.65。

手掌烟

全国统一编号00001502

手掌烟是黑龙江省哈尔滨市延寿县青川乡地方晒烟品种。

特征特性：株型塔形，叶形椭圆，叶尖渐尖，叶面平，叶缘平滑，叶色深绿，叶耳小，叶片主脉细，叶片较厚，花序松散、菱形，花色淡红，有花冠尖，种子椭圆形、浅褐色，蒴果卵圆形，株高121.40cm，茎围5.58cm，节距7.36cm，叶数11.20片，腰叶长27.60cm，腰叶宽12.60cm，叶柄3.50cm，主侧脉夹角中，茎叶角度大，花冠长度5.12cm，花冠直径2.27cm，花萼长度1.53cm，千粒重0.063 4g，移栽至现蕾天数23.0d，移栽至中心花开放天数31.0d，全生育期135.0d。

抗病虫性：感青枯病、CMV和PVY，高感TMV。

外观质量：原烟褐色，色度中，油分有，身份中等，结构尚疏松。

化学成分：总糖13.10%，还原糖10.56%，两糖差2.54%，两糖比0.81，总氮3.00%，蛋白质15.68%，烟碱2.82%，钾3.79%，氯0.81%，钾氯比4.69，施木克值0.84，糖碱比4.65，氮碱比1.06。

经济性状：产量83.36kg/亩，上等烟占比8.57%，上中等烟占比70.70%。

东宁大虎耳

全国统一编号00001503

东宁大虎耳是黑龙江省牡丹江市东宁市绥阳镇地方晒烟品种。

特征特性：株型塔形，叶形宽椭圆，叶尖渐尖，叶面较平，叶缘平滑，叶色绿，叶耳大，叶片主脉粗细中，叶片较厚，花序密集、菱形，花色深红，有花冠尖，种子椭圆形、褐色，蒴果长卵圆形，株高131.00cm，茎围8.06cm，节距7.81cm，叶数11.80片，腰叶长62.80cm，腰叶宽34.54cm，无叶柄，主侧脉夹角中，茎叶角度中，花冠长度3.59cm，花冠直径2.27cm，花萼长度1.58cm，千粒重0.096 4g，移栽至现蕾天数40.0d，移栽至中心花开放天数48.0d，全生育期150.0d。

化学成分：总糖5.74%，还原糖4.70%，两糖差1.04%，两糖比0.82，总氮2.90%，蛋白质13.47%，烟碱4.30%，施木克值0.43，糖碱比1.33，氮碱比0.67。

延寿大叶烟

全国统一编号00001504

延寿大叶烟是黑龙江省哈尔滨市延寿县寿山乡地方晒烟品种。

特征特性： 株型塔形，叶形椭圆，叶尖渐尖，叶面较平，叶缘平滑，叶色深绿，叶耳中，叶片主脉粗，叶片较厚，花序密集、菱形，花色深红，有花冠尖，种子椭圆形、褐色，蒴果长卵圆形，株高125.40cm，茎围8.88cm，节距7.81cm，叶数11.40片，腰叶长56.90cm，腰叶宽29.18cm，无叶柄，主侧脉夹角中，茎叶角度中，花冠长度4.35cm，花冠直径1.66cm，花萼长度1.62cm，千粒重0.052 5g，移栽至现蕾天数38.0d，移栽至中心花开放天数48.0d，全生育期150.0d。

抗病虫性： 抗TMV。

延寿护脖烟

全国统一编号00001505

延寿护脖烟是黑龙江省哈尔滨市延寿县寿山乡地方晒烟品种。

特征特性：株型塔形，叶形宽椭圆，叶尖渐尖，叶面较平，叶缘平滑，叶色绿，叶耳大，叶片主脉细，叶片薄，花序密集、球形，花色深红，有花冠尖，种子椭圆形、褐色，蒴果卵圆形，株高158.40cm，茎围9.08cm，节距9.40cm，叶数12.60片，腰叶长61.70cm，腰叶宽34.10cm，无叶柄，主侧脉夹角中，茎叶角度中，花冠长度4.36cm，花冠直径1.15cm，花萼长度0.79cm，千粒重0.101 5g，移栽至现蕾天数48.0d，移栽至中心花开放天数56.0d，全生育期150.0d。

延寿千层叶

全国统一编号00001506

延寿千层叶是黑龙江省哈尔滨市延寿县寿山乡地方晒烟品种。

特征特性：株型筒形，叶形椭圆，叶尖渐尖，叶面较平，叶缘微波，叶色黄绿，叶耳中，叶片主脉粗，叶片厚薄中等，花序密集、菱形，花色红，有花冠尖，种子椭圆形、浅褐色，蒴果长卵圆形，株高150.60cm，茎围9.94cm，节距6.51cm，叶数17.00片，腰叶长65.80cm，腰叶宽31.00cm，无叶柄，主侧脉夹角中，茎叶角度中，花冠长度3.63cm，花冠直径2.33cm，花萼长度0.72cm，千粒重0.052 1g，移栽至现蕾天数57.0d，移栽至中心花开放天数64.0d，全生育期153.0d。

化学成分：总糖17.76%，还原糖14.29%，两糖差3.47%，两糖比0.80，总氮2.67%，蛋白质14.09%，烟碱2.39%，施木克值1.26，糖碱比7.43，氮碱比1.12。

大黄叶

全国统一编号00001507

大黄叶是黑龙江省哈尔滨市尚志市庆阳镇地方晒烟品种。

特征特性：株型塔形，叶形宽椭圆，叶尖渐尖，叶面较平，叶缘平滑，叶色深绿，叶耳大，叶片主脉粗，叶片薄，花序密集、菱形，花色深红，有花冠尖，种子椭圆形、褐色，蒴果长卵圆形，株高129.00cm，茎围7.46cm，节距8.12cm，叶数11.40片，腰叶长68.00cm，腰叶宽37.00cm，无叶柄，主侧脉夹角中，茎叶角度大，花冠长度5.21cm，花冠直径2.34cm，花萼长度1.28cm，千粒重0.075 9g，移栽至现蕾天数38.0d，移栽至中心花开放天数50.0d，全生育期150.0d。

抗病虫性：高抗烟蚜，中感PVY和TMV，感青枯病。

外观质量：原烟淡棕色，色度中，油分少，身份中等，结构尚疏松。

化学成分：总糖3.40%，还原糖3.00%，两糖差0.40%，两糖比0.88，总氮3.69%，蛋白质19.10%，烟碱3.64%，钾1.63%，氯2.16%，钾氯比0.75，施木克值0.18，糖碱比0.93，氮碱比1.01。

经济性状：产量93.90kg/亩，中等烟比例61.59%。

洋烟

全国统一编号00001508

洋烟是黑龙江省哈尔滨市尚志市鱼池乡地方晒烟品种。

特征特性：株型塔形，叶形椭圆，叶尖渐尖，叶面较平，叶缘平滑，叶色深绿，叶耳大，叶片主脉粗，叶片较厚，花序密集、球形，花色深红，有花冠尖，种子椭圆形、褐色，蒴果长卵圆形，株高147.60cm，茎围9.78cm，节距9.61cm，叶数11.20片，腰叶长65.40cm，腰叶宽34.04cm，无叶柄，主侧脉夹角中，茎叶角度中，花冠长度4.51cm，花冠直径1.62cm，花萼长度0.70cm，千粒重0.086 8g，移栽至现蕾天数38.0d，移栽至中心花开放天数48.0d，全生育期150.0d。

化学成分：总糖5.76%，还原糖5.00%，两糖差0.76%，两糖比0.87，总氮3.39%，蛋白质17.86%，烟碱3.11%，施木克值0.32，糖碱比1.85，氮碱比1.09。

大青筋洋烟

全国统一编号00001509

大青筋洋烟是黑龙江省哈尔滨市尚志市庆阳镇地方晒烟品种。

特征特性：株型塔形，叶形宽椭圆，叶尖渐尖，叶面较平，叶缘平滑，叶色深绿，叶耳大，叶片主脉细，叶片厚薄中等，花序松散、菱形，花色深红，有花冠尖，种子椭圆形、深褐色，蒴果长卵圆形，株高139.00cm，茎围7.02cm，节距7.39cm，叶数13.40片，腰叶长48.30cm，腰叶宽26.28cm，无叶柄，主侧脉夹角中，茎叶角度中，花冠长度3.41cm，花冠直径2.11cm，花萼长度0.69cm，千粒重0.084 7g，移栽至现蕾天数57.0d，移栽至中心花开放天数63.0d，全生育期154.0d。

化学成分：总糖3.81%，还原糖2.84%，两糖差0.97%，两糖比0.75，总氮3.50%，蛋白质18.18%，烟碱3.43%，施木克值0.21，糖碱比1.11，氮碱比1.02。

洋烟籽

全国统一编号00001510

洋烟籽是黑龙江省哈尔滨市延寿县加信镇地方晒烟品种。

特征特性：株型塔形，叶形椭圆，叶尖急尖，叶面较平，叶缘平滑，叶色深绿，叶耳大，叶片主脉粗，叶片较厚，花序密集、球形，花色深红，有花冠尖，种子椭圆形、褐色，蒴果长卵圆形，株高134.25cm，茎围9.92cm，节距9.24cm，叶数10.20片，腰叶长63.00cm，腰叶宽33.06cm，无叶柄，主侧脉夹角中，茎叶角度中，花冠长度5.56cm，花冠直径1.77cm，花萼长度1.24cm，千粒重0.094 6g，移栽至现蕾天数42.0d，移栽至中心花开放天数50.0d，全生育期150.0d。

抗病虫性：中抗TMV。

化学成分：总糖9.18%，还原糖7.82%，两糖差1.36%，两糖比0.85，总氮3.33%，蛋白质16.85%，烟碱3.69%，施木克值0.54，糖碱比2.49，氮碱比0.90。

宁安小护脖香

全国统一编号00001511

宁安小护脖香是黑龙江省牡丹江市宁安市三灵乡地方晒烟品种。

特征特性：株型筒形，叶形椭圆，叶尖急尖，叶面较皱，叶缘微波，叶色深绿，叶耳大，叶片主脉中，叶片较厚，花序密集、球形，花色深红，有花冠尖，种子椭圆形、浅褐色，蒴果长卵圆形，株高149.00cm，茎围9.38cm，节距9.40cm，叶数11.60片，腰叶长54.00cm，腰叶宽26.66cm，无叶柄，主侧脉夹角中，茎叶角度中，花冠长度4.42cm，花冠直径1.56cm，花萼长度1.51cm，千粒重0.062 0g，移栽至现蕾天数38.0d，移栽至中心花开放天数48.0d，全生育期150.0d。

化学成分：总糖7.12%，还原糖5.60%，两糖差1.52%，两糖比0.79，总氮3.19%，蛋白质16.16%，烟碱3.49%，施木克值0.44，糖碱比2.04，氮碱比0.91。

大叶护脖香-1

全国统一编号00001512

大叶护脖香-1是黑龙江省牡丹江市宁安市三灵乡地方晒烟品种。

特征特性：株型塔形，叶形宽椭圆，叶尖渐尖，叶面较平，叶缘平滑，叶色深绿，叶耳大，叶片主脉粗，叶片较厚，花序密集、球形，花色深红，有花冠尖，种子椭圆形、褐色，蒴果长卵圆形，株高138.40cm，茎围9.40cm，节距10.70cm，叶数9.20片，腰叶长58.00cm，腰叶宽32.24cm，无叶柄，主侧脉夹角中，茎叶角度大，花冠长度4.16cm，花冠直径1.70cm，花萼长度1.20cm，千粒重0.098 8g，移栽至现蕾天数38.0d，移栽至中心花开放天数50.0d，全生育期147.0d。

化学成分：总糖7.54%，还原糖7.17%，两糖差0.37%，两糖比0.95，总氮3.44%，蛋白质17.84%，烟碱3.39%，施木克值0.42，糖碱比2.22，氮碱比1.01。

大叶护脖香-2

全国统一编号00001513

大叶护脖香-2是黑龙江省牡丹江市宁安市三灵乡地方晒烟品种。

特征特性： 株型塔形，叶形宽椭圆，叶尖渐尖，叶面较平，叶缘平滑，叶色深绿，叶耳大，叶片主脉中，叶片较厚，花序密集、菱形，花色深红，有花冠尖，种子椭圆形、深褐色，蒴果长卵圆形，株高146.40cm，茎围9.94cm，节距11.57cm，叶数9.20片，腰叶长60.00cm，腰叶宽32.60cm，无叶柄，主侧脉夹角中，茎叶角度中，花冠长度3.30cm，花冠直径1.39cm，花萼长度0.65cm，千粒重0.089 7g，移栽至现蕾天数40.0d，移栽至中心花开放天数50.0d，全生育期147.0d。

化学成分： 总糖9.18%，还原糖8.23%，两糖差0.95%，两糖比0.90，总氮3.34%，蛋白质17.15%，烟碱3.46%，施木克值0.54，糖碱比2.65，氮碱比0.97。

兴隆小护脖香

全国统一编号00001514

兴隆小护脖香是黑龙江省牡丹江市宁安市兴隆镇地方晒烟品种。

特征特性：株型塔形，叶形宽椭圆，叶尖渐尖，叶面较平，叶缘平滑，叶色深绿，叶耳大，叶片主脉细，叶片厚薄中等，花序密集、球形，花色淡红，有花冠尖，种子椭圆形、浅褐色，蒴果长卵圆形，株高129.60cm，茎围6.78cm，节距10.67cm，叶数8.40片，腰叶长40.40cm，腰叶宽24.38cm，无叶柄，主侧脉夹角中，茎叶角度大，花冠长度3.18cm，花冠直径1.15cm，花萼长度1.65cm，千粒重0.074 5g，移栽至现蕾天数31.0d，移栽至中心花开放天数38.0d，全生育期150.0d。

化学成分：总糖9.22%，还原糖7.88%，两糖差1.34%，两糖比0.85，总氮3.42%，蛋白质17.95%，烟碱3.17%，施木克值0.51，糖碱比2.91，氮碱比1.08。

宁安大青筋

全国统一编号00001515

宁安大青筋是黑龙江省牡丹江市宁安市兴隆镇地方晒烟品种。

特征特性：株型塔形，叶形椭圆，叶尖渐尖，叶面较平，叶缘平滑，叶色深绿，叶耳中，叶片主脉粗，叶片厚，花序密集、菱形，花色深红，有花冠尖，种子椭圆形、褐色，蒴果长卵圆形，株高125.00cm，茎围9.40cm，节距9.66cm，叶数8.80片，腰叶长56.80cm，腰叶宽27.60cm，无叶柄，主侧脉夹角中，茎叶角度中，花冠长度5.67cm，花冠直径1.31cm，花萼长度0.65cm，千粒重0.052 4g，移栽至现蕾天数38.0d，移栽至中心花开放天数48.0d，全生育期150.0d。

化学成分：总糖3.82%，还原糖3.49%，两糖差0.33%，两糖比0.91，总氮4.02%，蛋白质17.29%，烟碱5.14%，施木克值0.22，糖碱比0.74，氮碱比0.78。

兴隆大护脖香

全国统一编号00001516

兴隆大护脖香是黑龙江省牡丹江市宁安市兴隆镇地方晒烟品种。

特征特性：株型塔形，叶形椭圆，叶尖渐尖，叶面较平，叶缘平滑，叶色深绿，叶耳中，叶片主脉粗，叶片厚薄中等，花序密集、扁球形，花色深红，有花冠尖，种子椭圆形、褐色，蒴果长卵圆形，株高118.80cm，茎围9.66cm，节距10.10cm，叶数8.00片，腰叶长55.70cm，腰叶宽28.06cm，无叶柄，主侧脉夹角中，茎叶角度大，花冠长度3.66cm，花冠直径2.34cm，花萼长度1.13cm，千粒重0.098 8g，移栽至现蕾天数38.0d，移栽至中心花开放天数48.0d，全生育期150.0d。

化学成分：总糖2.82%，还原糖2.43%，两糖差0.39%，两糖比0.86，总氮4.24%，蛋白质23.52%，烟碱3.70%，施木克值0.12，糖碱比0.76，氮碱比1.15。

密山烟草

全国统一编号00001517

密山烟草是黑龙江省鸡西市密山市和平乡地方晒烟品种。

特征特性：株型橄榄形，叶形宽椭圆，叶尖渐尖，叶面较平，叶缘平滑，叶色绿，叶耳中，叶片主脉细，叶片较薄，花序松散、菱形，花色红，有花冠尖，种子卵圆形、褐色，蒴果卵圆形，株高133.60cm，茎围6.92cm，节距6.06cm，叶数15.40片，腰叶长45.60cm，腰叶宽25.60cm，无叶柄，主侧脉夹角中，茎叶角度中，花冠长度5.50cm，花冠直径1.72cm，花萼长度1.23cm，千粒重0.092 4g，移栽至现蕾天数48.0d，移栽至中心花开放天数58.0d，全生育期147.0d。

抗病虫性：中抗赤星病和烟蚜，中感CMV、TMV和PVY，感青枯病，高感烟青虫。

外观质量：原烟红棕色，色度强，油分多，身份中等，结构疏松。

化学成分：总糖0.58%，还原糖0.19%，两糖差0.39%，两糖比0.33，总氮3.34%，蛋白质3.20%，烟碱6.60%，钾1.53%，氯1.46%，钾氯比1.05，施木克值0.18，糖碱比0.09，氮碱比0.51。

经济性状：产量105.80kg/亩，上等烟比例43.40%，上中等烟比例88.73%。

似黑台

全国统一编号00001518

似黑台是黑龙江省牡丹江市穆棱市下城子镇地方晒烟品种。

特征特性：株型橄榄形，叶形卵圆，叶尖渐尖，叶面较平，叶缘平滑，叶色深绿，叶耳小，叶片主脉粗细中，叶片较厚，花序密集、菱形，花色深红，有花冠尖，种子椭圆形、褐色，蒴果卵圆形，株高138.80cm，茎围9.74cm，节距7.48cm，叶数13.20片，腰叶长53.80cm，腰叶宽30.58cm，叶柄5.00cm，主侧脉夹角中，茎叶角度中，花冠长度4.99cm，花冠直径1.16cm，花萼长度1.45cm，千粒重0.094 6g，移栽至现蕾天数48.0d，移栽至中心花开放天数54.0d，全生育期147.0d。

化学成分：总糖4.17%，还原糖4.12%，两糖差0.05%，两糖比0.99，总氮3.29%，蛋白质17.30%，烟碱3.02%，施木克值0.24，糖碱比1.38，氮碱比1.09。

宾县葵花烟

全国统一编号00001519

宾县葵花烟是黑龙江省哈尔滨市宾县胜利镇地方晒烟品种。

特征特性：株型橄榄形，叶形宽卵圆，叶尖渐尖，叶面较皱，叶缘微波，叶色绿，叶耳小，叶片主脉粗细中，叶片厚薄中等，花序松散、菱形，花色红，有花冠尖，种子椭圆形、褐色，蒴果卵圆形，株高144.80cm，茎围9.50cm，节距9.70cm，叶数10.80片，腰叶长42.34cm，腰叶宽26.78cm，无叶柄，主侧脉夹角中，茎叶角度中，花冠长度4.96cm，花冠直径1.57cm，花萼长度0.73cm，千粒重0.051 7g，移栽至现蕾天数40.0d，移栽至中心花开放天数50.0d，全生育期145.0d。

抗病虫性：高感CMV。

化学成分：总糖2.66%，还原糖2.14%，两糖差0.52%，两糖比0.80，总氮3.67%，蛋白质19.05%，烟碱3.59%，施木克值0.14，糖碱比0.74，氮碱比1.02。

刁翎大叶子

全国统一编号00001520

刁翎大叶子是黑龙江省牡丹江市林口县刁翎镇地方晒烟品种。

特征特性：株型塔形，叶形宽椭圆，叶尖渐尖，叶面较平，叶缘平滑，叶色深绿，叶耳大，叶片主脉粗细中，叶片较厚，花序密集、菱形，花色深红，有花冠尖，种子卵圆形、褐色，蒴果长卵圆形，株高133.20cm，茎围8.84cm，节距11.10cm，叶数8.40片，腰叶长56.80cm，腰叶宽31.14cm，无叶柄，主侧脉夹角中，茎叶角度中，花冠长度3.87cm，花冠直径1.15cm，花萼长度1.56cm，千粒重0.080 4g，移栽至现蕾天数44.0d，移栽至中心花开放天数51.0d，全生育期150.0d。

抗病虫性：高感CMV。

化学成分：总糖5.72%，还原糖4.87%，两糖差0.85%，两糖比0.85，总氮3.24%，蛋白质16.41%，烟碱3.58%，施木克值0.35，糖碱比1.60，氮碱比0.91。

建堂大叶子

全国统一编号00001521

建堂大叶子是黑龙江省牡丹江市林口县建堂镇地方晒烟品种。

特征特性：株型塔形，叶形宽椭圆，叶尖渐尖，叶面较平，叶缘平滑，叶色深绿，叶耳中，叶片主脉细，叶片较厚，花序密集、球形，花色深红，有花冠尖，种子卵圆形、褐色，蒴果长卵圆形，株高130.80cm，茎围9.00cm，节距8.30cm，叶数9.60片，腰叶长53.60cm，腰叶宽29.56cm，无叶柄，主侧脉夹角中，茎叶角度中，花冠长度3.23cm，花冠直径1.33cm，花萼长度1.31cm，千粒重0.103 7g，移栽至现蕾天数41.0d，移栽至中心花开放天数48.0d，全生育期145.0d。

抗病虫性：中感TMV。

化学成分：总糖10.61%，还原糖9.26%，两糖差1.35%，两糖比0.87，总氮3.04%，蛋白质15.74%，烟碱3.02%，施木克值0.67，糖碱比3.51，氮碱比1.01。

刁翎懒汉烟

全国统一编号00001522

刁翎懒汉烟是黑龙江省牡丹江市林口县刁翎镇地方晒烟品种。

特征特性：株型塔形，叶形宽椭圆，叶尖渐尖，叶面较皱，叶缘微波，叶色深绿，叶耳大，叶片主脉粗细中，叶片厚薄中等，花序松散、菱形，花色淡红，有花冠尖，种子椭圆形、褐色，蒴果卵圆形，株高146.60cm，茎围7.92cm，节距6.58cm，叶数16.20片，腰叶长54.80cm，腰叶宽29.20cm，无叶柄，主侧脉夹角中，茎叶角度中，花冠长度4.24cm，花冠直径2.40cm，花萼长度1.58cm，千粒重0.057 1g，移栽至现蕾天数48.0d，移栽至中心花开放天数58.0d，全生育期147.0d。

抗病虫性：高抗烟蚜，中感青枯病，感赤星病、TMV、CMV、PVY。

外观质量：原烟褐色，色度中，油分稍有，身份稍薄，结构疏松。

化学成分：总糖12.18%，还原糖10.05%，两糖差2.13%，两糖比0.83，总氮3.51%，蛋白质18.50%，烟碱3.19%，钾1.42%，氯1.18%，钾氯比1.20，施木克值0.66，糖碱比3.82，氮碱比1.10。

评吸质量：香型风格似烤烟香型，香型程度有，香气质中等，香气量尚足，浓度中等，余味尚舒适，杂气有，刺激性有，劲头适中，燃烧性中等，灰色灰白，得分74.5，质量档次中等。

经济性状：产量101.60kg/亩，中等烟比例68.13%。

林口大青筋

全国统一编号00001523

林口大青筋是黑龙江省牡丹江市林口县建堂镇地方晒烟品种。

特征特性：株型塔形，叶形宽椭圆，叶尖渐尖，叶面皱，叶缘平滑，叶色深绿，叶耳大，叶片主脉粗，叶片厚薄中等，花序密集、菱形，花色淡红，有花冠尖，种子椭圆形、褐色，蒴果长卵圆形，株高148.20cm，茎围9.62cm，节距11.51cm，叶数9.40片，腰叶长65.80cm，腰叶宽36.10cm，无叶柄，主侧脉夹角中，茎叶角度中，花冠长度5.69cm，花冠直径2.18cm，花萼长度0.75cm，千粒重0.077 6g，移栽至现蕾天数45.0d，移栽至中心花开放天数54.0d，全生育期145.0d。

抗病虫性：高感烟蚜。

外观质量：原烟褐色，色度中，油分稍有，身份稍薄，结构疏松。

化学成分：总糖12.10%，还原糖10.51%，两糖差1.59%，两糖比0.87，总氮2.37%，蛋白质11.76%，烟碱2.84%，施木克值1.03，糖碱比4.26，氮碱比0.83。

桦川葵花烟

全国统一编号00001524

桦川葵花烟是黑龙江省佳木斯市桦川县悦兴乡地方晒烟品种。

特征特性：株型橄榄形，叶形椭圆，叶尖渐尖，叶面较平，叶缘平滑，叶色深绿，叶耳大，叶片主脉粗细中，叶片厚薄中等，花序松散、倒圆锥形，花色淡红，有花冠尖，种子卵圆形、褐色，蒴果长卵圆形，株高149.80cm，茎围8.26cm，节距6.17cm，叶数17.80片，腰叶长48.84cm，腰叶宽22.94cm，无叶柄，主侧脉夹角中，茎叶角度大，花冠长度4.12cm，花冠直径1.38cm，花萼长度1.00cm，千粒重0.061 6g，移栽至现蕾天数40.0d，移栽至中心花开放天数52.0d，全生育期145.0d。

抗病虫性：中抗TMV，高感CMV。

化学成分：总糖6.91%，还原糖6.11%，两糖差0.80%，两糖比0.88，总氮3.09%，蛋白质15.90%，烟碱3.14%，施木克值0.43，糖碱比2.20，氮碱比0.98。

桦川小叶子

全国统一编号00001525

桦川小叶子是黑龙江省佳木斯市桦川县悦来镇孟家岗村地方晒烟品种。

特征特性：株型筒形，叶形椭圆，叶尖渐尖，叶面平，叶缘平滑，叶色深绿，叶耳大，叶片主脉细，叶片较厚，花序密集、球形，花色深红，有花冠尖，种子椭圆形、深褐色，蒴果卵圆形，株高120.40cm，茎围8.68cm，节距9.57cm，叶数8.40片，腰叶长44.70cm，腰叶宽22.40cm，无叶柄，主侧脉夹角中，茎叶角度中，花冠长度3.63cm，花冠直径1.85cm，花萼长度1.61cm，千粒重0.074 3g，移栽至现蕾天数40.0d，移栽至中心花开放天数45.0d，全生育期147.0d。

抗病虫性：中抗赤星病，中感TMV、CMV和PVY，感青枯病，高感烟蚜。

外观质量：原烟褐色，色度中，油分稍有，身份中等，结构尚疏松。

化学成分：总糖4.42%，还原糖3.18%，两糖差1.24%，两糖比0.72，总氮3.01%，蛋白质16.21%，烟碱2.41%，钾2.15%，氯0.85%，钾氯比2.53，施木克值0.27，糖碱比1.83，氮碱比1.25。

经济性状：产量87.19kg/亩，中等烟比例68.11%。

桦南大葵花

全国统一编号00001526

桦南大葵花是黑龙江省佳木斯市桦南县孟家岗镇地方晒烟品种。

特征特性：株型塔形，叶形宽椭圆，叶尖渐尖，叶面较平，叶缘平滑，叶色深绿，叶耳大，叶片主脉细，叶片厚，花序密集、球形，花色深红，有花冠尖，种子椭圆形、浅褐色，蒴果长卵圆形，株高127.60cm，茎围8.14cm，节距9.95cm，叶数8.80片，腰叶长56.40cm，腰叶宽32.60cm，无叶柄，主侧脉夹角中，茎叶角度中，花冠长度4.37cm，花冠直径1.92cm，花萼长度1.03cm，千粒重0.062 8g，移栽至现蕾天数44.0d，移栽至中心花开放天数51.0d，全生育期150.0d。

抗病虫性：高感CMV。

化学成分：总糖3.80%，还原糖3.17%，两糖差0.63%，两糖比0.83，总氮3.35%，蛋白质16.94%，烟碱3.68%，施木克值0.22，糖碱比1.03，氮碱比0.91。

桦南大护脖香

全国统一编号00001527

桦南大护脖香是黑龙江省佳木斯市桦南县孟家岗镇地方晒烟品种。

特征特性：株型塔形，叶形宽椭圆，叶尖渐尖，叶面较平，叶缘平滑，叶色绿，叶耳大，叶片主脉粗细中，叶片厚薄中等，花序密集、扁球形，花色红，有花冠尖，种子卵圆形、褐色，蒴果长卵圆形，株高146.40cm，茎围8.90cm，节距8.06cm，叶数13.20片，腰叶长49.94cm，腰叶宽26.84cm，无叶柄，主侧脉夹角中，茎叶角度中，花冠长度4.45cm，花冠直径1.89cm，花萼长度0.57cm，千粒重0.106 6g，移栽至现蕾天数44.0d，移栽至中心花开放天数51.0d，全生育期147.0d。

化学成分：总糖3.17%，还原糖2.98%，两糖差0.19%，两糖比0.94，总氮2.09%，蛋白质12.63%，烟碱3.80%，施木克值0.25，糖碱比0.83，氮碱比0.55。

桦南大虎耳

全国统一编号00001528

桦南大虎耳是黑龙江省佳木斯市桦南县孟家岗镇地方晒烟品种。

特征特性：株型橄榄形，叶形宽椭圆，叶尖渐尖，叶面较皱，叶缘波浪，叶色深绿，叶耳大，叶片主脉粗细中，叶片较厚，花序密集、球形，花色深红，有花冠尖，种子椭圆形、褐色，蒴果长卵圆形，株高118.20cm，茎围8.64cm，节距7.84cm，叶数9.60片，腰叶长61.50cm，腰叶宽32.30cm，无叶柄，主侧脉夹角中，茎叶角度中，花冠长度4.80cm，花冠直径2.03cm，花萼长度0.95cm，千粒重0.073 8g，移栽至现蕾天数44.0d，移栽至中心花开放天数51.0d，全生育期147.0d。

抗病虫性：中感TMV，高感CMV。

化学成分：总糖8.12%，还原糖7.01%，两糖差1.11%，两糖比0.86，总氮3.20%，蛋白质16.81%，烟碱3.35%，施木克值0.48，糖碱比2.42，氮碱比0.96。

勃利洋烟

全国统一编号00001529

勃利洋烟是黑龙江省七台河市勃利县恒太乡地方晒烟品种。

特征特性：株型塔形，叶形椭圆，叶尖渐尖，叶面较皱，叶缘微波，叶色深绿，叶耳大，叶片主脉粗，叶片厚，花序密集、球形，花色深红，有花冠尖，种子椭圆形、褐色，蒴果长卵圆形，株高165.80cm，茎围7.98cm，节距9.98cm，叶数12.60片，腰叶长56.10cm，腰叶宽26.30cm，无叶柄，主侧脉夹角中，茎叶角度中，花冠长度2.97cm，花冠直径1.78cm，花萼长度0.61cm，千粒重0.084 7g，移栽至现蕾天数41.0d，移栽至中心花开放天数48.0d，全生育期145.0d。

抗病虫性：感青枯病和根结线虫病，高感CMV。

化学成分：总糖6.96%，还原糖5.26%，两糖差1.70%，两糖比0.76，总氮3.25%，蛋白质16.34%，烟碱3.68%，施木克值0.43，糖碱比1.89，氮碱比0.88。

勃利千层塔

全国统一编号00001530

勃利千层塔是黑龙江省七台河市勃利县恒太乡地方晒烟品种。

特征特性：株型塔形，叶形椭圆，叶尖渐尖，叶面较平，叶缘平滑，叶色浅绿，叶耳大，叶片主脉粗细中，叶片厚薄中等，花序松散、菱形，花色淡红，有花冠尖，种子卵圆形、褐色，蒴果卵圆形，株高157.60cm，茎围8.74cm，节距7.08cm，叶数16.60片，腰叶长57.22cm，腰叶宽29.62cm，无叶柄，主侧脉夹角中，茎叶角度中，花冠长度4.14cm，花冠直径2.22cm，花萼长度0.86cm，千粒重0.092 5g，移栽至现蕾天数54.0d，移栽至中心花开放天数68.0d，全生育期147.0d。

抗病虫性：中抗根结线虫病，中感青枯病。

化学成分：总糖12.68%，还原糖10.44%，两糖差2.24%，两糖比0.82，总氮3.31%，蛋白质16.76%，烟碱3.64%，施木克值0.76，糖碱比3.48，氮碱比0.91。

富锦大叶

全国统一编号00001531

富锦大叶是黑龙江省佳木斯市富锦市地方晒烟品种。

特征特性：株型塔形，叶形卵圆，叶尖渐尖，叶面平，叶缘平滑，叶色绿，叶耳小，叶片主脉细，叶片厚，花序密集、球形，花色红，有花冠尖，种子椭圆形、褐色，蒴果长卵圆形，株高151.20cm，茎围8.96cm，节距6.47cm，叶数17.20片，腰叶长46.00cm，腰叶宽25.78cm，无叶柄，主侧脉夹角中，茎叶角度大，花冠长度3.95cm，花冠直径1.93cm，花萼长度1.02cm，千粒重0.079 1g，移栽至现蕾天数48.0d，移栽至中心花开放天数61.0d，全生育期150.0d。

抗病虫性：中感青枯病、根结线虫病。

外观质量：原烟红棕色，油分有，身份稍厚。

化学成分：总糖8.84%，还原糖7.51%，两糖差1.33%，两糖比0.85，总氮3.16%，蛋白质16.38%，烟碱3.11%，施木克值0.54，糖碱比2.84，氮碱比1.02。

评吸质量：香气质较好，香气量较少，余味舒适，刺激性微有，劲头较小，燃烧性中等。

经济性状：产量110.00kg/亩。

宝清护脖香

全国统一编号00001532

宝清护脖香是黑龙江省双鸭山市宝清县夹信子镇地方晒烟品种。

特征特性：株型塔形，叶形椭圆，叶尖渐尖，叶面较平，叶缘平滑，叶色深绿，叶耳大，叶片主脉粗细中，叶片厚，花序密集、球形，花色深红，有花冠尖，种子卵圆形、褐色，蒴果长卵圆形，株高126.80cm，茎围9.24cm，节距9.86cm，叶数8.80片，腰叶长59.80cm，腰叶宽30.50cm，无叶柄，主侧脉夹角中，茎叶角度中，花冠长度3.36cm，花冠直径1.98cm，花萼长度0.66cm，千粒重0.076 6g，移栽至现蕾天数51.0d，移栽至中心花开放天数59.0d，全生育期150.0d。

抗病虫性：中感根结线虫病，感青枯病。

化学成分：总糖3.80%，还原糖3.58%，两糖差0.22%，两糖比0.94，总氮4.47%，蛋白质28.22%，烟碱5.29%，施木克值0.13，糖碱比0.72，氮碱比0.84。

宝清柳叶尖

全国统一编号00001533

宝清柳叶尖是黑龙江省双鸭山市宝清县七星泡镇地方晒烟品种。

特征特性：株型筒形，叶形椭圆，叶尖渐尖，叶面较皱，叶缘波浪，叶色深绿，叶耳大，叶片主脉粗细中，叶片厚，花序密集、菱形，花色深红，有花冠尖，种子卵圆形、褐色，蒴果长卵圆形，株高134.40cm，茎围8.74cm，节距10.00cm，叶数9.40片，腰叶长57.66cm，腰叶宽28.90cm，无叶柄，主侧脉夹角中，茎叶角度中，花冠长度3.89cm，花冠直径1.55cm，花萼长度0.77cm，千粒重0.053 2g，移栽至现蕾天数41.0d，移栽至中心花开放天数51.0d，全生育期150.0d。

抗病虫性：中感根结线虫病，感青枯病。

化学成分：总糖5.99%，还原糖5.28%，两糖差0.71%，两糖比0.88，总氮3.21%，蛋白质15.46%，烟碱4.24%，施木克值0.39，糖碱比1.41，氮碱比0.76。

宝清小护脖香

全国统一编号00001534

宝清小护脖香是黑龙江省双鸭山市宝清县靠山镇地方晒烟品种。

特征特性：株型塔形，叶形椭圆，叶尖渐尖，叶面较平，叶缘平滑，叶色深绿，叶耳大，叶片主脉粗，叶片厚，花序密集、球形，花色深红，有花冠尖，种子椭圆形、褐色，蒴果长卵圆形，株高144.60cm，茎围8.60cm，节距10.67cm，叶数9.80片，腰叶长54.60cm，腰叶宽28.18cm，无叶柄，主侧脉夹角中，茎叶角度大，花冠长度3.98cm，花冠直径1.30cm，花萼长度0.89cm，千粒重0.105 2g，移栽至现蕾天数41.0d，移栽至中心花开放天数51.0d，全生育期150.0d。

抗病虫性：中感青枯病、根结线虫病。

化学成分：总糖7.82%，还原糖6.71%，两糖差1.11%，两糖比0.86，总氮3.13%，蛋白质16.25%，烟碱2.96%，施木克值0.48，糖碱比2.64，氮碱比1.06。

七星护脖香

全国统一编号00001535

七星护脖香是黑龙江省双鸭山市宝清县七星泡镇地方晒烟品种。

特征特性： 株型塔形，叶形椭圆，叶尖渐尖，叶面较平，叶缘微波，叶色深绿，叶耳大，叶片主脉粗细中，叶片厚薄中等，花序密集、球形，花色深红，有花冠尖，种子椭圆形、深褐色，蒴果长卵圆形，株高133.60cm，茎围8.34cm，节距9.97cm，叶数9.40片，腰叶长57.80cm，腰叶宽27.60cm，无叶柄，主侧脉夹角中，茎叶角度中，花冠长度5.92cm，花冠直径2.00cm，花萼长度1.08cm，千粒重0.063 8g，移栽至现蕾天数41.0d，移栽至中心花开放天数49.0d，全生育期150.0d。

抗病虫性： 中感根结线虫病，感青枯病。

化学成分： 总糖7.88%，还原糖7.17%，两糖差0.71%，两糖比0.91，总氮3.53%，蛋白质18.31%，烟碱3.49%，施木克值0.43，糖碱比2.26，氮碱比1.01。

宝清无名烟

全国统一编号00001536

宝清无名烟是黑龙江省双鸭山市宝清县夹信子镇地方晒烟品种。

特征特性：株型塔形，叶形椭圆，叶尖钝尖，叶面较平，叶缘平滑，叶色深绿，叶耳中，叶片主脉粗，叶片厚，花序密集、球形，花色深红，有花冠尖，种子卵圆形、褐色，蒴果长卵圆形，株高138.60cm，茎围8.06cm，节距9.86cm，叶数10.00片，腰叶长60.20cm，腰叶宽29.50cm，无叶柄，主侧脉夹角中，茎叶角度中，花冠长度4.73cm，花冠直径1.91cm，花萼长度0.77cm，千粒重0.093 6g，移栽至现蕾天数41.0d，移栽至中心花开放天数51.0d，全生育期150.0d。

抗病虫性：中感根结线虫病，感青枯病。

化学成分：总糖10.48%，还原糖8.68%，两糖差1.80%，两糖比0.83，总氮2.97%，蛋白质15.67%，烟碱2.65%，施木克值0.67，糖碱比3.95，氮碱比1.12。

夹信雪茄

全国统一编号00001537

夹信雪茄是黑龙江省双鸭山市宝清县夹信子镇地方晒烟品种。

特征特性：株型塔形，叶形椭圆，叶尖渐尖，叶面较平，叶缘微波，叶色深绿，叶耳大，叶片主脉粗，叶片较厚，花序密集、球形，花色深红，有花冠尖，种子卵圆形、褐色，蒴果长卵圆形，株高143.40cm，茎围8.42cm，节距11.00cm，叶数9.40片，腰叶长58.80cm，腰叶宽30.34cm，无叶柄，主侧脉夹角中，茎叶角度中，花冠长度2.86cm，花冠直径1.91cm，花萼长度0.69cm，千粒重0.108 9g，移栽至现蕾天数38.0d，移栽至中心花开放天数48.0d，全生育期145.0d。

抗病虫性：中感根结线虫病，感青枯病。

化学成分：总糖10.38%，还原糖8.76%，两糖差1.62%，两糖比0.84，总氮3.23%，蛋白质16.26%，烟碱3.61%，施木克值0.64，糖碱比2.88，氮碱比0.89。

夹信护脖香

全国统一编号00001538

夹信护脖香是黑龙江省双鸭山市宝清县夹信子镇地方晒烟品种。

特征特性： 株型塔形，叶形宽椭圆，叶尖渐尖，叶面较平，叶缘平滑，叶色深绿，叶耳大，叶片主脉粗细中，叶片厚，花序密集、球形，花色深红，有花冠尖，种子卵圆形、深褐色，蒴果长卵圆形，株高145.20cm，茎围7.72cm，节距10.52cm，叶数10.00片，腰叶长52.20cm，腰叶宽28.40cm，无叶柄，主侧脉夹角中，茎叶角度大，花冠长度3.34cm，花冠直径2.05cm，花萼长度1.47cm，千粒重0.066 1g，移栽至现蕾天数42.0d，移栽至中心花开放天数51.0d，全生育期150.0d。

抗病虫性： 中感根结线虫病，感青枯病。

化学成分： 总糖8.41%，还原糖7.31%，两糖差1.10%，两糖比0.87，总氮3.58%，蛋白质18.52%，烟碱3.56%，施木克值0.45，糖碱比2.36，氮碱比1.01。

富锦护脖香

全国统一编号00001539

富锦护脖香是黑龙江省佳木斯市富锦市地方晒烟品种。

特征特性： 株型筒形，叶形宽椭圆，叶尖渐尖，叶面较平，叶缘平滑，叶色浅绿，叶耳中，叶片主脉粗细中，叶片薄，花序密集、菱形，花色红，有花冠尖，种子卵圆形、浅褐色，蒴果卵圆形，株高150.40cm，茎围7.92cm，节距7.67cm，叶数14.40片，腰叶长46.00cm，腰叶宽25.20cm，无叶柄，主侧脉夹角中，茎叶角度大，花冠长度5.67cm，花冠直径2.15cm，花萼长度1.49cm，千粒重0.086 0g，移栽至现蕾天数48.0d，移栽至中心花开放天数54.0d，全生育期150.0d。

抗病虫性： 中抗青枯病，中感根结线虫病。

化学成分： 总糖12.58%，还原糖10.48%，两糖差2.10%，两糖比0.83，总氮3.33%，蛋白质7.33%，烟碱3.25%，施木克值1.72，糖碱比3.87，氮碱比1.02。

白花大叶子

全国统一编号00001540

白花大叶子是黑龙江省佳木斯市富锦市地方晒烟品种。

特征特性：株型塔形，叶形椭圆，叶尖渐尖，叶面平，叶缘微波，叶色浅绿，叶耳中，叶片主脉粗，叶片较厚，花序密集、菱形，花色红，有花冠尖，种子卵圆形、褐色，蒴果卵圆形，株高126.00cm，茎围8.52cm，节距9.15cm，叶数9.40片，腰叶长60.84cm，腰叶宽29.00cm，无叶柄，主侧脉夹角中，茎叶角度中，花冠长度3.02cm，花冠直径2.06cm，花萼长度1.26cm，千粒重0.092 8g，移栽至现蕾天数48.0d，移栽至中心花开放天数54.0d，全生育期150.0d。

抗病虫性：中抗青枯病，感根结线虫病。

化学成分：总糖3.92%，还原糖2.64%，两糖差1.28%，两糖比0.67，总氮3.63%，蛋白质17.94%，烟碱4.38%，施木克值0.22，糖碱比0.89，氮碱比0.83。

马家护脖香

全国统一编号00001541

马家护脖香是黑龙江省佳木斯市富锦市地方晒烟品种。

特征特性：株型橄榄形，叶形宽椭圆，叶尖钝尖，叶面平，叶缘平滑，叶色绿，叶耳小，叶片主脉细，叶片较厚，花序密集、菱形，花色淡红，有花冠尖，种子卵圆形、褐色，蒴果卵圆形，株高149.00cm，茎围8.34cm，节距8.13cm，叶数13.40片，腰叶长45.20cm，腰叶宽27.60cm，无叶柄，主侧脉夹角中，茎叶角度中，花冠长度3.61cm，花冠直径1.41cm，花萼长度0.84cm，千粒重0.085 3g，移栽至现蕾天数44.0d，移栽至中心花开放天数57.0d，全生育期150.0d。

抗病虫性：中抗青枯病，中感根结线虫病。

化学成分：总糖3.80%，还原糖1.32%，两糖差2.48%，两糖比0.35，总氮4.10%，蛋白质21.27%，烟碱4.05%，施木克值0.18，糖碱比0.94，氮碱比1.01。

红花大叶子

全国统一编号00001542

红花大叶子是黑龙江省佳木斯市富锦市地方晒烟品种。

特征特性：株型塔形，叶形椭圆，叶尖渐尖，叶面较平，叶缘平滑，叶色深绿，叶耳中，叶片主脉粗，叶片较厚，花序密集、球形，花色深红，有花冠尖，种子椭圆形、褐色，蒴果长卵圆形，株高126.00cm，茎围7.94cm，节距10.95cm，叶数7.80片，腰叶长51.30cm，腰叶宽26.46cm，无叶柄，主侧脉夹角中，茎叶角度中，花冠长度4.40cm，花冠直径1.21cm，花萼长度0.81cm，千粒重0.076 3g，移栽至现蕾天数50.0d，移栽至中心花开放天数58.0d，全生育期147.0d。

抗病虫性：中感根结线虫病，感青枯病。

化学成分：总糖4.56%，还原糖4.13%，两糖差0.43%，两糖比0.91，总氮3.47%，蛋白质17.96%，烟碱3.46%，施木克值0.25，糖碱比1.32，氮碱比1.00。

海林中早熟

全国统一编号00001543

海林中早熟是黑龙江省牡丹江市海林县旧街乡地方晒烟品种。

特征特性：株型筒形，叶形长椭圆，叶尖渐尖，叶面平，叶缘微波，叶色深绿，叶耳大，叶片主脉粗细中，叶片较厚，花序松散、菱形，花色深红，有花冠尖，种子卵圆形、深褐色，蒴果卵圆形，株高116.60cm，茎围7.02cm，节距5.87cm，叶数13.40片，腰叶长48.50cm，腰叶宽20.76cm，无叶柄，主侧脉夹角中，茎叶角度大，花冠长度4.10cm，花冠直径1.80cm，花萼长度0.60cm，千粒重0.076 5g，移栽至现蕾天数38.0d，移栽至中心花开放天数51.0d，全生育期144.0d。

抗病虫性：中感根结线虫病，感青枯病。

化学成分：总糖4.00%，还原糖3.84%，两糖差0.16%，两糖比0.96，总氮3.39%，蛋白质16.50%，烟碱4.33%，施木克值0.24，糖碱比0.92，氮碱比0.78。

青山小护脖香

全国统一编号00001544

青山小护脖香是黑龙江省双鸭山市宝清县青原镇青山村地方晒烟品种。

特征特性：株型筒形，叶形宽椭圆，叶尖渐尖，叶面较皱，叶缘微波，叶色深绿，叶耳大，叶片主脉粗细中，叶片厚，花序密集、球形，花色淡红，有花冠尖，种子椭圆形、浅褐色，蒴果长卵圆形，株高113.20cm，茎围5.46cm，节距7.23cm，叶数10.40片，腰叶长30.80cm，腰叶宽20.36cm，无叶柄，主侧脉夹角中，茎叶角度中，花冠长度3.63cm，花冠直径1.40cm，花萼长度1.06cm，千粒重0.093 5g，移栽至现蕾天数36.0d，移栽至中心花开放天数44.0d，全生育期139.0d。

抗病虫性：中抗青枯病、根结线虫病。

化学成分：总糖10.11%，还原糖8.60%，两糖差1.51%，两糖比0.85，总氮2.86%，蛋白质14.38%，烟碱3.23%，施木克值0.70，糖碱比3.13，氮碱比0.89。

木兰无名烟

全国统一编号00001545

木兰无名烟是黑龙江省哈尔滨市木兰县地方晒烟品种。

特征特性：株型筒形，叶形宽椭圆，叶尖渐尖，叶面较平，叶缘微波，叶色绿，叶耳大，叶片主脉粗细中，叶片较厚，花序松散、菱形，花色淡红，有花冠尖，种子卵圆形、浅褐色，蒴果卵圆形，株高126.20cm，茎围9.00cm，节距7.70cm，叶数11.20片，腰叶长58.80cm，腰叶宽32.02cm，无叶柄，主侧脉夹角中，茎叶角度大，花冠长度4.44cm，花冠直径1.98cm，花萼长度1.17cm，千粒重0.071 4g，移栽至现蕾天数38.0d，移栽至中心花开放天数51.0d，全生育期150.0d。

抗病虫性：中抗根结线虫病，感青枯病。

化学成分：总糖7.06%，还原糖6.15%，两糖差0.91%，两糖比0.87，总氮3.34%，蛋白质15.59%，烟碱4.87%，施木克值0.45，糖碱比1.45，氮碱比0.69。

木兰金星烟

全国统一编号00001546

木兰金星烟是黑龙江省哈尔滨市木兰县地方晒烟品种。

特征特性：株型筒形，叶形宽椭圆，叶尖渐尖，叶面较平，叶缘微波，叶色深绿，叶耳大，叶片主脉粗，叶片较厚，花序密集、球形，花色深红，有花冠尖，种子椭圆形、深褐色，蒴果卵圆形，株高200.20cm，茎围9.84cm，节距9.21cm，叶数17.40片，腰叶长61.40cm，腰叶宽34.86cm，无叶柄，主侧脉夹角中，茎叶角度中，花冠长度3.18cm，花冠直径1.15cm，花萼长度1.41cm，千粒重0.058 2g，移栽至现蕾天数43.0d，移栽至中心花开放天数58.0d，全生育期162.0d。

抗病虫性：中抗根结线虫病，感青枯病。

木兰护脖香

全国统一编号00001547

木兰护脖香是黑龙江省哈尔滨市木兰县地方晒烟品种。

特征特性：株型塔形，叶形卵圆，叶尖急尖，叶面较平，叶缘微波，叶色绿，叶耳大，叶片主脉粗细中，叶片厚，花序密集、球形，花色深红，有花冠尖，种子卵圆形、深褐色，蒴果卵圆形，株高116.40cm，茎围5.00cm，节距5.60cm，叶数14.00片，腰叶长39.40cm，腰叶宽20.20cm，无叶柄，主侧脉夹角中，茎叶角度大，花冠长度3.06cm，花冠直径1.34cm，花萼长度0.54cm，千粒重0.085 5g，移栽至中心花开放天数58.0d。

抗病虫性：抗黑胫病，中感赤星病，感青枯病、根结线虫病。

化学成分：总糖15.87%，还原糖11.24%，两糖差4.63%，两糖比0.71，总氮2.53%，蛋白质17.79%，烟碱2.79%，施木克值0.89，糖碱比5.69，氮碱比0.91。

木兰大红花

全国统一编号00001548

木兰大红花是黑龙江省哈尔滨市木兰县地方晒烟品种。

特征特性：株型筒形，叶形宽椭圆，叶尖渐尖，叶面较平，叶缘微波，叶色深绿，叶耳大，叶片主脉粗，叶片厚，花序密集、菱形，花色深红，有花冠尖，种子椭圆形、褐色，蒴果卵圆形，株高142.20cm，茎围7.84cm，节距6.72cm，叶数15.20片，腰叶长59.00cm，腰叶宽32.00cm，无叶柄，主侧脉夹角中，茎叶角度中，花冠长度3.57cm，花冠直径2.03cm，花萼长度0.95cm，千粒重0.053 5g，移栽至现蕾天数41.0d，移栽至中心花开放天数51.0d，全生育期158.0d。

抗病虫性：高抗烟蚜、烟青虫，中抗赤星病，中感CMV、PVY，感青枯病、根结线虫病、TMV。属于2级抗性综合优异种质。

外观质量：原烟褐色，色度中，油分稍有，身份稍厚，结构稍密。

化学成分：总糖4.56%，还原糖3.50%，两糖差1.06%，两糖比0.77，总氮3.15%，蛋白质15.79%，烟碱3.61%，钾1.90%，氯0.68%，钾氯比2.79，施木克值0.29，糖碱比1.26，氮碱比0.87。

经济性状：产量109.20kg/亩，中等烟比例68.36%。

宾县大青筋

全国统一编号00001549

宾县大青筋是黑龙江省哈尔滨市宾县地方晒烟品种。

特征特性：株型塔形，叶形宽椭圆，叶尖渐尖，叶面较平，叶缘微波，叶色绿，叶耳大，叶片主脉粗，叶片较薄，花序密集、球形，花色红，有花冠尖，种子卵圆形、深褐色，蒴果卵圆形，株高169.60cm，茎围9.66cm，节距7.28cm，叶数17.80片，腰叶长54.54cm，腰叶宽28.98cm，无叶柄，主侧脉夹角中，茎叶角度小，花冠长度4.00cm，花冠直径2.08cm，花萼长度1.31cm，千粒重0.081g，移栽至现蕾天数45.0d，移栽至中心花开放天数58.0d，全生育期150.0d。

抗病虫性：中抗根结线虫病，感青枯病。

化学成分：总糖7.76%，还原糖6.88%，两糖差0.88%，两糖比0.89，总氮2.84%，蛋白质13.89%，烟碱3.19%，施木克值0.56，糖碱比2.43，氮碱比0.89。

宾县柳叶尖

全国统一编号00001550

宾县柳叶尖是黑龙江省哈尔滨市宾县地方晒烟品种。

特征特性：株型塔形，叶形卵圆，叶尖渐尖，叶面较平，叶缘微波，叶色绿，叶耳小，叶片主脉粗细中，叶片厚，花序密集、菱形，花色淡红，有花冠尖，种子卵圆形、浅褐色，蒴果卵圆形，株高129.00cm，茎围5.00cm，节距3.87cm，叶数23.00片，腰叶长34.30cm，腰叶宽17.30cm，叶柄2.00cm，主侧脉夹角中，茎叶角度大，花冠长度3.15cm，花冠直径1.69cm，花萼长度0.86cm，千粒重0.061 8g，移栽至中心花开放天数62.0d。

抗病虫性：抗黑胫病，中感根结线虫病、赤星病，感青枯病。

化学成分：总糖6.19%，还原糖5.35%，两糖差0.84%，两糖比0.86，总氮3.56%，蛋白质17.86%，烟碱4.09%，施木克值0.35，糖碱比1.51，氮碱比0.87。

宾县大红花

全国统一编号00001551

宾县大红花是黑龙江省哈尔滨市宾县地方晒烟品种。

特征特性：株型筒形，叶形宽椭圆，叶尖渐尖，叶面较平，叶缘微波，叶色深绿，叶耳大，叶片主脉粗，叶片厚，花序密集、菱形，花色深红，有花冠尖，种子椭圆形、褐色，蒴果卵圆形，株高147.6cm，茎围8.54cm，节距11.45cm，叶数9.40片，腰叶长61.56cm，腰叶宽36.64cm，无叶柄，主侧脉夹角中，茎叶角度中，花冠长度3.98cm，花冠直径1.5cm，花萼长度1.03cm，千粒重0.081 9g，移栽至现蕾天数41.0d，移栽至中心花开放天数51.0d，全生育期150.0d。

抗病虫性：中感根结线虫病，感青枯病。

化学成分：总糖5.37%，还原糖4.67%，两糖差0.70%，两糖比0.87，总氮3.32%，蛋白质16.48%，烟碱3.58%，施木克值0.33，糖碱比1.50，氮碱比0.93。

宾县晒烟

全国统一编号00001552

宾县晒烟是黑龙江省哈尔滨市宾县地方晒烟品种。

特征特性：株型塔形，叶形卵圆，叶尖急尖，叶面较平，叶缘微波，叶色绿，叶耳大，叶片主脉粗细中，叶片厚，花序密集、球形，花色淡红，有花冠尖，种子卵圆形、深褐色，蒴果卵圆形，株高122.20cm，茎围5.20cm，节距5.14cm，叶数16.00片，腰叶长36.70cm，腰叶宽20.80cm，无叶柄，主侧脉夹角中，茎叶角度大，花冠长度4.53cm，花冠直径1.65cm，花萼长度0.81cm，千粒重0.058 4g，移栽至中心花开放天数58.0d。

抗病虫性：中抗根结线虫病，中感黑胫病、赤星病，感青枯病。

化学成分：总糖8.96%，还原糖8.44%，两糖差0.52%，两糖比0.94，总氮3.18%，蛋白质16.48%，烟碱3.14%，施木克值0.54，糖碱比2.85，氮碱比1.01。

五常大叶

全国统一编号00001553

五常大叶是黑龙江省哈尔滨市五常市地方晒烟品种。

特征特性：株型塔形，叶形宽椭圆，叶尖渐尖，叶面较平，叶缘微波，叶色深绿，叶耳大，叶片主脉粗细中，叶片厚，花序密集、菱形，花色深红，有花冠尖，种子椭圆形、褐色，蒴果卵圆形，株高148.60cm，茎围8.44cm，节距5.41cm，叶数18.20片，腰叶长65.62cm，腰叶宽35.42cm，无叶柄，主侧脉夹角中，茎叶角度大，花冠长度5.09cm，花冠直径1.94cm，花萼长度1.33cm，千粒重0.050 7g，移栽至现蕾天数41.0d，移栽至中心花开放天数51.0d，全生育期150.0d。

抗病虫性：中抗根结线虫病，中感青枯病、TMV。

外观质量：原烟红棕色，油分多，身份中等，结构疏松。

化学成分：总糖8.33%，还原糖6.79%，两糖差1.54%，两糖比0.82，总氮2.58%，蛋白质12.72%，烟碱3.13%，施木克值0.65，糖碱比2.66，氮碱比0.82。

评吸质量：香型风格晒红调味香型，香型程度较显，香气质较好，香气量较足，浓度较浓，余味较舒适，杂气较轻，刺激性有，劲头适中，燃烧性中等，灰色灰白，得分74.6，质量档次中等+。

经济性状：产量101.92kg/亩。

小山子大叶

全国统一编号00001554

小山子大叶是黑龙江省哈尔滨市五常市小山子镇地方晒烟品种。

特征特性：株型筒形，叶形椭圆，叶尖渐尖，叶面较平，叶缘微波，叶色绿，叶耳大，叶片主脉粗细中，叶片薄，花序松散、菱形，花色淡红，有花冠尖，种子卵圆形、深褐色，蒴果卵圆形，株高172.20cm，茎围8.90cm，节距7.34cm，叶数18.00片，腰叶长57.60cm，腰叶宽28.62cm，无叶柄，主侧脉夹角中，茎叶角度中，花冠长度4.05cm，花冠直径2.40cm，花萼长度1.53cm，千粒重0.102 7g，移栽至现蕾天数46.0d，移栽至中心花开放天数58.0d，全生育期160.0d。

抗病虫性：中感根结线虫病，感青枯病。

山沟烟

全国统一编号00001555

山沟烟是黑龙江省哈尔滨市五常市小山子镇地方晒烟品种。

特征特性：株型塔形，叶形椭圆，叶尖渐尖，叶面较平，叶缘微波，叶色浅绿，叶耳大，叶片主脉粗细中，叶片厚薄中等，花序松散、菱形，花色红，有花冠尖，种子卵圆形、浅褐色，蒴果卵圆形，株高145.80cm，茎围9.06cm，节距6.81cm，叶数14.80片，腰叶长55.60cm，腰叶宽25.32cm，无叶柄，主侧脉夹角中，茎叶角度中，花冠长度5.41cm，花冠直径1.42cm，花萼长度1.29cm，千粒重0.075 0g，移栽至现蕾天数46.0d，移栽至中心花开放天数55.0d，全生育期158.0d。

抗病虫性：中抗根结线虫病，中感青枯病、TMV。

化学成分：总糖9.69%，还原糖7.63%，两糖差2.06%，两糖比0.79，总氮3.31%，蛋白质16.99%，烟碱3.43%，施木克值0.57，糖碱比2.83，氮碱比0.97。

拜泉护脖香

全国统一编号00001556

拜泉护脖香是黑龙江省齐齐哈尔市拜泉县地方晒烟品种。

特征特性：株型筒形，叶形宽卵圆，叶尖渐尖，叶面较皱，叶缘微波，叶色深绿，叶耳大，叶片主脉粗细中，叶片厚薄中等，花序密集、扁球形，花色淡红，有花冠尖，种子卵圆形、褐色，蒴果卵圆形，株高100.20cm，茎围5.46cm，节距5.81cm，叶数9.50片，腰叶长28.60cm，腰叶宽18.56cm，无叶柄，主侧脉夹角中，茎叶角度大，花冠长度4.18cm，花冠直径1.27cm，花萼长度0.79cm，千粒重0.086 8g，移栽至现蕾天数36.0d，移栽至中心花开放天数44.0d，全生育期139.0d。

抗病虫性：中感根结线虫病和青枯病。

化学成分：总糖8.12%，还原糖6.69%，两糖差1.43%，两糖比0.82，总氮2.88%，蛋白质15.08%，烟碱2.72%，施木克值0.54，糖碱比2.99，氮碱比1.06。

拜泉大红花

全国统一编号00001557

拜泉大红花是黑龙江省齐齐哈尔市拜泉县三道镇地方晒烟品种。

特征特性： 株型塔形，叶形宽椭圆，叶尖急尖，叶面较平，叶缘微波，叶色绿，叶耳大，叶片主脉粗细中，叶片厚，花序密集、球形，花色深红，有花冠尖，种子卵圆形、褐色，蒴果长卵圆形，株高112.00cm，茎围6.70cm，节距6.16cm，叶数12.00片，腰叶长37.20cm，腰叶宽19.90cm，无叶柄，主侧脉夹角中，茎叶角度大，花冠长度4.86cm，花冠直径1.27cm，花萼长度0.55cm，千粒重0.058 7g，移栽至中心花开放天数60.0d。

抗病虫性： 抗黑胫病，中感赤星病和青枯病，感根结线虫病。

化学成分： 总糖5.05%，还原糖5.04%，两糖差0.01%，两糖比1.00，总氮3.50%，蛋白质17.83%，烟碱3.75%，施木克值0.28，糖碱比1.35，氮碱比0.93。

拜泉柳叶尖

全国统一编号00001558

拜泉柳叶尖是黑龙江省齐齐哈尔市拜泉县地方晒烟品种。

特征特性：株型筒形，叶形宽椭圆，叶尖渐尖，叶面较平，叶缘微波，叶色深绿，叶耳大，叶片主脉粗，叶片较厚，花序密集、菱形，花色深红，有花冠尖，种子椭圆形、深褐色，蒴果卵圆形，株高142.80cm，茎围8.30cm，节距11.42cm，叶数9.00片，腰叶长57.90cm，腰叶宽31.42cm，无叶柄，主侧脉夹角中，茎叶角度大，花冠长度3.80cm，花冠直径2.11cm，花萼长度1.50cm，千粒重0.074 7g，移栽至现蕾天数41.0d，移栽至中心花开放天数53.0d，全生育期152.0d。

抗病虫性：感青枯病和根结线虫病。

化学成分：总糖6.71%，还原糖5.71%，两糖差1.00%，两糖比0.85，总氮3.20%，蛋白质15.83%，烟碱3.84%，施木克值0.42，糖碱比1.75，氮碱比0.83。

拜泉大葵花

全国统一编号00001559

拜泉大葵花是黑龙江省齐齐哈尔市拜泉县地方晒烟品种。

特征特性：株型塔形，叶形椭圆，叶尖渐尖，叶面较平，叶缘微波，叶色深绿，叶耳大，叶片主脉粗，叶片厚，花序密集、菱形，花色深红，有花冠尖，种子卵圆形、褐色，蒴果长卵圆形，株高131.00cm，茎围8.80cm，节距10.34cm，叶数8.80片，腰叶长66.30cm，腰叶宽34.74cm，无叶柄，主侧脉夹角中，茎叶角度大，花冠长度3.39cm，花冠直径2.10cm，花萼长度0.92cm，千粒重0.104 0g，移栽至现蕾天数41.0d，移栽至中心花开放天数51.0d，全生育期150.0d。

抗病虫性：中感根结线虫病，感青枯病。

化学成分：总糖6.44%，还原糖5.43%，两糖差1.01%，两糖比0.84，总氮3.33%，蛋白质17.13%，烟碱3.43%，施木克值0.38，糖碱比1.88，氮碱比0.97。

拜泉大叶烟

全国统一编号00001560

拜泉大叶烟是黑龙江省齐齐哈尔市拜泉县三道镇地方晒烟品种。

特征特性：株型筒形，叶形椭圆，叶尖渐尖，叶面较平，叶缘微波，叶色深绿，叶耳大，叶片主脉粗，叶片厚，花序密集、菱形，花色深红，有花冠尖，种子椭圆形、褐色，蒴果卵圆形，株高144.00cm，茎围9.94cm，节距10.40cm，叶数10.00片，腰叶长62.00cm，腰叶宽31.90cm，无叶柄，主侧脉夹角中，茎叶角度小，花冠长度5.19cm，花冠直径1.74cm，花萼长度1.23cm，千粒重0.074 9g，移栽至现蕾天数45.0d，移栽至中心花开放天数53.0d，全生育期150.0d。

抗病虫性：感青枯病和根结线虫病。

外观质量：原烟红棕色，色度浓，油分多，身份中等，结构疏松。

化学成分：总糖6.99%，还原糖5.99%，两糖差1.00%，两糖比0.86，总氮2.92%，蛋白质14.51%，烟碱3.46%，施木克值0.48，糖碱比2.02，氮碱比0.84。

齐市汉烟

全国统一编号00001561

齐市汉烟是黑龙江省齐齐哈尔市地方晒烟品种。

特征特性：株型塔形，叶形椭圆，叶尖急尖，叶面较平，叶缘微波，叶色绿，叶耳大，叶片主脉粗，叶片厚薄中等，花序密集、球形，花色深红，有花冠尖，种子卵圆形、深褐色，蒴果长卵圆形，株高137.40cm，茎围7.78cm，节距5.13cm，叶数19.00片，腰叶长64.80cm，腰叶宽33.00cm，无叶柄，主侧脉夹角中，茎叶角度大，花冠长度5.13cm，花冠直径1.83cm，花萼长度1.01cm，千粒重0.087 3g，移栽至中心花开放天数66.0d。

抗病虫性：中抗根结线虫病，中感赤星病、黑胫病、CMV和PVY，感青枯病、TMV和烟青虫，高感烟蚜。

外观质量：原烟红棕色，色度强，油分有，身份中等，结构疏松。

化学成分：总糖10.33%，还原糖8.26%，两糖差2.07%，两糖比0.80，总氮3.28%，蛋白质16.02%，烟碱4.16%，钾1.68%，氯0.99%，钾氯比1.70，施木克值0.64，糖碱比2.48，氮碱比0.79。

经济性状：产量191.50kg/亩，上等烟比例8.90%，上中等烟比例89.16%。

和平

全国统一编号00001562

和平是黑龙江省齐齐哈尔市地方晒烟品种。

特征特性： 株型橄榄形，叶形长椭圆，叶尖渐尖，叶面较平，叶缘微波，叶色绿，叶耳大，叶片主脉粗细中，叶片厚薄中等，花序松散、菱形，花色淡红，有花冠尖，种子卵圆形、浅褐色，蒴果卵圆形，株高154.80cm，茎围9.84cm，节距5.99cm，叶数19.00片，腰叶长66.44cm，腰叶宽27.96cm，无叶柄，主侧脉夹角中，茎叶角度中，花冠长度4.56cm，花冠直径1.23cm，花萼长度0.73cm，千粒重0.064 3g，移栽至现蕾天数50.0d，移栽至中心花开放天数58.0d，全生育期161.0d。

抗病虫性： 抗TMV，中抗根结线虫病，中感青枯病。

达呼店大红花

全国统一编号00001563

达呼店大红花是黑龙江省齐齐哈尔市地方晒烟品种。

特征特性：株型塔形，叶形长椭圆，叶尖渐尖，叶面平，叶缘微波，叶色绿，叶耳大，叶片主脉粗，叶片厚薄中等，花序密集、菱形，花色深红，有花冠尖，种子椭圆形、深褐色，蒴果卵圆形，株高143.80cm，茎围9.64cm，节距8.37cm，叶数12.40片，腰叶长74.84cm，腰叶宽32.28cm，无叶柄，主侧脉夹角中，茎叶角度大，花冠长度5.20cm，花冠直径1.45cm，花萼长度0.91cm，千粒重0.073 2g，移栽至现蕾天数46.0d，移栽至中心花开放天数55.0d，全生育期158.0d。

抗病虫性：中感青枯病、根结线虫病。

化学成分：总糖7.45%，还原糖6.63%，两糖差0.82%，两糖比0.89，总氮2.33%，蛋白质11.85%，烟碱2.49%，施木克值0.63，糖碱比2.99，氮碱比0.94。

太康晒烟

全国统一编号00001564

太康晒烟是黑龙江省齐齐哈尔市泰来县地方晒烟品种。

特征特性：株型筒形，叶形宽椭圆，叶尖渐尖，叶面较皱，叶缘微波，叶色深绿，叶耳大，叶片主脉粗细中，叶片薄，花序松散、菱形，花色淡红，有花冠尖，种子卵圆形、褐色，蒴果卵圆形，株高150.00cm，茎围9.10cm，节距5.90cm，叶数18.80片，腰叶长58.00cm，腰叶宽30.60cm，无叶柄，主侧脉夹角中，茎叶角度小，花冠长度4.13cm，花冠直径1.30cm，花萼长度1.47cm，千粒重0.091 8g，移栽至现蕾天数50.0d，移栽至中心花开放天数61.0d，全生育期158.0d。

抗病虫性：中抗根结线虫病、赤星病、TMV，中感青枯病、PVY，感CMV。属于3级抗性综合优异种质。

外观质量：原烟棕色，色度中，油分有，身份中等，结构尚疏松。

化学成分：总糖3.63%，还原糖2.47%，两糖差1.16%，两糖比0.68，总氮2.30%，蛋白质10.80%，烟碱3.31%，钾1.94%，氯0.85%，钾氯比2.28，施木克值0.34，糖碱比1.10，氮碱比0.69。

评吸质量：香型风格晒黄香型，香型程度有+，香气质中等，香气量尚足，浓度中等，余味尚舒适，杂气微有，刺激性微有，劲头适中，燃烧性中等，灰色灰白，得分74.0，质量档次中等。

经济性状：产量123.90kg/亩，中等烟比例82.55%。

葵花错

全国统一编号00001565

葵花错是黑龙江省齐齐哈尔市泰来县地方晒烟品种。

特征特性：株型筒形，叶形椭圆，叶尖渐尖，叶面较皱，叶缘微波，叶色黄绿，叶耳大，叶片主脉粗，叶片薄，花序密集、球形，花色红，有花冠尖，种子卵圆形、浅褐色，蒴果卵圆形，株高123.20cm，茎围8.00cm，节距6.21cm，叶数13.40片，腰叶长46.66cm，腰叶宽21.90cm，无叶柄，主侧脉夹角中，茎叶角度大，花冠长度3.40cm，花冠直径1.83cm，花萼长度0.94cm，千粒重0.075 9g，移栽至现蕾天数51.0d，移栽至中心花开放天数63.0d，全生育期158.0d。

抗病虫性：中感青枯病，感根结线虫病。

化学成分：总糖13.38%，还原糖11.24%，两糖差2.14%，两糖比0.84，总氮2.88%，蛋白质13.92%，烟碱3.79%，施木克值0.96，糖碱比3.53，氮碱比0.76。

太康叶子烟

全国统一编号00001566

太康叶子烟是黑龙江省齐齐哈尔市泰来县地方晒烟品种。

特征特性：株型筒形，叶形椭圆，叶尖渐尖，叶面较平，叶缘微波，叶色绿，叶耳大，叶片主脉粗，叶片较薄，花序密集、菱形，花色深红，有花冠尖，种子椭圆形、褐色，蒴果卵圆形，株高148.40cm，茎围8.90cm，节距10.42cm，叶数10.40片，腰叶长51.14cm，腰叶宽24.92cm，无叶柄，主侧脉夹角中，茎叶角度中，花冠长度4.80cm，花冠直径1.85cm，花萼长度0.86cm，千粒重0.053 5g，移栽至现蕾天数41.0d，移栽至中心花开放天数55.0d，全生育期150.0d。

抗病虫性：中感根结线虫病，感青枯病。

化学成分：总糖9.27%，还原糖8.09%，两糖差1.18%，两糖比0.87，总氮3.35%，蛋白质17.30%，烟碱3.36%，施木克值0.54，糖碱比2.76，氮碱比1.00。

太康大红花

全国统一编号00001567

太康大红花是黑龙江省齐齐哈尔市泰来县地方晒烟品种。

特征特性：株型筒形，叶形长椭圆，叶尖渐尖，叶面较平，叶缘微波，叶色黄绿，叶耳大，叶片主脉粗细中，叶片较薄，花序密集、菱形，花色深红，有花冠尖，种子椭圆形、深褐色，蒴果卵圆形，株高125.40cm，茎围6.56cm，节距8.21cm，叶数10.40片，腰叶长50.44cm，腰叶宽22.68cm，无叶柄，主侧脉夹角中，茎叶角度小，花冠长度4.64cm，花冠直径1.40cm，花萼长度1.21cm，千粒重0.084 4g，移栽至现蕾天数46.0d，移栽至中心花开放天数55.0d，全生育期150.0d。

抗病虫性：中感根结线虫病，感青枯病。

化学成分：总糖9.32%，还原糖8.44%，两糖差0.88%，两糖比0.91，总氮3.03%，蛋白质16.31%，烟碱2.41%，施木克值0.57，糖碱比3.87，氮碱比1.26。

太康小叶子烟

全国统一编号00001568

太康小叶子烟是黑龙江省齐齐哈尔市泰来县地方晒烟品种。

特征特性：株型塔形，叶形长椭圆，叶尖渐尖，叶面较平，叶缘微波，叶色深绿，叶耳大，叶片主脉粗细中，叶片厚薄中等，花序密集、球形，花色红，有花冠尖，种子椭圆形、浅褐色，蒴果卵圆形，株高94.00cm，茎围6.74cm，节距4.80cm，叶数10.20片，腰叶长38.24cm，腰叶宽15.40cm，无叶柄，主侧脉夹角中，茎叶角度大，花冠长度4.27cm，花冠直径2.14cm，花萼长度1.01cm，千粒重0.088 3g，移栽至现蕾天数43.0d，移栽至中心花开放天数55.0d，全生育期155.0d。

抗病虫性：中抗根结线虫病，感青枯病。

化学成分：总糖15.57%，还原糖11.66%，两糖差3.91%，两糖比0.75，总氮2.51%，蛋白质14.23%，烟碱1.37%，施木克值1.09，糖碱比11.36，氮碱比1.83。

呼兰大红花

全国统一编号00001569

呼兰大红花是黑龙江省哈尔滨市呼兰区地方晒烟品种。

特征特性：株型筒形，叶形长椭圆，叶尖渐尖，叶面较平，叶缘微波，叶色黄绿，叶耳大，叶片主脉粗细中，叶片较薄，花序密集、球形，花色深红，有花冠尖，种子卵圆形、深褐色，蒴果圆形，株高145.00cm，茎围7.50cm，节距5.65cm，叶数18.60片，腰叶长45.34cm，腰叶宽19.18cm，无叶柄，主侧脉夹角中，茎叶角度中，花冠长度4.88cm，花冠直径2.17cm，花萼长度0.77cm，千粒重0.079 5g，移栽至现蕾天数53.0d，移栽至中心花开放天数72.0d，全生育期158.0d。

抗病虫性：中感青枯病、根结线虫病。

化学成分：总糖9.10%，还原糖9.09%，两糖差0.01%，两糖比1.00，总氮2.90%，蛋白质14.89%，烟碱3.02%，施木克值0.61，糖碱比3.01，氮碱比0.96。

呼兰大青筋

全国统一编号00001570

呼兰大青筋是黑龙江省哈尔滨市呼兰区地方晒烟品种。

特征特性：株型筒形，叶形椭圆，叶尖渐尖，叶面较平，叶缘微波，叶色黄绿，叶耳大，叶片主脉粗细中，叶片厚薄中等，花序密集、菱形，花色深红，有花冠尖，种子椭圆形、褐色，蒴果卵圆形，株高144.60cm，茎围7.82cm，节距10.06cm，叶数10.40片，腰叶长50.96cm，腰叶宽24.32cm，无叶柄，主侧脉夹角中，茎叶角度中，花冠长度3.55cm，花冠直径1.26cm，花萼长度1.11cm，千粒重0.093 1g，移栽至现蕾天数45.0d，移栽至中心花开放天数57.0d，全生育期155.0d。

抗病虫性：感青枯病、根结线虫病。

化学成分：总糖6.76%，还原糖5.52%，两糖差1.24%，两糖比0.82，总氮3.40%，蛋白质17.23%，烟碱3.71%，施木克值0.39，糖碱比1.82，氮碱比0.92。

呼兰大黑头

全国统一编号00001571

呼兰大黑头是黑龙江省哈尔滨市呼兰区地方晒烟品种。

特征特性：株型塔形，叶形长椭圆，叶尖渐尖，叶面平，叶缘微波，叶色绿，叶耳大，叶片主脉粗细中，叶片厚薄中等，花序密集、球形，花色红，有花冠尖，种子椭圆形、褐色，蒴果长卵圆形，株高135.00cm，茎围6.90cm，节距9.90cm，叶数9.60片，腰叶长52.68cm，腰叶宽23.00cm，无叶柄，主侧脉夹角中，茎叶角度大，花冠长度4.47cm，花冠直径2.15cm，花萼长度0.80cm，千粒重0.054 2g，移栽至现蕾天数50.0d，移栽至中心花开放天数60.0d，全生育期158.0d。

抗病虫性：中抗根结线虫病，感青枯病。

化学成分：总糖2.15%，还原糖1.53%，两糖差0.62%，两糖比0.71，总氮3.35%，蛋白质16.48%，烟碱4.12%，施木克值0.13，糖碱比0.52，氮碱比0.81。

密码

全国统一编号00001572

密码是黑龙江省哈尔滨市呼兰区地方晒烟品种。

特征特性：株型筒形，叶形宽椭圆，叶尖渐尖，叶面较平，叶缘平滑，叶色黄绿，叶耳大，叶片主脉细，叶片厚薄中等，花序密集、菱形，花色深红，有花冠尖，种子卵圆形、褐色，蒴果卵圆形，株高158.40cm，茎围7.46cm，节距8.22cm，叶数14.40片，腰叶长47.30cm，腰叶宽25.64cm，无叶柄，主侧脉夹角中，茎叶角度中，花冠长度4.75cm，花冠直径1.75cm，花萼长度0.71cm，千粒重0.091 7g，移栽至现蕾天数47.0d，移栽至中心花开放天数65.0d，全生育期158.0d。

抗病虫性：感青枯病、根结线虫病。

外观质量：原烟深棕色，色度强。

化学成分：总糖6.33%，还原糖5.04%，两糖差1.29%，两糖比0.80，总氮3.36%，蛋白质16.93%，烟碱3.75%，施木克值0.37，糖碱比1.69，氮碱比0.90。

评吸质量：香型风格晒红香型，香型程度较显，香气量有+，浓度中等+，余味尚舒适，杂气有，刺激性有，劲头适中，燃烧性强，灰色白色，质量档次较好。

太康雪茄

全国统一编号00001573

太康雪茄是黑龙江省齐齐哈尔市泰来县四里五乡顺山村地方晒烟品种。

特征特性：株型塔形，叶形长卵圆，叶尖急尖，叶面较平，叶缘微波，叶色绿，叶耳大，叶片主脉粗细中，叶片厚，花序密集、球形，花色淡红，有花冠尖，种子卵圆形、褐色，蒴果卵圆形，株高134.60cm，茎围5.40cm，节距5.56cm，叶数17.00片，腰叶长44.20cm，腰叶宽21.70cm，无叶柄，主侧脉夹角中，茎叶角度中，花冠长度5.40cm，花冠直径1.99cm，花萼长度0.96cm，千粒重0.086 5g，移栽至中心花开放天数62.0d。

抗病虫性：中感青枯病和赤星病，感黑胫病和根结线虫病。

化学成分：总糖11.52%，还原糖8.15%，两糖差3.37%，两糖比0.71，总氮3.01%，蛋白质15.18%，烟碱3.34%，施木克值0.76，糖碱比3.45，氮碱比0.90。

太来大青筋

全国统一编号00001574

太来大青筋是黑龙江省齐齐哈尔市泰来县四里五乡顺山村地方晒烟品种。

特征特性：株型筒形，叶形椭圆，叶尖渐尖，叶面较平，叶缘微波，叶色深绿，叶耳大，叶片主脉粗细中，叶片较薄，花序密集、球形，花色深红，有花冠尖，种子椭圆形、褐色，蒴果卵圆形，株高150.20cm，茎围7.66cm，节距10.60cm，叶数10.40片，腰叶长52.70cm，腰叶宽25.22cm，无叶柄，主侧脉夹角中，茎叶角度中，花冠长度4.91cm，花冠直径1.19cm，花萼长度1.56cm，千粒重0.050 8g，移栽至现蕾天数45.0d，移栽至中心花开放天数55.0d，全生育期155.0d。

抗病虫性：中感根结线虫病，感青枯病。

化学成分：总糖6.91%，还原糖6.35%，两糖差0.56%，两糖比0.92，总氮3.18%，蛋白质16.48%，烟碱3.14%，施木克值0.42，糖碱比2.20，氮碱比1.01。

太来护脖香

全国统一编号00001575

太来护脖香是黑龙江省齐齐哈尔市泰来县四里五乡顺山村地方晒烟品种。

特征特性：株型塔形，叶形宽椭圆，叶尖钝尖，叶面较皱，叶缘波浪，叶色深绿，叶耳大，叶片主脉粗细中，叶片厚，花序密集、球形，花色红，有花冠尖，种子卵圆形、褐色，蒴果卵圆形，株高175.20cm，茎围8.52cm，节距8.24cm，叶数16.40片，腰叶长56.94cm，腰叶宽31.88cm，无叶柄，主侧脉夹角中，茎叶角度甚大，花冠长度4.07cm，花冠直径1.52cm，花萼长度0.66cm，千粒重0.074 7g，移栽至现蕾天数50.0d，移栽至中心花开放天数57.0d，全生育期154.0d。

抗病虫性：中抗根结线虫病，中感青枯病。

化学成分：总糖10.95%，还原糖9.36%，两糖差1.59%，两糖比0.85，总氮3.09%，蛋白质15.90%，烟碱3.14%，施木克值0.69，糖碱比3.49，氮碱比0.98。

讷河小护脖香

全国统一编号00001576

讷河小护脖香是黑龙江省齐齐哈尔市讷河市长发镇地方晒烟品种。

特征特性： 株型筒形，叶形宽卵圆，叶尖急尖，叶面较平，叶缘微波，叶色深绿，叶耳大，叶片主脉粗，叶片厚，花序密集、扁球形，花色淡红，有花冠尖，种子椭圆形、浅褐色，蒴果卵圆形，株高107.00cm，茎围6.46cm，节距11.00cm，叶数6.80片，腰叶长37.20cm，腰叶宽23.84cm，无叶柄，主侧脉夹角中，茎叶角度大，花冠长度5.49cm，花冠直径2.45cm，花萼长度0.89cm，千粒重0.059 5g，移栽至现蕾天数36.0d，移栽至中心花开放天数43.0d，全生育期144.0d。

抗病虫性： 中抗根结线虫病，中感青枯病。

化学成分： 总糖12.42%，还原糖10.27%，两糖差2.15%，两糖比0.83，总氮2.79%，蛋白质15.17%，烟碱2.10%，施木克值0.82，糖碱比5.91，氮碱比1.33。

讷河大护脖香-1

全国统一编号00001577

讷河大护脖香-1是黑龙江省齐齐哈尔市讷河市长发镇地方晒烟品种。

特征特性：株型筒形，叶形宽椭圆，叶尖渐尖，叶面较平，叶缘微波，叶色绿，叶耳大，叶片主脉细，叶片厚薄中等，花序密集、菱形，花色深红，有花冠尖，种子卵圆形、褐色，蒴果卵圆形，株高114.60cm，茎围7.06cm，节距8.70cm，叶数8.80片，腰叶长48.90cm，腰叶宽27.00cm，无叶柄，主侧脉夹角中，茎叶角度大，花冠长度4.14cm，花冠直径2.29cm，花萼长度1.26cm，千粒重0.104 8g，移栽至现蕾天数41.0d，移栽至中心花开放天数51.0d，全生育期139.0d。

抗病虫性：中抗根结线虫病，感青枯病。

化学成分：总糖9.64%，还原糖7.69%，两糖差1.95%，两糖比0.80，总氮2.79%，蛋白质14.43%，烟碱2.87%，施木克值0.67，糖碱比3.36，氮碱比0.97。

讷河大护脖香-2

全国统一编号00001578

讷河大护脖香-2是黑龙江省齐齐哈尔市讷河市长发镇地方晒烟品种。

特征特性：株型筒形，叶形宽椭圆，叶尖渐尖，叶面较平，叶缘微波，叶色深绿，叶耳大，叶片主脉粗细中，叶片较薄，花序密集、球形，花色淡红，有花冠尖，种子卵圆形、褐色，蒴果卵圆形，株高119.50cm，茎围8.62cm，节距9.48cm，叶数8.60片，腰叶长60.60cm，腰叶宽33.40cm，无叶柄，主侧脉夹角中，茎叶角度小，花冠长度4.14cm，花冠直径1.12cm，花萼长度1.59cm，千粒重0.076 3g，移栽至现蕾天数43.0d，移栽至中心花开放天数55.0d，全生育期139.0d。

抗病虫性：高抗烟蚜，中抗青枯病、TMV、根结线虫病，中感PVY。

外观质量：原烟淡棕色，色度弱，油分少，身份厚，结构紧密。

化学成分：总糖0.68%，还原糖0.26%，两糖差0.42%，两糖比0.38，总氮2.60%，蛋白质4.09%，烟碱3.14%，钾1.90%，氯1.74%，钾氯比1.09，施木克值0.17，糖碱比0.22，氮碱比0.83。

经济性状：产量68.80kg/亩，中等烟比例55.97%。

讷河中护脖香

全国统一编号00001579

讷河中护脖香是黑龙江省齐齐哈尔市讷河市长发镇地方晒烟品种。

特征特性：株型筒形，叶形宽卵圆，叶尖渐尖，叶面较皱，叶缘微波，叶色深绿，叶耳大，叶片主脉细，叶片较厚，花序密集、扁球形，花色淡红，有花冠尖，种子椭圆形、褐色，蒴果圆形，株高110.80cm，茎围6.50cm，节距11.03cm，叶数6.60片，腰叶长37.80cm，腰叶宽27.26cm，无叶柄，主侧脉夹角中，茎叶角度大，花冠长度5.32cm，花冠直径2.45cm，花萼长度0.55cm，千粒重0.079 6g，移栽至现蕾天数36.0d，移栽至中心花开放天数49.0d，全生育期150.0d。

抗病虫性：中抗根结线虫病，中感青枯病。

化学成分：总糖7.63%，还原糖5.99%，两糖差1.64%，两糖比0.79，总氮2.78%，蛋白质14.43%，烟碱2.73%，施木克值0.53，糖碱比2.79，氮碱比1.02。

讷河一朵花

全国统一编号00001580

讷河一朵花是黑龙江省齐齐哈尔市讷河市长发镇地方晒烟品种。

特征特性：株型筒形，叶形椭圆，叶尖渐尖，叶面较平，叶缘微波，叶色深绿，叶耳大，叶片主脉粗细中，叶片较厚，花序密集、菱形，花色深红，有花冠尖，种子椭圆形、深褐色，蒴果长卵圆形，株高142.40cm，茎围8.08cm，节距11.36cm，叶数8.60片，腰叶长63.64cm，腰叶宽33.40cm，无叶柄，主侧脉夹角中，茎叶角度中，花冠长度4.62cm，花冠直径1.82cm，花萼长度0.65cm，千粒重0.072 3g，移栽至现蕾天数41.0d，移栽至中心花开放天数53.0d，全生育期158.0d。

抗病虫性：中感根结线虫病，感青枯病、黑胫病。

化学成分：总糖3.19%，还原糖2.75%，两糖差0.44%，两糖比0.86，总氮3.36%，蛋白质17.33%，烟碱3.47%，施木克值0.18，糖碱比0.92，氮碱比0.97。

讷河无名烟

全国统一编号00001581

讷河无名烟是黑龙江省齐齐哈尔市讷河市长发镇地方晒烟品种。

特征特性：株型筒形，叶形椭圆，叶尖渐尖，叶面较平，叶缘微波，叶色绿，叶耳大，叶片主脉粗细中，叶片厚，花序密集、扁球形，花色深红，有花冠尖，种子椭圆形、褐色，蒴果卵圆形，株高134.00cm，茎围7.56cm，节距11.75cm，叶数8.00片，腰叶长64.30cm，腰叶宽29.70cm，无叶柄，主侧脉夹角中，茎叶角度大，花冠长度5.44cm，花冠直径1.71cm，花萼长度0.92cm，千粒重0.056 3g，移栽至现蕾天数41.0d，移栽至中心花开放天数51.0d，全生育期150.0d。

抗病虫性：抗根结线虫病，感黑胫病、青枯病。

化学成分：总糖7.06%，还原糖6.15%，两糖差0.91%，两糖比0.87，总氮3.10%，蛋白质15.89%，烟碱3.25%，施木克值0.44，糖碱比2.17，氮碱比0.95。

讷河大红花

全国统一编号00001582

讷河大红花是黑龙江省齐齐哈尔市讷河市长发镇地方晒烟品种。

特征特性：株型塔形，叶形椭圆，叶尖渐尖，叶面较平，叶缘微波，叶色深绿，叶耳大，叶片主脉细，叶片厚，花序密集、菱形，花色深红，有花冠尖，种子椭圆形、深褐色，蒴果卵圆形，株高131.00cm，茎围9.14cm，节距11.32cm，叶数7.40片，腰叶长64.64cm，腰叶宽29.46cm，无叶柄，主侧脉夹角中，茎叶角度中，花冠长度4.33cm，花冠直径1.23cm，花萼长度1.16cm，千粒重0.054 4g，移栽至现蕾天数41.0d，移栽至中心花开放天数51.0d，全生育期158.0d。

抗病虫性：中抗根结线虫病，感青枯病和黑胫病。

化学成分：总糖6.09%，还原糖5.31%，两糖差0.78%，两糖比0.87，总氮3.28%，蛋白质16.86%，烟碱3.38%，施木克值0.36，糖碱比1.80，氮碱比0.97。

庆丰烟

全国统一编号00001583

庆丰烟是黑龙江省牡丹江市穆棱市下城子镇地方晒烟品种。

特征特性：株型塔形，叶形椭圆，叶尖急尖，叶面较平，叶缘微波，叶色绿，叶耳大，叶片主脉粗细中，叶片厚薄中等，花序密集、球形，花色淡红，有花冠尖，种子椭圆形、褐色，蒴果卵圆形，株高158.00cm，茎围10.08cm，节距7.02cm，叶数16.80片，腰叶长52.64cm，腰叶宽27.34cm，无叶柄，主侧脉夹角中，茎叶角度大，花冠长度3.87cm，花冠直径1.68cm，花萼长度1.13cm，千粒重0.086 0g，移栽至现蕾天数47.0d，移栽至中心花开放天数58.0d，全生育期160.0d。

抗病虫性：感青枯病、黑胫病和根结线虫病。

腰岭子

全国统一编号00001584

腰岭子是黑龙江省牡丹江市穆棱市穆棱镇腰岭子村地方晒烟品种。

特征特性：株型塔形，叶形宽椭圆，叶尖渐尖，叶面较平，叶缘平滑，叶色深绿，叶耳大，叶片主脉粗，叶片厚，花序密集、菱形，花色深红，有花冠尖，种子椭圆形、深褐色，蒴果长卵圆形，株高126.91cm，茎围8.72cm，节距7.01cm，叶数12.40片，腰叶长66.14cm，腰叶宽34.96cm，无叶柄，主侧脉夹角中，茎叶角度中，花冠长度4.79cm，花冠直径1.86cm，花萼长度1.07cm，千粒重0.095 5g，移栽至现蕾天数41.0d，移栽至中心花开放天数51.0d，全生育期150.0d。

抗病虫性：中抗TMV，中感黑胫病和根结线虫病，感青枯病。

化学成分：总糖19.79%，还原糖18.63%，两糖差1.16%，两糖比0.94，总氮2.42%，蛋白质12.81%，烟碱2.16%，施木克值1.54，糖碱比9.16，氮碱比1.12。

顶心红

全国统一编号00001585

顶心红是黑龙江省哈尔滨市延寿县太安乡地方晒烟品种。

特征特性：株型塔形，叶形长椭圆，叶尖渐尖，叶面较平，叶缘微波，叶色浅绿，叶耳大，叶片主脉粗细中，叶片厚薄薄，花序密集、球形，花色红，有花冠尖，种子卵圆形、浅褐色，蒴果长卵圆形，株高178.60cm，茎围9.60cm，节距8.06cm，叶数17.20片，腰叶长66.68cm，腰叶宽28.64cm，无叶柄，主侧脉夹角中，茎叶角度大，花冠长度3.21cm，花冠直径1.53cm，花萼长度0.52cm，千粒重0.105 1g，移栽至现蕾天数49.0d，移栽至中心花开放天数63.0d，全生育期158.0d。

抗病虫性：感青枯病、黑胫病和根结线虫病。

化学成分：总糖4.05%，还原糖3.61%，两糖差0.44%，两糖比0.89，总氮1.89%，蛋白质9.81%，烟碱1.67%，施木克值0.41，糖碱比2.43，氮碱比1.13。

穆棱大青筋

全国统一编号00001586

穆棱大青筋是黑龙江省牡丹江市穆棱市下城子镇地方晒烟品种。

特征特性：株型筒形，叶形宽椭圆，叶尖急尖，叶面较皱，叶缘微波，叶色深绿，叶耳大，叶片主脉粗细中，叶片厚薄中等，花序密集、菱形，花色淡红，有花冠尖，种子卵圆形、褐色，蒴果卵圆形，株高168.20cm，茎围9.12cm，节距9.57cm，叶数13.40片，腰叶长56.26cm，腰叶宽33.58cm，无叶柄，主侧脉夹角中，茎叶角度大，花冠长度4.35cm，花冠直径1.46cm，花萼长度1.03cm，千粒重0.077 9g，移栽至现蕾天数43.0d，移栽至中心花开放天数51.0d，全生育期158.0d。

抗病虫性：中抗根结线虫病，中感黑胫病，感青枯病。

化学成分：总糖9.69%，还原糖8.89%，两糖差0.80%，两糖比0.92，总氮2.17%，蛋白质11.73%，烟碱1.70%，施木克值0.83，糖碱比5.70，氮碱比1.28。

柳树烟

全国统一编号00001587

柳树烟是黑龙江省牡丹江市林口县柳树镇地方晒烟品种。

特征特性：株型塔形，叶形宽椭圆，叶尖渐尖，叶面较平，叶缘微波，叶色绿，叶耳大，叶片主脉粗细中，叶片厚薄中等，花序密集、球形，花色白，有花冠尖，种子椭圆形、深褐色，蒴果卵圆形，株高109.30cm，茎围5.00cm，节距4.75cm，叶数15.00片，腰叶长39.60cm，腰叶宽21.40cm，无叶柄，主侧脉夹角中，茎叶角度大，花冠长度4.85cm，花冠直径1.73cm，花萼长度1.01cm，千粒重0.092 2g，移栽至至中心花开放天数58.0d，全生育期161.0d。

抗病虫性：中抗根结线虫病，中感青枯病，感病赤星病、黑胫病。

化学成分：总糖15.97%，还原糖14.68%，两糖差1.29%，两糖比0.92，总氮2.17%，蛋白质11.56%，烟碱1.09%，施木克值1.38，糖碱比14.65，氮碱比1.99。

褶烟

全国统一编号00001588

褶烟是黑龙江省绥化市海伦市东方红乡地方晒烟品种。

特征特性：株型筒形，叶形长椭圆，叶尖渐尖，叶面较平，叶缘微波，叶色浅绿，叶耳大，叶片主脉粗细中，叶片厚薄中等，花序密集、菱形，花色红，有花冠尖，种子椭圆形、浅褐色，蒴果卵圆形，株高126.00cm，茎围10.80cm，节距5.01cm，叶数14.40片，腰叶长72.64cm，腰叶宽25.80cm，无叶柄，主侧脉夹角中，茎叶角度小，花冠长度4.42cm，花冠直径1.13cm，花萼长度1.20cm，千粒重0.064 9g，移栽至现蕾天数47.0d，移栽至中心花开放天数60.0d，全生育期158.0d。

抗病虫性：中抗根结线虫病，中感青枯病，感黑胫病。

一棵筋

全国统一编号00001589

一棵筋是黑龙江省绥化市海伦市东方红乡地方晒烟品种。

特征特性：株型筒形，叶形长卵圆，叶尖渐尖，叶面皱，叶缘波浪，叶色深绿，叶耳大，叶片主脉粗，叶片较薄，花序密集、球形，花色深红，有花冠尖，种子椭圆形、褐色，蒴果长卵圆形，株高136.00cm，茎围8.40cm，节距6.23cm，叶数15.40片，腰叶长65.68cm，腰叶宽24.54cm，叶柄3.96cm，主侧脉夹角中，茎叶角度小，花冠长度4.21cm，花冠直径1.12cm，花萼长度1.31cm，千粒重0.105 7g，移栽至现蕾天数47.0d，移栽至中心花开放天数63.0d，全生育期160.0d。

抗病虫性：中抗黑胫病和根结线虫病，感青枯病。

柳叶塔

全国统一编号00001590

柳叶塔是黑龙江省哈尔滨市尚志市新光乡地方晒烟品种。

特征特性：株型筒形，叶形椭圆，叶尖渐尖，叶面较平，叶缘微波，叶色浅绿，叶耳大，叶片主脉粗，叶片较薄，花序密集、球形，花色深红，有花冠尖，种子椭圆形、褐色，蒴果长卵圆形，株高172.80cm，茎围9.68cm，节距7.33cm，叶数18.80片，腰叶长64.84cm，腰叶宽31.08cm，无叶柄，主侧脉夹角中，茎叶角度大，花冠长度4.10cm，花冠直径1.31cm，花萼长度0.86cm，千粒重0.102 2g，移栽至现蕾天数51.0d，移栽至中心花开放天数60.0d，全生育期160.0d。

抗病虫性：抗根结线虫病，中感青枯病，感黑胫病。

黄金塔

全国统一编号00001591

黄金塔是黑龙江省哈尔滨市尚志市新光乡地方晒烟品种。

特征特性：株型筒形，叶形椭圆，叶尖渐尖，叶面较平，叶缘微波，叶色深绿，叶耳大，叶片主脉粗，叶片厚，花序密集、菱形，花色深红，有花冠尖，种子椭圆形、褐色，蒴果长卵圆形，株高144.20cm，茎围8.24cm，节距11.27cm，叶数9.00片，腰叶长61.72cm，腰叶宽30.40cm，无叶柄，主侧脉夹角中，茎叶角度中，花冠长度4.28cm，花冠直径2.19cm，花萼长度0.84cm，千粒重0.104 1g，移栽至现蕾天数41.0d，移栽至中心花开放天数55.0d，全生育期150.0d。

抗病虫性：感根结线虫病、青枯病和黑胫病。

宾县白花烟

全国统一编号00001592

宾县白花烟是黑龙江省哈尔滨市宾县宾西镇地方晒烟品种。

特征特性：株型筒形，叶形长椭圆，叶尖渐尖，叶面较平，叶缘微波，叶色黄绿，叶耳大，叶片主脉粗细中，叶片厚薄中等，花序松散、菱形，花色淡红，有花冠尖，种子卵圆形、深褐色，蒴果圆形，株高163.60cm，茎围8.32cm，节距7.82cm，叶数15.80片，腰叶长63.64cm，腰叶宽26.66cm，无叶柄，主侧脉夹角中，茎叶角度中，花冠长度5.17cm，花冠直径2.23cm，花萼长度1.63cm，千粒重0.079 8g，移栽至现蕾天数47.0d，移栽至中心花开放天数58.0d，全生育期158.0d。

抗病虫性：抗根结线虫病，中感青枯病，感黑胫病。

穆棱日本烟

全国统一编号00001593

穆棱日本烟是黑龙江省牡丹江市穆棱市地方晒烟品种。

特征特性：株型塔形，叶形卵圆，叶尖急尖，叶面较平，叶缘微波，叶色绿，叶耳大，叶片主脉粗细中，叶片厚，花序松散、菱形，花色深红，有花冠尖，种子椭圆形、褐色，蒴果卵圆形，株高155.00cm，茎围8.96cm，节距4.79cm，叶数24.00片，腰叶长57.80cm，腰叶宽33.00cm，无叶柄，主侧脉夹角中，茎叶角度小，花冠长度4.49cm，花冠直径1.90cm，花萼长度0.99cm，千粒重0.074 8g，移栽至中心花开放天数74.0d，全生育期178.0d。

抗病虫性：中抗烟蚜，中感赤星病和TMV，感黑胫病、青枯病、根结线虫病、CMV和PVY。

外观质量：原烟红棕色，色度强，油分多，身份中等，结构疏松。

化学成分：总糖3.13%，还原糖1.75%，两糖差1.38%，两糖比0.56，总氮2.55%，蛋白质11.50%，烟碱4.13%，钾2.44%，氯1.20%，钾氯比2.03，施木克值0.27，糖碱比0.76，氮碱比0.62。

评吸质量：香型风格晒黄香型，香型程度有，香气质中等，香气量尚足，浓度中等，余味尚舒适，杂气微有，刺激性微有，劲头适中，燃烧性中等，灰色灰白，得分73.6，质量档次中等。

经济性状：产量121.80kg/亩，上等烟比例46.70%，上中等烟比例90.10%。

逊克晒烟

全国统一编号00001594

逊克晒烟是黑龙江省黑河市逊克县地方晒烟品种。

特征特性：株型筒形，叶形宽椭圆，叶尖急尖，叶面较皱，叶缘波浪，叶色深绿，叶耳大，叶片主脉细，叶片厚薄中等，花序密集、扁球形，花色淡红，有花冠尖，种子椭圆形、浅褐色，蒴果卵圆形，株高104.60cm，茎围6.48cm，节距10.28cm，叶数5.80片，腰叶长47.30cm，腰叶宽27.22cm，无叶柄，主侧脉夹角中，茎叶角度大，花冠长度4.08cm，花冠直径1.86cm，花萼长度1.03cm，千粒重0.103 1g，移栽至现蕾天数36.0d，移栽至中心花开放天数44.0d，全生育期139.0d。

抗病虫性：中感青枯病、根结线虫病，感黑胫病。

齐市晒烟

全国统一编号00001595

齐市晒烟是黑龙江省齐齐哈尔市地方晒烟品种。

特征特性：株型塔形，叶形椭圆，叶尖渐尖，叶面较平，叶缘平滑，叶色浅绿，叶耳大，叶片主脉粗细中，叶片厚，花序密集、菱形，花色深红，有花冠尖，种子卵圆形、深褐色，蒴果卵圆形，株高136.00cm，茎围8.22cm，节距7.74cm，叶数12.40片，腰叶长61.00cm，腰叶宽31.80cm，无叶柄，主侧脉夹角中，茎叶角度大，花冠长度4.57cm，花冠直径2.25cm，花萼长度0.66cm，千粒重0.069 2g，移栽至现蕾天数47.0d，移栽至中心花开放天数62.0d，全生育期160.0d。

抗病虫性：中抗根结线虫病，中感TMV、CMV，感青枯病、黑胫病、PVY，高感烟蚜。

外观质量：原烟红棕色，色度强，油分有，身份中等，结构疏松。

化学成分：总糖5.13%，还原糖3.63%，两糖差1.50%，两糖比0.71，总氮2.46%，蛋白质10.80%，烟碱4.20%，钾2.10%，氯0.84%，钾氯比2.50，施木克值0.48，糖碱比1.22，氮碱比0.59。

评吸质量：香型风格晒黄香型，香型程度有+，香气质中等，香气量尚足，浓度中等，余味尚舒适，杂气有，刺激性有，劲头适中，燃烧性中等，灰色灰白，得分74.9，质量档次中等。

经济性状：产量101.80kg/亩，上等烟比例25.60%，上中等烟比例82.28%。

牡晒80-130-1

全国统一编号00001838

牡晒80-130-1是黑龙江省农业科学院牡丹江分院选育的晒烟品种。

特征特性：株型筒形，叶形长椭圆，叶尖渐尖，叶面平，叶缘平滑，叶色浅绿，叶耳小，叶片主脉粗细中，叶片较薄，花序密集、球形，花色红，有花冠尖，株高87.54cm，茎围6.54cm，节距4.28cm，叶数10.20片，腰叶长39.28cm，腰叶宽20.60cm，无叶柄，主侧脉夹角中，茎叶角度中，移栽至现蕾天数35.0d，移栽至中心花开放天数41.0d。

化学成分：总糖4.59%，还原糖2.42%，两糖差2.17%，两糖比0.53，总氮2.65%，蛋白质9.80%，烟碱6.27%，钾2.31%，氯0.27%，钾氯比8.56，施木克值047，糖碱比0.73，氮碱比0.42。

龙烟2号

全国统一编号00002130

龙烟2号是黑龙江省农业科学院牡丹江分院选育的晒烟品种，系谱为八里香×大寨山一号。

特征特性：株型筒形，叶形长卵圆，叶尖渐尖，叶面较平，叶缘微波，叶色绿，叶耳大，叶片主脉粗细中，叶片厚薄中等，花序密集、菱形，花色深红，有花冠尖，种子卵圆形、浅褐色，蒴果卵圆形，株高144.20cm，茎围8.52cm，节距5.66cm，叶数18.40片，腰叶长44.50cm，腰叶宽21.04cm，叶柄5.16cm，主侧脉夹角中，茎叶角度大，花冠长度4.45cm，花冠直径1.96cm，花萼长度1.51cm，千粒重0.082 2g，移栽至现蕾天数43.0d，移栽至中心花开放天数53.0d，全生育期155.0d。

抗病虫性：感黑胫病、青枯病、根结线虫病、赤星病、TMV、CMV和PVY，高感烟蚜。

外观质量：原烟棕色，色度中，油分有，身份中等，结构尚疏松。

化学成分：总糖10.60%，还原糖7.35%，两糖差3.25%，两糖比0.69，总氮2.54%，蛋白质11.18%，烟碱4.35%，钾1.39%，氯1.64%，钾氯比0.85，施木克值0.95，糖碱比2.44，氮碱比0.58。

评吸质量：香型风格晒红香型，香型程度有，香气质中等，香气量有，浓度中等，余味尚舒适，杂气有，刺激性有，劲头适中，燃烧性强，灰色白色，得分74.4，质量档次中等。

经济性状：产量117.80kg/亩，上等烟比例46.80%，上中等烟比例89.29%。

栽培要点：适于种在肥沃的河淤土、沙壤土、黑土的地块，株行距50cm×80cm，亩栽烟1 666株。亩施纯氮5kg，N：P_2O_5：K_2O=1：1：3，五月栽烟，不栽6月烟。注意PVY的防治工作，不在靠近马铃薯的地块种烟。进行假植育苗，培育根条发达的壮苗移栽大田。喷施微量元素，增加烟株的营养抗性。

龙烟三号

全国统一编号00002131

龙烟三号是黑龙江省农业科学院牡丹江分院选育的晒烟品种，系谱为（辽多叶×金水白肋一号）×（穆棱护脖香×泉烟）。

特征特性：株型筒形，叶形宽椭圆，叶尖渐尖，叶面较皱，叶缘微波，叶色黄绿，叶耳大，叶片主脉粗细中，叶片厚薄中等，花序密集、球形，花色深红，有花冠尖，种子卵圆形、深褐色，蒴果长卵圆形，株高184.60cm，茎围9.38cm，节距8.31cm，叶数17.40片，腰叶长58.24cm，腰叶宽32.06cm，无叶柄，主侧脉夹角中，茎叶角度大，花冠长度4.84cm，花冠直径1.28cm，花萼长度0.81cm，千粒重0.105 6g，移栽至现蕾天数51.0d，移栽至中心花开放天数75.0d，全生育期158.0d。

抗病虫性：中抗黑胫病和烟蚜，中感赤星病、TMV，感青枯病、CMV、PVY。

外观质量：原烟红棕色，色度弱，油分多，身份厚。

化学成分：总糖6.24%，还原糖4.45%，两糖差1.79%，两糖比0.71，总氮2.57%，蛋白质12.31%，烟碱3.48%，施木克值0.51，糖碱比1.79，氮碱比0.74。

评吸质量：香气量有，余味尚舒适，杂气有，刺激性略大，劲头适中，燃烧性强，灰色白色。

牡晒80-98-3

全国统一编号00002132

牡晒80-98-3是黑龙江省农业科学院牡丹江分院选育的晒烟品种。

特征特性：株型筒形，叶形宽卵圆，叶尖渐尖，叶面较皱，叶缘波浪，叶色深绿，叶耳大，叶片主脉粗细中，叶片厚薄中等，花序密集、菱形，花色深红，有花冠尖，种子卵圆形、褐色，蒴果长卵圆形，株高144.60cm，茎围8.36cm，节距9.34cm，叶数11.20片，腰叶长47.60cm，腰叶宽30.20cm，无叶柄，主侧脉夹角中，茎叶角度中，花冠长度4.87cm，花冠直径2.41cm，花萼长度1.58cm，千粒重0.108 1g，移栽至现蕾天数41.0d，移栽至中心花开放天数51.0d，全生育期150.0d。

抗病虫性：抗烟蚜，中抗PVY和赤星病，中感TMV和CMV，感青枯病、根结线虫病。

外观质量：原烟棕色，色度中，油分有，身份中等，结构尚疏松，得分7.86，综合评价中。

化学成分：总糖1.62%，还原糖1.12%，两糖差0.50%，两糖比0.69，总氮3.18%，蛋白质16.79%，烟碱2.86%，钾2.21%，氯0.23%，钾氯比9.61，施木克值0.10，糖碱比0.57，氮碱比1.11。

经济性状：产量113.80kg/亩，中等烟比例83.59%。

牡晒82-13-1

全国统一编号00002133

牡晒82-13-1是黑龙江省农业科学院牡丹江分院选育的晒烟品种。

特征特性：株型筒形，叶形椭圆，叶尖渐尖，叶面较平，叶缘微波，叶色绿，叶耳大，叶片主脉粗细中，叶片较薄，花序密集、球形，花色红，有花冠尖，种子椭圆形、浅褐色，蒴果长卵圆形，株高151.60cm，茎围11.70cm，节距6.98cm，叶数16.00片，腰叶长65.48cm，腰叶宽30.84cm，无叶柄，主侧脉夹角中，茎叶角度小，花冠长度4.19cm，花冠直径2.31cm，花萼长度1.00cm，千粒重0.068 9g，移栽至现蕾天数51.0d，移栽至中心花开放天数65.0d，全生育期162.0d。

化学成分：总糖8.30%，还原糖6.96%，两糖差1.34%，两糖比0.84，总氮3.20%，蛋白质17.69%，烟碱1.95%，施木克值0.47，糖碱比4.26，氮碱比1.64。

牡单82-13-5

全国统一编号00002134

牡单82-13-5是黑龙江省农业科学院牡丹江分院选育的晒烟品种。

特征特性：株型筒形，叶形宽椭圆，叶尖渐尖，叶面较平，叶缘微波，叶色深绿，叶耳大，叶片主脉粗，叶片厚薄中等，花序密集、菱形，花色淡红，有花冠尖，种子卵圆形、褐色，蒴果长卵圆形，株高171.00cm，茎围8.60cm，节距9.36cm，叶数14.00片，腰叶长53.08cm，腰叶宽29.70cm，无叶柄，主侧脉夹角中，茎叶角度中，花冠长度4.84cm，花冠直径2.35cm，花萼长度0.52cm，千粒重0.092 2g，移栽至现蕾天数43.0d，移栽至中心花开放天数58.0d，全生育期158.0d。

牡晒82-6-2

全国统一编号00002135

牡晒82-6-2是黑龙江省农业科学院牡丹江分院选育的晒烟品种。

特征特性：株型筒形，叶形宽椭圆，叶尖渐尖，叶面较平，叶缘微波，叶色深绿，叶耳大，叶片主脉粗细中，叶片厚薄中等，花序密集、球形，花色淡红，有花冠尖，种子卵圆形、褐色，蒴果卵圆形，株高162.80cm，茎围7.86cm，节距6.14cm，叶数20.00片，腰叶长49.40cm，腰叶宽29.00cm，无叶柄，主侧脉夹角中，茎叶角度大，花冠长度3.91cm，花冠直径2.20cm，花萼长度0.58cm，千粒重0.098 7g，移栽至现蕾天数51.0d，移栽至中心花开放天数63.0d，全生育期158.0d。

抗病虫性：中抗烟蚜，中感黑胫病和赤星病，感青枯病、根结线虫病、TMV、CMV和PVY。

外观质量：原烟红棕色，色度强，油分有，身份中等，结构尚疏松，综合评价优-。

化学成分：总糖0.80%，还原糖0.29%，两糖差0.51%，两糖比0.36，总氮2.69%，蛋白质5.55%，烟碱2.31%，钾1.36%，氯1.40%，钾氯比0.97，施木克值0.14，糖碱比0.35，氮碱比1.16。

经济性状：产量178.68kg/亩，中等烟比例92.96%。

牡晒05-1

全国统一编号00002468

牡晒05-1是黑龙江省农业科学院牡丹江分院选育的晒烟品种。

特征特性：株型筒形，叶形椭圆，叶尖渐尖，叶面较平，叶缘波浪，叶色绿，叶耳中，叶片主脉粗细中，叶片厚薄中等，花序密集、球形，花色淡红，有花冠尖，种子褐色，蒴果卵圆形，株高125.00cm，茎围8.00cm，节距5.00cm，叶数17.00片，腰叶长56.00cm，腰叶宽29.00cm，无叶柄，主侧脉夹角中，茎叶角度中，花冠长度5.80cm，花冠直径1.80cm，移栽至现蕾天数52.0d，移栽至中心花开放天数59.0d，全生育期156.0d。

褶叶烟

全国统一编号00002577

褶叶烟是黑龙江省牡丹江市林口县地方晒烟品种。

特征特性：株型筒形，叶形长椭圆，叶尖渐尖，叶面平，叶缘微波，叶色浅绿，叶耳中，叶片主脉粗，叶片厚薄中等，花序松散、菱形，花色深红，有花冠尖，种子椭圆形、褐色，蒴果卵圆形，株高135.40cm，茎围7.88cm，节距5.18cm，叶数18.40片，腰叶长74.40cm，腰叶宽31.00cm，无叶柄，主侧脉夹角中，茎叶角度中，花冠长度4.46cm，花冠直径1.35cm，花萼长度0.65cm，千粒重0.075 3g，移栽至现蕾天数50.0d，移栽至中心花开放天数59.0d，全生育期154.0d。

抗病虫性：中抗赤星病，中感TMV和PVY，感青枯病和CMV，高感烟蚜。

外观质量：原烟棕色，色度中，油分有，身份稍薄，结构尚疏松，得分7.54，综合评价中。

化学成分：总糖0.48%，还原糖0.26%，两糖差0.22%，两糖比0.54，总氮2.60%，蛋白质3.66%，烟碱3.24%，钾2.12%，氯0.57%，钾氯比3.72，施木克值0.13，糖碱比0.15，氮碱比0.08。

经济性状：产量122.90kg/亩，上等烟比例28.50%，上中等烟比例79.70%。

大叶烟

全国统一编号00002578

大叶烟是黑龙江省牡丹江市林口县地方晒烟品种。

特征特性： 株型塔形，叶形椭圆，叶尖渐尖，叶面皱，叶缘皱褶，叶色绿，叶耳小，叶片主脉粗，叶片厚，花序松散、菱形，花色红，有花冠尖，种子卵圆形、褐色，蒴果长卵圆形，株高148.00cm，茎围7.26cm，节距4.91cm，叶数22.00片，腰叶长61.20cm，腰叶宽28.52cm，无叶柄，主侧脉夹角中，茎叶角度中，花冠长度5.19cm，花冠直径1.61cm，花萼长度1.30cm，千粒重0.072 6g，移栽至现蕾天数50.0d，移栽至中心花开放天数59.0d，全生育期154.0d。

龙浜一号

全国统一编号00002579

龙浜一号是黑龙江省哈尔滨市宾县地方晒烟品种。

特征特性：株型塔形，叶形椭圆，叶尖渐尖，叶面平，叶缘平滑，叶色黄绿，叶耳中，叶片主脉粗细中，叶片薄，花序松散、菱形，花色淡红，有花冠尖，种子卵圆形、褐色，蒴果圆形，株高146.80cm，茎围8.32cm，节距5.62cm，叶数19.00片，腰叶长57.60cm，腰叶宽28.60cm，无叶柄，主侧脉夹角中，茎叶角度小，花冠长度3.43cm，花冠直径1.31cm，花萼长度1.48cm，千粒重0.055 0g，移栽至现蕾天数50.0d，移栽至中心花开放天数61.0d，全生育期154.0d。

抗病虫性：高抗烟蚜，中感赤星病和CMV，感青枯病、TMV和PVY。

外观质量：原烟棕色，色度中，油分有，身份薄，结构尚疏松。

化学成分：总糖0.60%，还原糖0.29%，两糖差0.31%，两糖比0.48，总氮3.00%，蛋白质6.27%，烟碱4.56%，钾1.93%，氯1.34%，钾氯比1.44，施木克值0.10，糖碱比0.13，氮碱比0.66。

经济性状：产量155.80kg/亩，中等烟比例78.17%。

龙浜二号

全国统一编号00002580

龙浜二号是黑龙江省哈尔滨市宾县地方晒烟品种。

特征特性：株型橄榄形，叶形长椭圆，叶尖渐尖，叶面较平，叶缘平滑，叶色黄绿，叶耳大，叶片主脉粗，叶片厚薄中等，花序密集、菱形，花色深红，有花冠尖，种子卵圆形、深褐色，蒴果卵圆形，株高168.20cm，茎围9.64cm，节距4.89cm，叶数26.20片，腰叶长60.40cm，腰叶宽25.22cm，无叶柄，主侧脉夹角中，茎叶角度甚大，花冠长度4.00cm，花冠直径2.15cm，花萼长度1.37cm，千粒重0.105 3g，移栽至现蕾天数62.0d，移栽至中心花开放天数70.0d，全生育期155.0d。

半铁泡烟

全国统一编号00002581

半铁泡烟是黑龙江省牡丹江市穆棱市地方晒烟品种。

特征特性：株型筒形，叶形宽椭圆，叶尖渐尖，叶面较皱，叶缘微波，叶色绿，叶耳大，叶片主脉粗细中，叶片厚薄中等，花序密集、球形，花色红，有花冠尖，种子卵圆形、褐色，蒴果长卵圆形，株高188.60cm，茎围9.26cm，节距11.09cm，叶数13.40片，腰叶长51.00cm，腰叶宽31.56cm，无叶柄，主侧脉夹角中，茎叶角度中，花冠长度3.20cm，花冠直径1.42cm，花萼长度0.76cm，千粒重0.073 3g，移栽至现蕾天数48.0d，移栽至中心花开放天数61.0d，全生育期150.0d。

太平大叶

全国统一编号00002582

太平大叶是黑龙江省哈尔滨市宾县地方晒烟品种。

特征特性：株型筒形，叶形宽椭圆，叶尖渐尖，叶面较皱，叶缘微波，叶色深绿，叶耳大，叶片主脉粗，叶片厚，花序密集、球形，花色红，有花冠尖，种子椭圆形、深褐色，蒴果卵圆形，株高151.20cm，茎围8.68cm，节距7.13cm，叶数15.60片，腰叶长62.20cm，腰叶宽34.80cm，无叶柄，主侧脉夹角中，茎叶角度大，花冠长度4.19cm，花冠直径1.24cm，花萼长度1.33cm，千粒重0.092 5g，移栽至现蕾天数44.0d，移栽至中心花开放天数59.0d，全生育期161.0d。

抗病虫性：高抗烟蚜，中抗赤星病，中感TMV、CMV，感青枯病、PVY。

外观质量：原烟淡棕色，色度弱，油分少，身份中等，结构尚疏松。

化学成分：总糖1.01%，还原糖0.39%，两糖差0.62%，两糖比0.39，总氮2.60%，蛋白质10.20%，烟碱3.45%，钾1.74%，氯1.21%，钾氯比1.44，施木克值0.10，糖碱比0.29，氮碱比0.75。

经济性状：产量75.74kg/亩，中等烟比例62.58%。

佰海烟

全国统一编号00002584

佰海烟是黑龙江省牡丹江市穆棱市地方晒烟品种。

特征特性：株型塔形，叶形椭圆，叶尖渐尖，叶面较平，叶缘平滑，叶色绿，叶耳大，叶片主脉粗，叶片厚薄中等，花序密集、菱形，花色红，有花冠尖，种子卵圆形、浅褐色，蒴果长卵圆形，株高152.00cm，茎围8.32cm，节距7.67cm，叶数14.60片，腰叶长55.56cm，腰叶宽26.32cm，无叶柄，主侧脉夹角中，茎叶角度大，花冠长度4.74cm，花冠直径1.60cm，花萼长度0.77cm，千粒重0.055 2g，移栽至现蕾天数51.0d，移栽至中心花开放天数61.0d，全生育期147.0d。

玉山烟

全国统一编号00002585

玉山烟是黑龙江省牡丹江市穆棱市地方晒烟品种。

特征特性：株型塔形，叶形长椭圆，叶尖渐尖，叶面平，叶缘平滑，叶色黄绿，叶耳中，叶片主脉粗，叶片厚，花序密集、球形，花色深红，有花冠尖，种子椭圆形、褐色，蒴果长卵圆形，株高170.80cm，茎围9.14cm，节距8.18cm，叶数16.00片，腰叶长60.58cm，腰叶宽25.00cm，无叶柄，主侧脉夹角中，茎叶角度大，花冠长度4.41cm，花冠直径1.35cm，花萼长度1.19cm，千粒重0.105 5g，移栽至现蕾天数55.0d，移栽至中心花开放天数61.0d，全生育期147.0d。

永兴护脖香

全国统一编号00002663

永兴护脖香是黑龙江省牡丹江市穆棱市地方晒烟品种。

特征特性：株型筒形，叶形卵圆，叶尖钝尖，叶面较皱，叶缘皱褶，叶色浅绿，叶耳大，叶片主脉粗细中，叶片厚薄中等，花序密集、球形，花色深红，有花冠尖，种子卵圆形、褐色，蒴果长卵圆形，株高210.00cm，茎围9.60cm，节距4.48cm，叶数36.84片，腰叶长68.80cm，腰叶宽40.60cm，叶柄5.26cm，主侧脉夹角大，茎叶角度大，花冠长度4.91cm，花冠直径1.86cm，花萼长度0.64cm，千粒重0.094 5g，移栽至现蕾天数49.0d，移栽至中心花开放天数58.0d，全生育期143.0d。

抗病虫性：中感黑胫病，感青枯病和根结线虫病。

化学成分：总糖5.40%，还原糖4.00%，两糖差1.40%，两糖比0.74，总氮3.82%，蛋白质18.02%，烟碱5.40%，施木克值0.30，糖碱比1.00，氮碱比0.71。

毛柳烟

全国统一编号00002664

毛柳烟是黑龙江省牡丹江市穆棱市地方晒烟品种。

特征特性：株型塔形，叶形椭圆，叶尖渐尖，叶面平，叶缘波浪，叶色绿，叶耳大，叶片主脉粗细中，叶片厚，花序密集、球形，花色淡红，有花冠尖，种子椭圆形、深褐色，蒴果卵圆形，株高105.00cm，茎围6.30cm，节距3.53cm，叶数17.00片，腰叶长30.50cm，腰叶宽15.80cm，无叶柄，主侧脉夹角中，茎叶角度小，花冠长度5.36cm，花冠直径2.08cm，花萼长度0.90cm，千粒重0.103 2g，移栽至中心花开放天数56.0d。

抗病虫性：中抗黑胫病，感青枯病和根结线虫病。

宽叶密码

全国统一编号00002665

宽叶密码是黑龙江省牡丹江市穆棱市地方晒烟品种。

特征特性：株型塔形，叶形长卵圆，叶尖渐尖，叶面平，叶缘波浪，叶色深绿，叶耳小，叶片主脉粗细中，叶片厚，花序松散、菱形，花色淡红，有花冠尖，种子卵圆形、褐色，蒴果卵圆形，株高105.00cm，茎围5.70cm，节距3.75cm，叶数16.00片，腰叶长32.40cm，腰叶宽12.90cm，无叶柄，主侧脉夹角中，茎叶角度大，花冠长度3.81cm，花冠直径1.79cm，花萼长度0.54cm，千粒重0.055 7g，移栽至中心花开放天数56.0d。

窄叶密码

全国统一编号00002666

窄叶密码是黑龙江省牡丹江市穆棱市地方晒烟品种。

特征特性：株型塔形，叶形长卵圆，叶尖渐尖，叶面平，叶缘微波，叶色绿，叶耳大，叶片主脉粗细中，叶片较厚，花序松散、菱形，花色深红，有花冠尖，种子卵圆形、褐色，蒴果圆形，株高115.00cm，茎围6.60cm，节距3.41cm，叶数22.00片，腰叶长31.30cm，腰叶宽13.10cm，无叶柄，主侧脉夹角中，茎叶角度大，花冠长度4.36cm，花冠直径1.31cm，花萼长度1.45cm，千粒重0.104 7g，移栽至中心花开放天数77.0d。

红岩晒黄烟

全国统一编号00002979

红岩晒黄烟是黑龙江省地方晒烟品种。

特征特性：株型塔形，叶形椭圆，叶尖渐尖，叶面较平，叶缘平滑，叶色浅绿，叶耳中，叶片主脉粗细中，叶片厚薄中等，花序密集、球形，花色淡红，有花冠尖，株高129.00cm，茎围7.60cm，节距4.66cm，叶数20.00片，腰叶长51.20cm，腰叶宽26.40cm，无叶柄，主侧脉夹角中，茎叶角度中，移栽至现蕾天数54.0d，移栽至中心花开放天数61.0d。

讷河大护脖香

全国统一编号00002981

讷河大护脖香是黑龙江省齐齐哈尔市讷河市地方晒烟品种。

特征特性：株型塔形，叶形长卵圆，叶尖渐尖，叶面较平，叶缘微波，叶色绿，叶耳小，叶片主脉细，叶片较厚，花序密集、倒圆锥形，花色深红，有花冠尖，株高92.28cm，茎围7.62cm，节距5.36cm，叶数9.80片，腰叶长44.42cm，腰叶宽24.26cm，无叶柄，主侧脉夹角小，茎叶角度中，移栽至现蕾天数37.0d，移栽至中心花开放天数42.0d。

腰岭子大护脖香

全国统一编号00002982

腰岭子大护脖香是黑龙江省地方晒烟品种。

特征特性：株型塔形，叶形椭圆，叶尖渐尖，叶面较平，叶缘微波，叶色绿，叶耳小，叶片主脉粗，叶片厚薄中等，花序松散、球形，花色深红，有花冠尖，株高106.78cm，茎围9.00cm，节距3.52cm，叶数17.80片，腰叶长50.80cm，腰叶宽29.40cm，无叶柄，主侧脉夹角小，茎叶角度中，移栽至现蕾天数44.0d，移栽至中心花开放天数50.0d。

金家晒红烟

全国统一编号00002983

金家晒红烟是黑龙江省地方晒烟品种。

特征特性：株型塔形，叶形椭圆，叶尖渐尖，叶面较平，叶缘微波，叶色绿，叶耳中，叶片主脉粗，叶片较厚，花序密集、球形，花色淡红，有花冠尖，株高102.40cm，茎围7.90cm，节距3.92cm，叶数15.00片，腰叶长45.14cm，腰叶宽26.68cm，无叶柄，主侧脉夹角小，茎叶角度中，移栽至现蕾天数40.0d，移栽至中心花开放天数46.0d。

仁里小北沟晒红烟

全国统一编号00002984

仁里小北沟晒红烟是黑龙江省牡丹江市穆棱市下城子镇仁里村地方晒烟品种。

特征特性：株型塔形，叶形椭圆，叶尖渐尖，叶面平，叶缘微波，叶色绿，叶耳中，叶片主脉粗细中，叶片厚薄中等，花序密集、菱形，花色淡红，有花冠尖，株高124.00cm，茎围9.20cm，节距5.06cm，叶数17.00片，腰叶长54.90cm，腰叶宽29.40cm，无叶柄，主侧脉夹角小，茎叶角度中，移栽至现蕾天数41.0d，移栽至中心花开放天数47.0d。

龙烟四号

全国统一编号00003415

龙烟四号是黑龙江省农业科学院牡丹江分院选育的晒烟品种，系谱为（穆棱护脖香×柳叶尖2142）F_2×[穆棱小葵花×6042（烤）]。

特征特性：株型塔形，叶形宽椭圆，叶尖渐尖，叶面较皱，叶缘微波，叶色深绿，叶耳大，叶片主脉粗细中，叶片薄，花序密集、球形，花色淡红，有花冠尖，种子椭圆形、褐色，蒴果长卵圆形，株高147.00cm，茎围7.94cm，节距6.37cm，叶数16.80片，腰叶长50.30cm，腰叶宽30.10cm，无叶柄，主侧脉夹角中，茎叶角度大，花冠长度4.70cm，花冠直径1.65cm，花萼长度1.40cm，千粒重0.094 5g，移栽至现蕾天数42.0d，移栽至中心花开放天数54.0d，全生育期163.0d。

抗病虫性：抗TMV。

外观质量：原烟红棕色，色度浓，油分有，身份厚。

化学成分：总糖14.39%，还原糖11.18%，两糖差3.21%，两糖比0.78，总氮3.36%，蛋白质16.27%，烟碱4.36%，施木克值0.88，糖碱比3.30，氮碱比0.77。

评吸质量：香气量足，余味较舒适，杂气微有，刺激性微有，劲头适中，燃烧性强，灰色、白色。

牡晒81-21-2

全国统一编号00003416

牡晒81-21-2是黑龙江省农业科学院牡丹江分院选育的晒烟品种。

特征特性：株型筒形，叶形宽椭圆，叶尖渐尖，叶面较皱，叶缘微波，叶色黄绿，叶耳中，叶片主脉粗细中，叶片厚薄中等，花序密集、球形，花色淡红，有花冠尖，种子椭圆形、浅褐色，蒴果长卵圆形，株高176.00cm，茎围7.60cm，节距6.41cm，叶数22.00片，腰叶长44.94cm，腰叶宽25.04cm，无叶柄，主侧脉夹角中，茎叶角度中，花冠长度4.94cm，花冠直径2.03cm，花萼长度1.37cm，千粒重0.089 0g，移栽至现蕾天数42.0d，移栽至中心花开放天数59.0d，全生育期156.0d。

化学成分：总糖7.34%，还原糖6.39%，两糖差0.95%，两糖比0.87，总氮3.31%，蛋白质18.28%，烟碱2.24%，施木克值0.40，糖碱比3.28，氮碱比1.48。

牡晒81-7-2

全国统一编号00003417

牡晒81-7-2是黑龙江省农业科学院牡丹江分院选育的晒烟品种。

特征特性：株型塔形，叶形宽椭圆，叶尖渐尖，叶面较平，叶缘平滑，叶色深绿，叶耳大，叶片主脉粗，叶片厚薄中等，花序密集、球形，花色淡红，有花冠尖，种子卵圆形、浅褐色，蒴果长卵圆形，株高172.00cm，茎围8.76cm，节距5.95cm，叶数22.20片，腰叶长47.90cm，腰叶宽29.30cm，无叶柄，主侧脉夹角中，茎叶角度中，花冠长度4.77cm，花冠直径1.92cm，花萼长度1.09cm，千粒重0.088 3g，移栽至现蕾天数44.0d，移栽至中心花开放天数54.0d，全生育期161.0d。

牡晒81-8-3

全国统一编号00003418

牡晒81-8-3是黑龙江省农业科学院牡丹江分院选育的晒烟品种。

特征特性：株型塔形，叶形椭圆，叶尖渐尖，叶面较平，叶缘平滑，叶色绿，叶耳大，叶片主脉粗细中，叶片厚，花序密集、菱形，花色淡红，有花冠尖，种子椭圆形、褐色，蒴果卵圆形，株高148.00cm，茎围6.37cm，节距6.59cm，叶数16.40片，腰叶长48.70cm，腰叶宽24.60cm，无叶柄，主侧脉夹角中，茎叶角度大，花冠长度4.08cm，花冠直径1.70cm，花萼长度1.34cm，千粒重0.098 5g，移栽至现蕾天数42.0d，移栽至中心花开放天数54.0d，全生育期163.0d。

化学成分：总糖5.22%，还原糖4.51%，两糖差0.71%，两糖比0.86，总氮3.26%，蛋白质17.65%，烟碱2.56%，施木克值0.30，糖碱比2.04，氮碱比1.27。

牡晒82-13-1

全国统一编号00003419

牡晒82-13-1是黑龙江省农业科学院牡丹江分院选育的晒烟品种。

特征特性：株型塔形，叶形长椭圆，叶尖渐尖，叶面较平，叶缘平滑，叶色深绿，叶耳中，叶片主脉粗，叶片厚薄中等，花序密集、扁球形，花色深红，有花冠尖，种子椭圆形、褐色，蒴果长卵圆形，株高175.40cm，茎围9.52cm，节距8.57cm，叶数15.80片，腰叶长61.54cm，腰叶宽27.90cm，无叶柄，主侧脉夹角中，茎叶角度大，花冠长度4.28cm，花冠直径1.44cm，花萼长度1.65cm，千粒重0.067 1g，移栽至现蕾天数55.0d，移栽至中心花开放天数68.0d，全生育期153.0d。

牡晒82-38-2

全国统一编号00003420

牡晒82-38-2是黑龙江省农业科学院牡丹江分院选育的晒烟品种。

特征特性：株型筒形，叶形宽椭圆，叶尖渐尖，叶面较皱，叶缘微波，叶色黄绿，叶耳小，叶片主脉粗细中，叶片厚，花序密集、球形，花色淡红，有花冠尖，种子卵圆形、浅褐色，蒴果圆形，株高172.60cm，茎围7.28cm，节距4.64cm，叶数28.60片，腰叶长41.26cm，腰叶宽24.64cm，无叶柄，主侧脉夹角中，茎叶角度中，花冠长度3.85cm，花冠直径2.01cm，花萼长度1.09cm，千粒重0.066 7g，移栽至现蕾天数54.0d，移栽至中心花开放天数61.0d，全生育期163.0d。

牡晒82-38-7

全国统一编号00003421

牡晒82-38-7是黑龙江省农业科学院牡丹江分院选育的晒烟品种。

特征特性：株型塔形，叶形宽椭圆，叶尖急尖，叶面较平，叶缘平滑，叶色深绿，叶耳大，叶片主脉粗细中，叶片厚薄中等，花序密集、菱形，花色淡红，无花冠尖，种子卵圆形、深褐色，蒴果卵圆形，株高147.00cm，茎围8.88cm，节距4.73cm，叶数22.60片，腰叶长57.60cm，腰叶宽33.60cm，无叶柄，主侧脉夹角中，茎叶角度大，花冠长度5.02cm，花冠直径2.13cm，花萼长度1.20cm，千粒重0.084 3g，移栽至现蕾天数51.0d，移栽至中心花开放天数61.0d，全生育期150.0d。

抗病虫性：中感TMV、CMV和PVY，感黑胫病和青枯病。

外观质量：原烟红棕色，色度中，油分有，身份中等，结构尚疏松。

化学成分：总糖0.86%，还原糖0.34%，两糖差0.52%，两糖比0.40，总氮2.18%，蛋白质7.05%，烟碱0.73%，钾2.21%，氯0.94%，钾氯比2.35，施木克值0.12，糖碱比1.18，氮碱比2.99。

经济性状：产量145.60kg/亩，上等烟比例2.65%，上中等烟比例91.02%。

牡晒82-38-6

全国统一编号00003422

牡晒82-38-6是黑龙江省农业科学院牡丹江分院选育的晒烟品种。

特征特性：株型橄榄形，叶形宽椭圆，叶尖渐尖，叶面皱，叶缘皱褶，叶色深绿，叶耳中，叶片主脉粗，叶片薄，花序密集、菱形，花色淡红，有花冠尖，种子卵圆形、深褐色，蒴果长卵圆形，株高189.20cm，茎围10.46cm，节距4.58cm，叶数32.60片，腰叶长55.10cm，腰叶宽29.58cm，无叶柄，主侧脉夹角中，茎叶角度中，花冠长度3.19cm，花冠直径1.57cm，花萼长度1.24cm，千粒重0.079 6g，移栽至现蕾天数48.0d，移栽至中心花开放天数68.0d，全生育期153.0d。

牡晒83-5-1

全国统一编号00003425

牡晒83-5-1是黑龙江省农业科学院牡丹江分院选育的晒烟品种。

特征特性：株型塔形，叶形长椭圆，叶尖急尖，叶面平，叶缘平滑，叶色浅绿，叶耳大，叶片主脉粗细中，叶片厚，花序松散、菱形，花色深红，有花冠尖，种子卵圆形、褐色，蒴果长卵圆形，株高172.20cm，茎围7.36cm，节距7.26cm，叶数18.20片，腰叶长52.20cm，腰叶宽23.12cm，无叶柄，主侧脉夹角中，茎叶角度大，花冠长度4.88cm，花冠直径2.16cm，花萼长度0.76cm，千粒重0.085 4g，移栽至现蕾天数50.0d，移栽至中心花开放天数58.0d，全生育期157.0d。

牡晒83-15-2

全国统一编号00003426

牡晒83-15-2是黑龙江省农业科学院牡丹江分院选育的晒烟品种。

特征特性：株型塔形，叶形宽椭圆，叶尖急尖，叶面较平，叶缘平滑，叶色绿，叶耳大，叶片主脉粗细中，叶片厚薄中等，花序密集、球形，花色深红，有花冠尖，种子椭圆形、褐色，蒴果长卵圆形，株高179.40cm，茎围9.88cm，节距8.01cm，叶数17.40片，腰叶长52.74cm，腰叶宽30.36cm，无叶柄，主侧脉夹角中，茎叶角度大，花冠长度5.28cm，花冠直径1.63cm，花萼长度1.65cm，千粒重0.094 5g，移栽至现蕾天数48.0d，移栽至中心花开放天数61.0d，全生育期153.0d。

牡晒83-12-1

全国统一编号00003427

牡晒83-12-1是黑龙江省农业科学院牡丹江分院选育的晒烟品种。

特征特性：株型橄榄形，叶形宽椭圆，叶尖渐尖，叶面平，叶缘平滑，叶色浅绿，叶耳大，叶片主脉粗细中，叶片厚薄中等，花序密集、菱形，花色红，有花冠尖，种子椭圆形、褐色，蒴果长卵圆形，株高167.80cm，茎围8.36cm，节距7.99cm，叶数16.00片，腰叶长52.52cm，腰叶宽31.72cm，无叶柄，主侧脉夹角中，茎叶角度中，花冠长度3.98cm，花冠直径1.64cm，花萼长度1.04cm，千粒重0.062 5g，移栽至现蕾天数51.0d，移栽至中心花开放天数64.0d，全生育期150.0d。

牡晒83-12-5

全国统一编号00003428

牡晒83-12-5是黑龙江省农业科学院牡丹江分院选育的晒烟品种。

特征特性：株型塔形，叶形宽椭圆，叶尖渐尖，叶面皱，叶缘皱褶，叶色深绿，叶耳大，叶片主脉细，叶片薄，花序密集、球形，花色淡红，有花冠尖，种子椭圆形、褐色，蒴果长卵圆形，株高159.00cm，茎围9.36cm，节距8.50cm，叶数14.00片，腰叶长64.50cm，腰叶宽36.66cm，无叶柄，主侧脉夹角中，茎叶角度大，花冠长度3.97cm，花冠直径1.79cm，花萼长度0.51cm，千粒重0.096 7g，移栽至现蕾天数48.0d，移栽至中心花开放天数61.0d，全生育期150.0d。

化学成分：总糖11.24%，还原糖10.01%，两糖差1.23%，两糖比0.89，总氮3.18%，蛋白质17.18%，烟碱2.48%，施木克值0.65，糖碱比4.53，氮碱比1.28。

牡晒83-12-3

全国统一编号00003429

牡晒83-12-3是黑龙江省农业科学院牡丹江分院选育的晒烟品种。

特征特性：株型塔形，叶形宽椭圆，叶尖尾状，叶面平，叶缘平滑，叶色深绿，叶耳大，叶片主脉粗，叶片厚，花序松散、菱形，花色深红，有花冠尖，种子椭圆形、褐色，蒴果卵圆形，株高151.00cm，茎围6.80cm，节距6.77cm，叶数16.40片，腰叶长47.20cm，腰叶宽28.90cm，无叶柄，主侧脉夹角中，茎叶角度中，花冠长度5.43cm，花冠直径1.53cm，花萼长度0.96cm，千粒重0.052 1g，移栽至现蕾天数42.0d，移栽至中心花开放天数54.0d，全生育期163.0d。

牡晒83-11-2

全国统一编号00003430

牡晒83-11-2是黑龙江省农业科学院牡丹江分院选育的晒烟品种。

特征特性：株型橄榄形，叶形宽椭圆，叶尖渐尖，叶面较平，叶缘平滑，叶色绿，叶耳小，叶片主脉粗细中，叶片厚薄中等，花序松散、菱形，花色深红，有花冠尖，种子椭圆形、褐色，蒴果卵圆形，株高145.00cm，茎围7.72cm，节距5.71cm，叶数18.40片，腰叶长52.50cm，腰叶宽29.10cm，无叶柄，主侧脉夹角中，茎叶角度大，花冠长度3.14cm，花冠直径1.27cm，花萼长度0.73cm，千粒重0.086 9g，移栽至现蕾天数46.0d，移栽至中心花开放天数59.0d，全生育期166.0d。

牡晒83-12-4

全国统一编号00003431

牡晒83-12-4是黑龙江省农业科学院牡丹江分院选育的晒烟品种。

特征特性：株型塔形，叶形宽椭圆，叶尖渐尖，叶面较皱，叶缘微波，叶色绿，叶耳小，叶片主脉粗细中，叶片厚薄中等，花序松散、菱形，花色淡红，有花冠尖，种子卵圆形、浅褐色，蒴果长卵圆形，株高149.00cm，茎围8.06cm，节距6.12cm，叶数17.80片，腰叶长53.90cm，腰叶宽30.80cm，无叶柄，主侧脉夹角中，茎叶角度中，花冠长度3.92cm，花冠直径1.15cm，花萼长度0.66cm，千粒重0.061 5g，移栽至现蕾天数51.0d，移栽至中心花开放天数61.0d，全生育期157.0d。

化学成分：总糖5.88%，还原糖4.95%，两糖差0.93%，两糖比0.84，总氮3.12%，蛋白质15.41%，烟碱3.68%，施木克值0.38，糖碱比1.60，氮碱比0.85。

穆棱柳毛烟

全国统一编号00003906

穆棱柳毛烟是黑龙江省牡丹江市穆棱市穆棱镇柳毛村地方晒烟品种。

特征特性：株型塔形，叶形宽椭圆，叶尖钝尖，叶面平，叶缘平滑，叶色深绿，叶耳大，叶片主脉粗，叶片薄，花序密集、菱形，花色白，有花冠尖，种子卵圆形、褐色，蒴果卵圆形，株高172.00cm，茎围7.42cm，节距6.11cm，叶数21.60片，腰叶长57.40cm，腰叶宽31.60cm，无叶柄，主侧脉夹角中，茎叶角度大，花冠长度5.69cm，花冠直径1.77cm，花萼长度1.63cm，千粒重0.084 8g，移栽至现蕾天数42.0d，移栽至中心花开放天数54.0d，全生育期166.0d。

抗病虫性：抗赤星病、TMV和PVY。

外观质量：原烟红棕色，色度浓，油分有，身份稍厚，结构尚疏松。

化学成分：总糖3.81%，还原糖3.48%，两糖差0.33%，两糖比0.91，总氮3.09%，蛋白质18.13%，烟碱1.11%，施木克值0.21，糖碱比3.43，氮碱比2.78。

评吸质量：香型程度有-，香气量有，浓度中等-，余味尚舒适-，杂气有-，刺激性有-，劲头适中，燃烧性强，灰色白色。

经济性状：产量175.00kg/亩。

栽培要点：适应性强，在肥力中等以上土地种植，河淤土、红壤土、棕壤土均可，株行距50cm×80cm，亩栽烟1 666株，有效叶片10片，因茎叶较软，含水量低，便于田间管理。如果采收后还有20d的无霜期，可留二茬烟（杈烟），采收后捂黄晾晒，做好防风防雨工作。下雨用农膜盖好。在水肥条件好的情况下，也可以达到中上等产量，是20世纪70—80年代黑龙江省穆棱市下城子镇、马桥河镇种植面积较多的一个品种。

望奎1号

全国统一编号00003907

望奎1号是黑龙江省绥化市望奎县地方晒烟品种。

特征特性：株型橄榄形，叶形椭圆，叶尖渐尖，叶面较平，叶缘平滑，叶色深绿，叶耳大，叶片主脉粗细中，叶片厚薄中等，花序密集、球形，花色淡红，有花冠尖，种子卵圆形、褐色，蒴果卵圆形，株高122.60cm，茎围9.42cm，节距8.26cm，叶数10.00片，腰叶长57.10cm，腰叶宽28.40cm，无叶柄，主侧脉夹角中，茎叶角度大，花冠长度4.55cm，花冠直径2.36cm，花萼长度1.26cm，千粒重0.103 2g，移栽至现蕾天数44.0d，移栽至中心花开放天数59.0d，全生育期147.0d。

望奎2号

全国统一编号00003908

望奎2号是黑龙江省绥化市望奎县地方晒烟品种。

特征特性：株型橄榄形，叶形椭圆，叶尖渐尖，叶面平，叶缘平滑，叶色浅绿，叶耳大，叶片主脉粗细中，叶片厚薄中等，花序松散、菱形，花色淡红，有花冠尖，种子卵圆形、褐色，蒴果卵圆形，株高163.40cm，茎围8.60cm，节距7.91cm，叶数15.60片，腰叶长54.20cm，腰叶宽27.30cm，无叶柄，主侧脉夹角中，茎叶角度中，花冠长度5.02cm，花冠直径1.43cm，花萼长度1.53cm，千粒重0.058 7g，移栽至现蕾天数54.0d，移栽至中心花开放天数64.0d，全生育期147.0d。

望奎3号

全国统一编号00003909

望奎3号是黑龙江省绥化市望奎县地方晒烟品种。

特征特性：株型橄榄形，叶形椭圆，叶尖渐尖，叶面平，叶缘平滑，叶色绿，叶耳大，叶片主脉粗细中，叶片较厚，花序密集、球形，花色淡红，有花冠尖，种子卵圆形、褐色，蒴果卵圆形，株高130.60cm，茎围9.36cm，节距8.44cm，叶数10.60片，腰叶长50.14cm，腰叶宽24.92cm，无叶柄，主侧脉夹角中，茎叶角度大，花冠长度4.40cm，花冠直径1.78cm，花萼长度0.78cm，千粒重0.103 8g，移栽至现蕾天数44.0d，移栽至中心花开放天数54.0d，全生育期150.0d。

外观质量：原烟淡棕色，色度弱，油分少，身份稍薄，结构尚疏松。

经济性状：产量65.88kg/亩，中等烟比例63.80%。

望奎4号

全国统一编号00003910

望奎4号是黑龙江省绥化市望奎县地方晒烟品种。

特征特性：株型橄榄形，叶形宽椭圆，叶尖渐尖，叶面平，叶缘平滑，叶色绿，叶耳大，叶片主脉粗细中，叶片厚薄中等，花序密集、球形，花色淡红，有花冠尖，种子卵圆形、深褐色，蒴果卵圆形，株高126.80cm，茎围9.36cm，节距6.29cm，叶数13.80片，腰叶长51.50cm，腰叶宽27.76cm，无叶柄，主侧脉夹角中，茎叶角度大，花冠长度3.98cm，花冠直径2.18cm，花萼长度0.66cm，千粒重0.060 8g，移栽至现蕾天数44.0d，移栽至中心花开放天数58.0d，全生育期150.0d。

望奎5号

全国统一编号00003911

望奎5号是黑龙江省绥化市望奎县地方晒烟品种。

特征特性：株型橄榄形，叶形椭圆，叶尖渐尖，叶面平，叶缘平滑，叶色浅绿，叶耳大，叶片主脉粗，叶片薄，花序松散、菱形，花色淡红，有花冠尖，种子椭圆形、深褐色，蒴果长卵圆形，株高160.00cm，茎围8.72cm，节距6.06cm，叶数19.80片，腰叶长53.50cm，腰叶宽27.30cm，无叶柄，主侧脉夹角中，茎叶角度中，花冠长度3.72cm，花冠直径1.56cm，花萼长度0.76cm，千粒重0.101 7g，移栽至现蕾天数54.0d，移栽至中心花开放天数68.0d，全生育期150.0d。

牡晒89-25-1

全国统一编号00003912

牡晒89-25-1是黑龙江省农业科学院牡丹江分院选育的晒烟品种。

特征特性：株型塔形，叶形宽椭圆，叶尖渐尖，叶面较平，叶缘微波，叶色浅绿，叶耳中，叶片主脉粗细中，叶片薄，花序密集、球形，花色红，有花冠尖，种子椭圆形、褐色，蒴果圆形，株高151.00cm，茎围9.94cm，节距6.53cm，叶数17.00片，腰叶长73.20cm，腰叶宽39.00cm，无叶柄，主侧脉夹角中，茎叶角度中，花冠长度4.46cm，花冠直径2.22cm，花萼长度0.64cm，千粒重0.074 9g，移栽至现蕾天数50.0d，移栽至中心花开放天数61.0d，全生育期154.0d。

抗病虫性：中感青枯病，感根结线虫病、CMV，高感烟蚜。

外观质量：原烟淡棕色，色度中，油分有，身份稍薄，结构尚疏松。

经济性状：产量85.80kg/亩，上等烟比例15.60%，中等烟比例64.30%。

牡晒89-11-1

全国统一编号00003913

牡晒89-11-1是黑龙江省农业科学院牡丹江分院选育的晒烟品种。

特征特性：株型橄榄形，叶形宽椭圆，叶尖急尖，叶面皱，叶缘微波，叶色深绿，叶耳大，叶片主脉粗细中，叶片厚薄中等，花序密集、菱形，花色深红，有花冠尖，种子椭圆形、浅褐色，蒴果卵圆形，株高182.40cm，茎围8.04cm，节距6.36cm，叶数22.40片，腰叶长44.58cm，腰叶宽27.20cm，无叶柄，主侧脉夹角大，茎叶角度中，花冠长度4.94cm，花冠直径1.56cm，花萼长度1.56cm，千粒重0.076 2g，移栽至现蕾天数50.0d，移栽至中心花开放天数61.0d，全生育期161.0d。

牡晒89-23-1

全国统一编号00003914

牡晒89-23-1是黑龙江省农业科学院牡丹江分院选育的晒烟品种。

特征特性：株型橄榄形，叶形宽椭圆，叶尖急尖，叶面较平，叶缘平滑，叶色浅绿，叶耳小，叶片主脉粗细中，叶片厚薄中等，花序松散、菱形，花色深红，有花冠尖，种子卵圆形、浅褐色，蒴果圆形，株高188.40cm，茎围8.30cm，节距6.13cm，叶数24.20片，腰叶长45.82cm，腰叶宽28.34cm，无叶柄，主侧脉夹角中，茎叶角度中，花冠长度5.31cm，花冠直径1.34cm，花萼长度0.68cm，千粒重0.083 3g，移栽至现蕾天数52.0d，移栽至中心花开放天数61.0d，全生育期161.0d。

牡晒89-24-2

全国统一编号00003915

牡晒89-24-2是黑龙江省农业科学院牡丹江分院选育的晒烟品种。

特征特性：株型塔形，叶形宽椭圆，叶尖急尖，叶面较皱，叶缘皱褶，叶色绿，叶耳中，叶片主脉粗，叶片厚薄中等，花序密集、菱形，花色深红，有花冠尖，种子椭圆形、褐色，蒴果长卵圆形，株高144.40cm，茎围8.30cm，节距6.44cm，叶数16.20片，腰叶长57.20cm，腰叶宽31.20cm，无叶柄，主侧脉夹角中，茎叶角度中，花冠长度4.60cm，花冠直径1.80cm，花萼长度0.80cm，千粒重0.108 0g，移栽至现蕾天数42.0d，移栽至中心花开放天数54.0d，全生育期163.0d。

抗病虫性：中抗PVY，中感赤星病、TMV和CMV，感病黑胫病和青枯病，高感烟蚜。

外观质量：原烟红棕色，色度中，油分有，身份中等，结构疏松。

化学成分：总糖7.43%，还原糖5.77%，两糖差1.66%，两糖比0.78，总氮2.40%，蛋白质12.50%，烟碱2.32%，钾1.27%，氯1.46%，钾氯比0.87，施木克值0.59，糖碱比3.20，氮碱比1.03。

评吸质量：香型风格晒红香型，香型程度有+，香气质中等，香气量有，浓度中等，余味尚舒适，杂气有，刺激性有，劲头适中，燃烧性中等，灰色灰白，得分73.6，质量档次中等。

经济性状：产量166.70kg/亩，中等烟比例83.10%。

牡晒89-30-1

全国统一编号00003916

牡晒89-30-1是黑龙江省农业科学院牡丹江分院选育的晒烟品种。

特征特性：株型筒形，叶形宽椭圆，叶尖急尖，叶面较皱，叶缘微波，叶色浅绿，叶耳中，叶片主脉粗细中，叶片薄，花序密集、菱形，花色淡红，有花冠尖，种子椭圆形、褐色，蒴果圆形，株高164.00cm，茎围7.32cm，节距6.46cm，叶数19.20片，腰叶长47.12cm，腰叶宽27.16cm，无叶柄，主侧脉夹角中，茎叶角度中，花冠长度4.51cm，花冠直径1.24cm，花萼长度1.08cm，千粒重0.067 3g，移栽至现蕾天数53.0d，移栽至中心花开放天数61.0d，全生育期157.0d。

牡晒89-23-4

全国统一编号00003917

牡晒89-23-4是黑龙江省农业科学院牡丹江分院选育的晒烟品种。

特征特性：株型筒形，叶形宽椭圆，叶尖渐尖，叶面较平，叶缘平滑，叶色深绿，叶耳大，叶片主脉粗细中，叶片厚薄中等，花序松散、菱形，花色深红，有花冠尖，种子卵圆形、浅褐色，蒴果卵圆形，株高172.00cm，茎围8.12cm，节距6.52cm，叶数21.00片，腰叶长48.30cm，腰叶宽26.30cm，无叶柄，主侧脉夹角中，茎叶角度中，花冠长度5.30cm，花冠直径1.99cm，花萼长度0.78cm，千粒重0.080 5g，移栽至现蕾天数46.0d，移栽至中心花开放天数54.0d，全生育期163.0d。

牡晒89-26-5

全国统一编号00003918

牡晒89-26-5是黑龙江省农业科学院牡丹江分院选育的晒烟品种。

特征特性：株型塔形，叶形宽椭圆，叶尖急尖，叶面较平，叶缘平滑，叶色黄绿，叶耳中，叶片主脉粗，叶片厚薄中等，花序密集、球形，花色深红，有花冠尖，种子椭圆形、褐色，蒴果圆形，株高144.00cm，茎围9.26cm，节距4.60cm，叶数22.60片，腰叶长49.46cm，腰叶宽27.40cm，无叶柄，主侧脉夹角中，茎叶角度大，花冠长度4.16cm，花冠直径1.75cm，花萼长度1.17cm，千粒重0.064 4g，移栽至现蕾天数60.0d，移栽至中心花开放天数66.0d，全生育期166.0d。

牡晒89-26-3

全国统一编号00003919

牡晒89-26-3是黑龙江省农业科学院牡丹江分院选育的晒烟品种。

特征特性：株型塔形，叶形宽椭圆，叶尖急尖，叶面较平，叶缘微波，叶色深绿，叶耳小，叶片主脉粗，叶片薄，花序密集、菱形，花色淡红，有花冠尖，种子椭圆形、浅褐色，蒴果卵圆形，株高134.20cm，茎围7.78cm，节距3.83cm，叶数24.60片，腰叶长48.26cm，腰叶宽30.20cm，无叶柄，主侧脉夹角中，茎叶角度大，花冠长度4.29cm，花冠直径1.30cm，花萼长度1.16cm，千粒重0.105 8g，移栽至现蕾天数55.0d，移栽至中心花开放天数61.0d，全生育期159.0d。

牡晒84-1-1

全国统一编号00003920

牡晒84-1-1是黑龙江省农业科学院牡丹江分院选育的晒烟品种。

特征特性：株型橄榄形，叶形椭圆，叶尖渐尖，叶面较平，叶缘微波，叶色深绿，叶耳中，叶片主脉粗，叶片厚薄中等，花序松散、菱形，花色深红，有花冠尖，种子卵圆形、褐色，蒴果长卵圆形，株高146.00cm，茎围9.72cm，节距6.09cm，叶数17.40片，腰叶长66.40cm，腰叶宽32.00cm，无叶柄，主侧脉夹角中，茎叶角度中，花冠长度3.06cm，花冠直径1.75cm，花萼长度1.68cm，千粒重0.090 7g，移栽至现蕾天数54.0d，移栽至中心花开放天数61.0d，全生育期157.0d。

抗病虫性：中感根结线虫病、CMV、青枯病。

外观质量：原烟红棕色，色度强，油分有，身份薄，结构尚疏松。

化学成分：总糖1.04%，还原糖0.40%，两糖差0.64%，两糖比0.38，总氮2.62%，蛋白质3.71%，烟碱3.84%，钾1.34%，氯0.48%，钾氯比2.79，施木克值0.28，糖碱比0.27，氮碱比0.68。

经济性状：产量136.22kg/亩，中等烟比例88.91%。

牡晒84-1-2

全国统一编号00003921

牡晒84-1-2是黑龙江省农业科学院牡丹江分院选育的晒烟品种。

特征特性：株型筒形，叶形椭圆，叶尖渐尖，叶面平，叶缘平滑，叶色绿，叶耳中，叶片主脉粗细中，叶片厚薄中等，花序松散、菱形，花色深红，有花冠尖，种子卵圆形、浅褐色，蒴果长卵圆形，株高158.20cm，茎围9.38cm，节距6.03cm，叶数19.60片，腰叶长55.14cm，腰叶宽26.04cm，无叶柄，主侧脉夹角中，茎叶角度中，花冠长度4.56cm，花冠直径1.63cm，花萼长度1.45cm，千粒重0.086 1g，移栽至现蕾天数54.0d，移栽至中心花开放天数61.0d，全生育期154.0d。

牡晒84-1-5

全国统一编号00003922

牡晒84-1-5是黑龙江省农业科学院牡丹江分院选育的晒烟品种。

特征特性：株型塔形，叶形椭圆，叶尖渐尖，叶面较平，叶缘平滑，叶色绿，叶耳小，叶片主脉粗，叶片厚薄中等，花序松散、菱形，花色深红，有花冠尖，种子椭圆形、褐色，蒴果卵圆形，株高154.00cm，茎围8.56cm，节距5.28cm，叶数21.60片，腰叶长47.52cm，腰叶宽22.90cm，无叶柄，主侧脉夹角中，茎叶角度中，花冠长度3.83cm，花冠直径2.38cm，花萼长度0.88cm，千粒重0.062 2g，移栽至现蕾天数54.0d，移栽至中心花开放天数61.0d，全生育期157.0d。

牡晒84-5-2

全国统一编号00003923

牡晒84-5-2是黑龙江省农业科学院牡丹江分院选育的晒烟品种。

特征特性：株型筒形，叶形椭圆，叶尖渐尖，叶面皱，叶缘皱褶，叶色浅绿，叶耳小，叶片主脉粗，叶片厚薄中等，花序松散、菱形，花色深红，有花冠尖，种子椭圆形、褐色，蒴果长卵圆形，株高212.20cm，茎围8.88cm，节距6.29cm，叶数26.60片，腰叶长58.20cm，腰叶宽26.78cm，无叶柄，主侧脉夹角中，茎叶角度中，花冠长度4.81cm，花冠直径2.19cm，花萼长度1.25cm，千粒重0.053 2g，移栽至现蕾天数50.0d，移栽至中心花开放天数59.0d，全生育期161.0d。

牡晒90-4-1

全国统一编号00003924

牡晒90-4-1是黑龙江省农业科学院牡丹江分院选育的晒烟品种。

特征特性：株型筒形，叶形宽椭圆，叶尖渐尖，叶面较平，叶缘微波，叶色绿，叶耳中，叶片主脉粗细中，叶片厚，花序密集、菱形，花色淡红，有花冠尖，种子椭圆形、褐色，蒴果卵圆形，株高156.20cm，茎围8.54cm，节距6.25cm，叶数18.60片，腰叶长50.64cm，腰叶宽31.48cm，无叶柄，主侧脉夹角大，茎叶角度大，花冠长度5.40cm，花冠直径2.07cm，花萼长度0.51cm，千粒重0.059 1g，移栽至现蕾天数50.0d，移栽至中心花开放天数59.0d，全生育期154.0d。

穆棱金边

全国统一编号00004087

穆棱金边是黑龙江省牡丹江市穆棱市地方晒烟品种。

特征特性：株型筒形，叶形长椭圆，叶尖尾状，叶面较平，叶缘微波，叶色绿，叶耳小，叶片主脉粗细中，叶片较厚，花序松散、球形，花色深红，有花冠尖，种子椭圆形、浅褐色，蒴果卵圆形，株高169.70cm，茎围13.30cm，节距4.20cm，叶数30.60片，腰叶长70.70cm，腰叶宽25.00cm，叶柄2.00cm，主侧脉夹角大，茎叶角度中，花冠长度3.84cm，花冠直径2.25cm，花萼长度1.11cm，千粒重0.190 0g，移栽至现蕾天数47.0d，移栽至中心花开放天数54.0d，全生育期144.0d。

化学成分：总糖10.51%，还原糖8.34%，两糖差2.17%，两糖比0.79，总氮2.69%，蛋白质10.55%，烟碱5.81%，钾1.10%，氯0.23%，钾氯比4.78，施木克值1.00，糖碱比1.81，氮碱比0.46。

牡晒84-1

全国统一编号00004090

牡晒84-1是黑龙江省牡丹江市穆棱市地方晒烟品种。

特征特性：株型筒形，叶形椭圆，叶尖尾状，叶面较平，叶缘微波，叶色绿，叶耳小，叶片主脉粗细中，叶片较厚，花序密集、菱形，花色淡红，有花冠尖，种子椭圆形、浅褐色，蒴果长卵圆形，株高155.00cm，茎围12.80cm，节距4.60cm，叶数25.00片，腰叶长73.70cm，腰叶宽36.70cm，无叶柄，主侧脉夹角大，茎叶角度中，花冠长度4.27cm，花冠直径2.04cm，花萼长度1.55cm，千粒重0.110 0g，移栽至现蕾天数48.0d，移栽至中心花开放天数56.0d，全生育期147.0d。

磨刀石晒红

全国统一编号00004094

磨刀石晒红是黑龙江省牡丹江市穆棱市磨刀石镇地方晒烟品种。

特征特性：株型橄榄形，叶形椭圆，叶尖渐尖，叶面平，叶缘平滑，叶色黄绿，叶耳中，叶片主脉粗细中，叶片厚薄中等，花序松散、倒圆锥形，花色淡红，有花冠尖，种子卵圆形、褐色，蒴果卵圆形，株高131.00cm，茎围8.84cm，节距4.60cm，叶数15.40片，腰叶长60.30cm，腰叶宽28.00cm，无叶柄，主侧脉夹角大，茎叶角度小，花冠长度5.29cm，花冠直径2.17cm，花萼长度1.49cm，千粒重0.180 0g，移栽至现蕾天数57.0d，移栽至中心花开放天数62.0d，全生育期153.0d。

化学成分：总糖8.37%，还原糖6.90%，两糖差1.47%，两糖比0.82，总氮3.12%，蛋白质13.96%，烟碱5.13%，钾5.28%，氯0.14%，钾氯比37.71，施木克值0.60，糖碱比1.63，氮碱比0.61。

评吸质量：香型风格晒红香型。

黑河引

全国统一编号00004112

黑河引是黑龙江省黑河市地方晒烟品种。

特征特性：株型筒形，叶形椭圆，叶尖渐尖，叶面较平，叶缘微波，叶色深绿，叶耳中，叶片主脉粗细中，叶片较厚，花序密集、倒圆锥形，花色深红，有花冠尖，种子椭圆形、褐色，蒴果卵圆形，株高156.40cm，茎围6.96cm，节距6.38cm，叶数18.60片，腰叶长49.80cm，腰叶宽25.60cm，无叶柄，主侧脉夹角大，茎叶角度中，花冠长度5.28cm，花冠直径1.63cm，花萼长度1.52cm，千粒重0.110 0g，移栽至现蕾天数35.0d，移栽至中心花开放天数46.0d，全生育期139.0d。

化学成分：总糖1.46%，还原糖1.39%，两糖差0.07%，两糖比0.95，总氮3.84%，蛋白质18.73%，烟碱4.86%，施木克值0.08，糖碱比0.30，氮碱比0.79。

腰岭子

全国统一编号00004167

腰岭子是黑龙江省牡丹江市穆棱市穆棱镇腰岭村地方晒烟品种。

特征特性：株型橄榄形，叶形椭圆，叶尖急尖，叶面平，叶缘平滑，叶色深绿，叶耳大，叶片主脉粗，叶片厚，花序松散、球形，花色淡红，有花冠尖，种子椭圆形、褐色，蒴果卵圆形，株高158.00cm，茎围8.70cm，节距5.30cm，叶数18.40片，腰叶长60.40cm，腰叶宽31.60cm，无叶柄，主侧脉夹角大，茎叶角度大，花冠长度4.70cm，花冠直径2.36cm，花萼长度1.47cm，千粒重0.100 0g，移栽至现蕾天数44.0d，移栽至中心花开放天数49.0d，全生育期79.0d。

化学成分：总糖6.24%，还原糖4.35%，两糖差1.89%，两糖比0.70，总氮2.94%，蛋白质14.05%，烟碱4.02%，钾2.16%，氯0.13%，钾氯比16.62，施木克值0.44，糖碱比1.55，氮碱比0.73。

评吸结果：晒红香型。

牡引一号

全国统一编号00004176

牡引一号是黑龙江省黑河市孙吴县地方晒烟品种。

特征特性：株型筒形，叶形宽椭圆，叶尖急尖，叶面较皱，叶缘波浪，叶色绿，叶耳大，叶片主脉细，叶片厚薄中等，花序密集、球形，花色淡红，有花冠尖，种子椭圆形、浅褐色，蒴果卵圆形，株高119.60cm，茎围6.04cm，节距6.02cm，叶数10.80片，腰叶长39.80cm，腰叶宽23.00cm，无叶柄，主侧脉夹角大，茎叶角度中，花冠长度4.12cm，花冠直径2.48cm，花萼长度1.43cm，千粒重0.090 0g，移栽至现蕾天数30.0d，移栽至中心花开放天数40.0d，全生育期145.0d。

穆棱镇大护脖香

全国统一编号00004180

穆棱镇大护脖香是黑龙江省牡丹江市穆棱市地方晒烟品种。

特征特性：株型筒形，叶形椭圆，叶尖渐尖，叶面较平，叶缘微波，叶色黄绿，叶耳大，叶片主脉粗细中，叶片较厚，花序密集、球形，花色红，有花冠尖，种子卵圆形、深褐色，蒴果卵圆形，株高161.88cm，茎围8.61cm，节距6.84cm，叶数18.39片，腰叶长68.27cm，腰叶宽34.32cm，无叶柄，主侧脉夹角大，茎叶角度中，花冠长度4.50cm，花冠直径1.63cm，花萼长度1.45cm，千粒重0.090 0g，移栽至现蕾天数46.0d，移栽至中心花开放天数58.0d，全生育期163.0d。

抗病虫性：中抗TMV和PVY，中感黑胫病和CMV。

外观质量：原烟红棕色，色度中，油分稍有，身份中等，结构尚疏松。

化学成分：总糖3.23%，还原糖1.15%，两糖差2.08%，两糖比0.36，总氮3.08%，蛋白质13.69%，烟碱1.48%，施木克值0.24，糖碱比2.18，氮碱比2.08。

评吸质量：香气质中等，香气量有，余味尚舒适，杂气较有，刺激性有，劲头较小，燃烧性中等，灰色灰白。

经济性状：产量55.43kg/亩。

穆棱千层塔

全国统一编号00004191

穆棱千层塔是黑龙江省牡丹江市穆棱市地方晒烟品种。

特征特性： 株型塔形，叶形椭圆，叶尖渐尖，叶面平，叶缘平滑，叶色深绿，叶耳小，叶片主脉粗，叶片厚，花序密集、倒圆锥形，花色红，有花冠尖，种子椭圆形、浅褐色，蒴果卵圆形，株高104.60cm，茎围6.40cm，节距5.00cm，叶数10.00片，腰叶长66.20cm，腰叶宽30.60cm，无叶柄，主侧脉夹角大，茎叶角度大，花冠长度4.22cm，花冠直径1.58cm，花萼长度1.48cm，千粒重0.120 0g，移栽至现蕾天数28.0d，移栽至中心花开放天数38.0d，全生育期68.0d。

牡引三号

全国统一编号00004194

牡引三号是黑龙江省牡丹江市铁岭河镇地方晒烟品种。

特征特性：株型筒形，叶形宽椭圆，叶尖渐尖，叶面平，叶缘平滑，叶色绿，叶耳中，叶片主脉粗细中，叶片厚，花序密集、球形，花色淡红，有花冠尖，种子卵圆形、褐色，蒴果长卵圆形，株高91.40cm，茎围7.76cm，节距5.13cm，叶数8.60片，腰叶长41.00cm，腰叶宽23.48cm，无叶柄，主侧脉夹角大，茎叶角度中，花冠长度5.00cm，花冠直径2.02cm，花萼长度1.48cm，千粒重0.150 0g，移栽至现蕾天数30.0d，移栽至中心花开放天数40.0d，全生育期145.0d。

东风一号

全国统一编号00004200

东风一号是黑龙江省牡丹江市穆棱市马桥河镇东风村地方晒烟品种。

特征特性：株型塔形，叶形椭圆，叶尖渐尖，叶面平，叶缘平滑，叶色浅绿，叶耳大，叶片主脉粗细中，叶片较厚，花序松散、菱形，花色淡红，有花冠尖，种子椭圆形、浅褐色，蒴果卵圆形，株高169.26cm，茎围8.14cm，节距6.04cm，叶数21.40片，腰叶长70.20cm，腰叶宽34.00cm，无叶柄，主侧脉夹角大，茎叶角度小，花冠长度4.96cm，花冠直径2.39cm，花萼长度1.30cm，千粒重0.130 0g，移栽至现蕾天数43.0d，移栽至中心花开放天数55.0d，全生育期147.0d。

化学成分：总糖10.06%，还原糖8.91%，两糖差1.15%，两糖比0.89，总氮3.13%，蛋白质14.20%，烟碱4.99%，钾3.49%，氯0.23%，钾氯比15.17，施木克值0.71，糖碱比2.02，氮碱比0.63。

小花青（东北）

全国统一编号00004208

小花青（东北）是黑龙江省牡丹江市穆棱市地方晒烟品种。

特征特性：株型塔形，叶形宽椭圆，叶尖渐尖，叶面较皱，叶缘波浪，叶色深绿，叶耳无，叶片主脉细，叶片较厚，花序松散、球形，花色淡红，无花冠尖，种子卵圆形、褐色，蒴果卵圆形，株高179.40cm，茎围9.74cm，节距4.00cm，叶数34.20片，腰叶长53.90cm，腰叶宽29.40cm，叶柄7.00cm，主侧脉夹角大，茎叶角度大，花冠长度4.58cm，花冠直径2.37cm，花萼长度1.30cm，千粒重0.170 0g，移栽至现蕾天数61.0d，移栽至中心花开放天数73.0d，全生育期108.0d。

马桥河晒烟

全国统一编号00004219

马桥河晒烟是黑龙江省牡丹江市穆棱市马河桥镇地方晒烟品种。

特征特性：株型塔形，叶形椭圆，叶尖急尖，叶面平，叶缘平滑，叶色深绿，叶耳大，叶片主脉粗细中，叶片较厚，花序松散、倒圆锥形，花色淡红，有花冠尖，种子卵圆形、深褐色，蒴果卵圆形，株高148.40cm，茎围11.20cm，节距5.50cm，叶数18.80片，腰叶长70.70cm，腰叶宽35.50cm，无叶柄，主侧脉夹角大，茎叶角度大，花冠长度4.97cm，花冠直径2.18cm，花萼长度1.40cm，千粒重0.170 0g，移栽至现蕾天数55.0d，移栽至中心花开放天数60.0d，全生育期151.0d。

外观质量：原烟红棕色，色度强，油分有，身份薄，结构疏松。

化学成分：总糖17.69%，还原糖16.64%，两糖差1.05%，两糖比0.94，总氮2.17%，烟碱4.54%，钾1.49%，氯0.20%，钾氯比7.45，糖碱比3.90，氮碱比0.48。

经济性状：产量208.44kg/亩。

牡引二号

全国统一编号00004227

牡引二号是黑龙江省牡丹江市铁岭河镇地方晒烟品种。

特征特性：株型塔形，叶形椭圆，叶尖渐尖，叶面平，叶缘平滑，叶色深绿，叶耳大，叶片主脉细，叶片厚，花序密集、菱形，花色深红，有花冠尖，种子椭圆形、褐色，蒴果卵圆形，株高107.40cm，茎围8.68cm，节距4.90cm，叶数10.40片，腰叶长55.90cm，腰叶宽27.48cm，无叶柄，主侧脉夹角大，茎叶角度中，花冠长度5.13cm，花冠直径1.90cm，花萼长度1.42cm，千粒重0.070 0g，移栽至现蕾天数40.0d，移栽至中心花开放天数47.0d，全生育期145.0d。

牡引四号

全国统一编号00004231

牡引四号是黑龙江省黑河市瑷珲镇地方晒烟品种。

特征特性：株型塔形，叶形椭圆，叶尖渐尖，叶面较平，叶缘微波，叶色深绿，叶耳中，叶片主脉粗，叶片厚薄中等，花序密集、菱形，花色淡红，有花冠尖，种子椭圆形、深褐色，蒴果卵圆形，株高94.20cm，茎围8.14cm，节距3.99cm，叶数10.60片，腰叶长47.30cm，腰叶宽23.78cm，无叶柄，主侧脉夹角大，茎叶角度中，花冠长度5.08cm，花冠直径1.63cm，花萼长度1.27cm，千粒重0.100 0g，移栽至现蕾天数40.0d，移栽至中心花开放天数47.0d，全生育期147.0d。

子拾河大叶

全国统一编号00004241

子拾河大叶是黑龙江省牡丹江市穆棱市地方晒烟品种。

特征特性：株型筒形，叶形长卵圆，叶尖渐尖，叶面平，叶缘平滑，叶色绿，叶耳小，叶片主脉粗细中，叶片较厚，花序密集、球形，花色淡红，有花冠尖，株高138.80cm，茎围9.50cm，节距5.40cm，叶数16.60片，腰叶长62.00cm，腰叶宽28.20cm，无叶柄，主侧脉夹角大，茎叶角度大，花冠长度4.14cm，花冠直径2.16cm，花萼长度1.17cm，千粒重0.140 0g，移栽至现蕾天数34.0d，移栽至中心花开放天数39.0d，全生育期69.0d。

刁翎镇半方地村引

全国统一编号00004250

刁翎镇半方地村引是黑龙江省牡丹江市林口县刁翎镇半方地村地方晒烟品种。

特征特性：株型塔形，叶形椭圆，叶尖渐尖，叶面较皱，叶缘波浪，叶色深绿，叶耳大，叶片主脉粗细中，叶片厚，花序密集、菱形，花色淡红，有花冠尖，种子椭圆形、褐色，蒴果卵圆形，株高137.58cm，茎围9.80cm，节距5.93cm，叶数14.97片，腰叶长63.14cm，腰叶宽29.99cm，无叶柄，主侧脉夹角大，茎叶角度小，花冠长度5.02cm，花冠直径1.58cm，花萼长度1.29cm，千粒重0.160 0g，移栽至现蕾天数40.0d，移栽至中心花开放天数50.0d，全生育期147.0d。

富强村引

全国统一编号00004251

富强村引是黑龙江省牡丹江市地方晒烟品种。

特征特性：株型塔形，叶形椭圆，叶尖渐尖，叶面平，叶缘平滑，叶色绿，叶耳大，叶片主脉粗细中，叶片厚薄中等，花序松散、菱形，花色淡红，有花冠尖，种子椭圆形、褐色，蒴果卵圆形，株高128.60cm，茎围7.82cm，节距6.06cm，叶数14.80片，腰叶长63.80cm，腰叶宽29.60cm，无叶柄，主侧脉夹角大，茎叶角度小，花冠长度4.08cm，花冠直径2.23cm，花萼长度1.30cm，千粒重0.120 0g，移栽至现蕾天数42.0d，移栽至中心花开放天数52.0d，全生育期147.0d。

刁翎镇河心村引

全国统一编号00004253

刁翎镇河心村引是黑龙江省牡丹江市地方晒烟品种。

特征特性：株型塔形，叶形长椭圆，叶尖渐尖，叶面较皱，叶缘波浪，叶色深绿，叶耳大，叶片主脉粗细中，叶片厚，花序密集、球形，花色红，有花冠尖，种子卵圆形、褐色，蒴果卵圆形，株高111.80cm，茎围9.90cm，节距4.42cm，叶数15.00片，腰叶长63.96cm，腰叶宽28.92cm，无叶柄，主侧脉夹角大，茎叶角度小，花冠长度5.02cm，花冠直径2.22cm，花萼长度1.17cm，千粒重0.150 0g，移栽至现蕾天数40.0d，移栽至中心花开放天数52.0d，全生育期147.0d。

黑河柳叶尖

全国统一编号00004269

黑河柳叶尖是黑龙江省黑河市地方晒烟品种。

特征特性：株型筒形，叶形宽椭圆，叶尖渐尖，叶面平，叶缘平滑，叶色深绿，叶耳中，叶片主脉粗细中，叶片厚，花序密集、球形，花色深红，有花冠尖，株高110.40cm，茎围7.50cm，节距4.86cm，叶数13.00片，腰叶长50.80cm，腰叶宽27.60cm，无叶柄，主侧脉夹角中，茎叶角度中，花冠长度3.81cm，花冠直径1.84cm，花萼长度1.03cm，千粒重0.110 0g，移栽至中心花开放天数60.0d。

抗病虫性：感烟青虫。

金山乡旱烟

全国统一编号00004273

金山乡旱烟是黑龙江省大兴安岭地区呼玛县金山乡地方晒烟品种。

特征特性：株型筒形，叶形长椭圆，叶尖渐尖，叶面平，叶缘平滑，叶色深绿，叶耳中，叶片主脉粗，叶片厚，花序密集、球形，花色淡红，有花冠尖，株高146.30cm，茎围8.20cm，节距7.06cm，叶数14.00片，腰叶长45.30cm，腰叶宽17.70cm，无叶柄，主侧脉夹角中，茎叶角度大，花冠长度4.35cm，花冠直径1.76cm，花萼长度1.12cm，千粒重0.080 0g，移栽至现蕾天数51.0d，移栽至中心花开放天数60.0d。

抗病虫性：抗PVY，中感黑胫病、感TMV、CMV。

外观质量：原烟红棕色，色度淡，油分稍有，身份中等，结构紧密。

化学成分：总糖2.09%，还原糖1.41%，两糖差0.68%，两糖比0.67，总氮3.54%，蛋白质12.20%，烟碱2.77%，钾2.78%，氯0.16%，钾氯比17.94，施木克值0.17，糖碱比0.75，氮碱比1.28。

评吸质量：香型程度中等，香气质有，余味尚舒适，杂气有，刺激性有，劲头适中，燃烧性中等，灰色灰白。

经济性状：产量87.12kg/亩。

81-26

全国统一编号00005066

81-26是中国烟草东北农业试验站选育的晒烟品种。

特征特性：株型筒形，叶形长卵圆，叶尖渐尖，叶面较平，叶缘微波，叶色绿，叶耳无，叶片主脉粗细中，叶片较厚，花序松散、倒圆锥形，花色淡红，有花冠尖，种子卵圆形、褐色，蒴果卵圆形，株高192.20cm，茎围8.30cm，节距7.46cm，叶数20.80片，腰叶长50.80cm，腰叶宽24.40cm，叶柄3.04cm，主侧脉夹角大，茎叶角度大，花冠长度4.58cm，花冠直径1.72cm，花萼长度1.50cm，千粒重0.090 0g，移栽至现蕾天数57.0d，移栽至中心花开放天数63.0d，全生育期154.0d。

抗病虫性：抗赤星病，中抗黑胫病、TMV、CMV，低抗根结线虫病，中感PVY。

外观质量：原烟棕色，色度中，油分稍有，身份中等，结构尚疏松。

化学成分：总糖7.91%，还原糖6.16%，两糖差1.75%，两糖比0.78，总氮2.13%，蛋白质9.19%，烟碱3.79%，钾3.11%，氯0.08%，钾氯比40.92，施木克值0.86，糖碱比2.09，氮碱比0.56。

评吸质量：香气质中等，香气量有，余味尚舒适，杂气有，刺激性有，劲头较小，燃烧性强，灰色灰白。

经济性状：产量178.40kg/亩。

牡晒98-6-5-2

全国统一编号00005115

牡晒98-6-5-2是黑龙江省农业科学院牡丹江分院选育的晒烟品种。

特征特性：株型塔形，叶形椭圆，叶尖渐尖，叶面较皱，叶缘波浪，叶色深绿，叶耳大，叶片主脉粗细中，叶片较厚，花序密集、球形，花色淡红，有花冠尖，种子卵圆形、褐色，蒴果卵圆形，株高105.12cm，茎围11.60cm，节距5.76cm，叶数11.20片，腰叶长82.02cm，腰叶宽41.56cm，无叶柄，主侧脉夹角大，茎叶角度中，花冠长度5.19cm，花冠直径2.24cm，花萼长度1.24cm，千粒重0.100 0g，移栽至现蕾天数45.0d，移栽至中心花开放天数58.0d，全生育期160.0d。

牡晒97-1-2

全国统一编号00005118

牡晒97-1-2是黑龙江省农业科学院牡丹江分院选育的晒烟品种。

特征特性：株型筒形，叶形长椭圆，叶尖渐尖，叶面较平，叶缘微波，叶色深绿，叶耳大，叶片主脉粗细中，叶片较厚，花序松散、菱形，花色深红，有花冠尖，种子椭圆形、褐色，蒴果圆形，株高126.20cm，茎围11.90cm，节距4.71cm，叶数13.20片，腰叶长71.84cm，腰叶宽28.70cm，无叶柄，主侧脉夹角大，茎叶角度小，花冠长度3.67cm，花冠直径2.07cm，花萼长度1.16cm，千粒重0.050 0g，移栽至现蕾天数49.0d，移栽至中心花开放天数65.0d，全生育期158.0d。

牡晒2001-1-1

全国统一编号00005122

牡晒2001-1-1是黑龙江省农业科学院牡丹江分院选育的晒烟品种。

特征特性：株型筒形，叶形长椭圆，叶尖渐尖，叶面平，叶缘平滑，叶色深绿，叶耳大，叶片主脉粗细中，叶片较厚，花序密集、菱形，花色深红，有花冠尖，种子卵圆形、褐色，蒴果长卵圆形，株高125.00cm，茎围11.50cm，节距4.49cm，叶数16.20片，腰叶长68.44cm，腰叶宽27.68cm，无叶柄，主侧脉夹角大，茎叶角度小，花冠长度4.32cm，花冠直径1.78cm，花萼长度1.29cm，千粒重0.110 0g，移栽至现蕾天数53.0d，移栽至中心花开放天数70.0d，全生育期162.0d。

牡晒94-1-6

全国统一编号00005124

牡晒94-1-6是黑龙江省农业科学院牡丹江分院选育的晒烟品种。

特征特性：株型筒形，叶形宽椭圆，叶尖钝尖，叶面较皱，叶缘波浪，叶色浅绿，叶耳中，叶片主脉细，叶片厚，花序密集、菱形，花色淡红，有花冠尖，种子卵圆形、深褐色，蒴果圆形，株高156.00cm，茎围8.28cm，节距5.04cm，叶数18.80片，腰叶长51.30cm，腰叶宽29.40cm，无叶柄，主侧脉夹角大，茎叶角度小，花冠长度3.86cm，花冠直径2.05cm，花萼长度1.14cm，千粒重0.170 0g，移栽至现蕾天数54.0d，移栽至中心花开放天数61.0d，全生育期162.0d。

牡晒2000-13-13

全国统一编号00005126

牡晒2000-13-13是黑龙江省农业科学院牡丹江分院选育的晒烟品种。

特征特性：株型塔形，叶形宽椭圆，叶尖渐尖，叶面较平，叶缘微波，叶色浅绿，叶耳大，叶片主脉粗细中，叶片厚薄中等，花序密集、菱形，花色淡红，有花冠尖，种子椭圆形、浅褐色，蒴果卵圆形，株高139.80cm，茎围10.10cm，节距6.13cm，叶数11.80片，腰叶长72.40cm，腰叶宽40.06cm，无叶柄，主侧脉夹角大，茎叶角度中，花冠长度3.95cm，花冠直径1.86cm，花萼长度1.41cm，千粒重0.090 0g，移栽至现蕾天数43.0d，移栽至中心花开放天数55.0d，全生育期150.0d。

牡晒2000-13-14

全国统一编号00005136

牡晒2000-13-14是黑龙江省农业科学院牡丹江分院选育的晒烟品种。

特征特性：株型塔形，叶形宽椭圆，叶尖渐尖，叶面较平，叶缘微波，叶色绿，叶耳大，叶片主脉粗，叶片厚薄中等，花序密集、菱形，花色红，有花冠尖，种子卵圆形、深褐色，蒴果卵圆形，株高125.20cm，茎围8.74cm，节距4.67cm，叶数13.00片，腰叶长59.50cm，腰叶宽31.60cm，无叶柄，主侧脉夹角大，茎叶角度小，花冠长度4.81cm，花冠直径2.09cm，花萼长度1.15cm，千粒重0.140 0g，移栽至现蕾天数40.0d，移栽至中心花开放天数51.0d，全生育期150.0d。

牡晒99-8-17

全国统一编号00005139

牡晒99-8-17是黑龙江省农业科学院牡丹江分院选育的晒烟品种。

特征特性：株型橄榄形，叶形宽椭圆，叶尖渐尖，叶面平，叶缘平滑，叶色绿，叶耳大，叶片主脉粗细中，叶片厚，花序密集、球形，花色深红，有花冠尖，种子椭圆形、深褐色，蒴果长卵圆形，株高127.20cm，茎围8.82cm，节距4.17cm，叶数16.20片，腰叶长51.56cm，腰叶宽29.30cm，无叶柄，主侧脉夹角大，茎叶角度小，花冠长度5.06cm，花冠直径1.60cm，花萼长度1.41cm，千粒重0.120 0g，移栽至现蕾天数43.0d，移栽至中心花开放天数55.0d，全生育期153.0d。

牡晒2001-4-5

全国统一编号00005140

牡晒2001-4-5是黑龙江省农业科学院牡丹江分院选育的晒烟品种。

特征特性：株型塔形，叶形椭圆，叶尖渐尖，叶面较平，叶缘微波，叶色黄绿，叶耳无，叶片主脉细，叶片较薄，花序密集、球形，花色深红，有花冠尖，种子卵圆形、褐色，蒴果卵圆形，株高155.00cm，茎围9.32cm，节距7.34cm，叶数16.00片，腰叶长64.20cm，腰叶宽32.20cm，无叶柄，主侧脉夹角大，茎叶角度中，花冠长度4.55cm，花冠直径2.23cm，花萼长度1.59cm，千粒重0.070 0g，移栽至现蕾天数49.0d，移栽至中心花开放天数58.0d，全生育期157.0d。

牡晒97-9-11-2

全国统一编号00005141

牡晒97-9-11-2是黑龙江省农业科学院牡丹江分院选育的晒烟品种。

特征特性：株型塔形，叶形宽椭圆，叶尖钝尖，叶面平，叶缘平滑，叶色绿，叶耳中，叶片主脉粗，叶片厚，花序密集、菱形，花色淡红，有花冠尖，株高128.00cm，茎围7.38cm，节距4.53cm，叶数16.20片，腰叶长50.30cm，腰叶宽29.40cm，无叶柄，主侧脉夹角大，茎叶角度中，花冠长度4.84cm，花冠直径2.30cm，花萼长度1.52cm，千粒重0.190 0g，移栽至现蕾天数55.0d，移栽至中心花开放天数61.0d，全生育期156.0d。

牡晒2000-10-7

全国统一编号00005143

牡晒2000-10-7是黑龙江省农业科学院牡丹江分院选育的晒烟品种。

特征特性：株型塔形，叶形长椭圆，叶尖渐尖，叶面较平，叶缘微波，叶色深绿，叶耳大，叶片主脉粗细中，叶片厚，花序密集、球形，花色深红，有花冠尖，种子卵圆形、褐色，蒴果卵圆形，株高146.20cm，茎围10.86cm，节距5.84cm，叶数15.40片，腰叶长63.24cm，腰叶宽28.18cm，无叶柄，主侧脉夹角大，茎叶角度中，花冠长度3.87cm，花冠直径2.26cm，花萼长度1.23cm，千粒重0.080 0g，移栽至现蕾天数47.0d，移栽至中心花开放天数61.0d，全生育期158.0d。

牡晒2000-10-6

全国统一编号00005149

牡晒2000-10-6是黑龙江省农业科学院牡丹江分院选育的晒烟品种。

特征特性：株型塔形，叶形椭圆，叶尖渐尖，叶面较皱，叶缘波浪，叶色绿，叶耳大，叶片主脉粗，叶片厚薄中等，花序密集、球形，花色深红，有花冠尖，种子卵圆形、褐色，蒴果卵圆形，株高125.40cm，茎围9.94cm，节距4.29cm，叶数15.80片，腰叶长63.50cm，腰叶宽29.20cm，无叶柄，主侧脉夹角大，茎叶角度小，花冠长度4.12cm，花冠直径2.34cm，花萼长度1.16cm，千粒重0.090 0g，移栽至现蕾天数45.0d，移栽至中心花开放天数55.0d，全生育期150.0d。

牡晒98-1-1

全国统一编号00005150

牡晒98-1-1是黑龙江省农业科学院牡丹江分院选育的晒烟品种。

特征特性：株型筒形，叶形宽椭圆，叶尖急尖，叶面平，叶缘平滑，叶色深绿，叶耳大，叶片主脉粗，叶片厚，花序密集、球形，花色深红，有花冠尖，种子椭圆形、深褐色，蒴果卵圆形，株高116.00cm，茎围9.44cm，节距4.58cm，叶数14.60片，腰叶长54.90cm，腰叶宽32.60cm，无叶柄，主侧脉夹角大，茎叶角度中，花冠长度4.49cm，花冠直径1.65cm，花萼长度1.11cm，千粒重0.170 0g，移栽至现蕾天数54.0d，移栽至中心花开放天数63.0d，全生育期156.0d。

牡晒92-11-37

全国统一编号00005155

牡晒92-11-37是黑龙江省农业科学院牡丹江分院选育的晒烟品种。

特征特性：株型筒形，叶形卵圆，叶尖渐尖，叶面较平，叶缘微波，叶色绿，叶耳无，叶片主脉粗，叶片厚薄中等，花序密集、菱形，花色深红，有花冠尖，种子椭圆形、褐色，蒴果卵圆形，株高113.80cm，茎围8.96cm，节距4.67cm，叶数11.60片，腰叶长51.38cm，腰叶宽27.04cm，叶柄4.28cm，主侧脉夹角大，茎叶角度大，花冠长度4.23cm，花冠直径1.60cm，花萼长度1.25cm，千粒重0.080 0g，移栽至现蕾天数34.0d，移栽至中心花开放天数45.0d，全生育期158.0d。

牡晒2001-10-11

全国统一编号00005158

牡晒2001-10-11是黑龙江省农业科学院牡丹江分院选育的晒烟品种。

特征特性：株型筒形，叶形椭圆，叶尖渐尖，叶面较平，叶缘微波，叶色深绿，叶耳大，叶片主脉粗细中，叶片较厚，花序松散、菱形，花色深红，有花冠尖，种子卵圆形、褐色，蒴果卵圆形，株高163.60cm，茎围10.70cm，节距6.25cm，叶数18.60片，腰叶长63.98cm，腰叶宽31.44cm，无叶柄，主侧脉夹角大，茎叶角度小，花冠长度5.01cm，花冠直径2.43cm，花萼长度1.19cm，千粒重0.100 0g，移栽至现蕾天数51.0d，移栽至中心花开放天数64.0d，全生育期162.0d。

牡晒99-4-6

全国统一编号00005167

牡晒99-4-6是黑龙江省农业科学院牡丹江分院选育的晒烟品种。

特征特性：株型橄榄形，叶形宽椭圆，叶尖钝尖，叶面较平，叶缘微波，叶色绿，叶耳大，叶片主脉粗细中，叶片厚，花序密集、球形，花色深红，有花冠尖，种子椭圆形、褐色，蒴果卵圆形，株高111.40cm，茎围9.64cm，节距4.04cm，叶数10.80片，腰叶长56.90cm，腰叶宽33.86cm，无叶柄，主侧脉夹角大，茎叶角度大，花冠长度4.99cm，花冠直径1.85cm，花萼长度1.32cm，千粒重0.090 0g，移栽至现蕾天数49.0d，移栽至中心花开放天数61.0d，全生育期155.0d。

牡晒2000-14-15

全国统一编号00005168

牡晒2000-14-15是黑龙江省农业科学院牡丹江分院选育的晒烟品种。

特征特性： 株型塔形，叶形宽椭圆，叶尖急尖，叶面较平，叶缘微波，叶色深绿，叶耳大，叶片主脉粗，叶片厚薄中等，花序密集、球形，花色淡红，有花冠尖，种子椭圆形、褐色，蒴果卵圆形，株高134.20cm，茎围12.45cm，节距4.72cm，叶数16.00片，腰叶长63.10cm，腰叶宽36.80cm，无叶柄，主侧脉夹角大，茎叶角度小，花冠长度4.98cm，花冠直径2.18cm，花萼长度1.42cm，千粒重0.050 0g，移栽至现蕾天数40.0d，移栽至中心花开放天数51.0d，全生育期150.0d。

牡晒99-12-25

全国统一编号00005169

牡晒99-12-25是黑龙江省农业科学院牡丹江分院选育的晒烟品种。

特征特性：株型橄榄形，叶形宽椭圆，叶尖急尖，叶面较平，叶缘微波，叶色深绿，叶耳大，叶片主脉细，叶片厚薄中等，花序密集、球形，花色淡红，有花冠尖，种子椭圆形、深褐色，蒴果长卵圆形，株高142.40cm，茎围10.08cm，节距4.36cm，叶数21.60片，腰叶长57.90cm，腰叶宽31.90cm，无叶柄，主侧脉夹角大，茎叶角度中，花冠长度4.69cm，花冠直径1.67cm，花萼长度1.36cm，千粒重0.090 0g，移栽至现蕾天数47.0d，移栽至中心花开放天数64.0d，全生育期155.0d。

牡晒95-6-1

全国统一编号00005171

牡晒95-6-1是黑龙江省农业科学院牡丹江分院选育的晒烟品种。

特征特性：株型塔形，叶形长椭圆，叶尖渐尖，叶面平，叶缘平滑，叶色深绿，叶耳大，叶片主脉粗细中，叶片较厚，花序密集、球形，花色淡红，有花冠尖，种子卵圆形、褐色，蒴果卵圆形，株高128.40cm，茎围11.20cm，节距4.97cm，叶数13.60片，腰叶长79.70cm，腰叶宽34.32cm，无叶柄，主侧脉夹角大，茎叶角度小，花冠长度4.95cm，花冠直径2.17cm，花萼长度1.56cm，千粒重0.100 0g，移栽至现蕾天数45.0d，移栽至中心花开放天数58.0d，全生育期164.0d。

牡晒95-6-1新

全国统一编号00005172

牡晒95-6-1新是黑龙江省农业科学院牡丹江分院选育的晒烟品种。

特征特性：株型塔形，叶形椭圆，叶尖渐尖，叶面平，叶缘平滑，叶色深绿，叶耳大，叶片主脉粗，叶片厚，花序松散、菱形，花色淡红，有花冠尖，株高122.00cm，茎围8.54cm，节距3.99cm，叶数15.80片，腰叶长60.40cm，腰叶宽29.60cm，无叶柄，主侧脉夹角大，茎叶角度小，花冠长度3.90cm，花冠直径1.57cm，花萼长度1.22cm，千粒重0.110 0g，移栽至现蕾天数55.0d，移栽至中心花开放天数61.0d，全生育期162.0d。

龙烟六号

全国统一编号00005173

龙烟六号是黑龙江省农业科学院牡丹江分院选育的晒烟品种，系谱为龙烟二号×龙烟五号。

特征特性：株型塔形，叶形宽椭圆，叶尖渐尖，叶面较平，叶缘微波，叶色深绿，叶耳小，叶片主脉粗细中，叶片厚薄中等，花序松散、菱形，花色红，有花冠尖，种子椭圆形、褐色，蒴果长卵圆形，株高126.00cm，茎围9.62cm，节距4.49cm，叶数17.60片，腰叶长56.90cm，腰叶宽30.30cm，无叶柄，主侧脉夹角大，茎叶角度小，花冠长度5.13cm，花冠直径2.17cm，花萼长度1.30cm，千粒重0.070 0g，移栽至现蕾天数54.0d，移栽至中心花开放天数61.0d，全生育期138.0d。

抗病虫性：高抗赤星病和TMV。

外观质量：原烟红棕色，色度强，油分有，身份中等，结构尚疏松。

化学成分：总糖7.48%，还原糖6.16%，两糖差1.32%，两糖比0.82，总氮2.20%，蛋白质10.72%，烟碱3.82%，钾1.28%，氯0.28%，钾氯比4.57，施木克值0.70，糖碱比1.96，氮碱比0.58。

经济性状：产量163.85kg/亩。

牡晒97-9-11-2新

全国统一编号00005174

牡晒97-9-11-2新是黑龙江省农业科学院牡丹江分院选育的晒烟品种。

特征特性：株型筒形，叶形宽椭圆，叶尖钝尖，叶面较皱，叶缘波浪，叶色绿，叶耳大，叶片主脉粗细中，叶片厚，花序密集、球形，花色淡红，有花冠尖，种子椭圆形、褐色，蒴果卵圆形，株高142.80cm，茎围9.22cm，节距4.55cm，叶数19.40片，腰叶长58.70cm，腰叶宽33.14cm，无叶柄，主侧脉夹角大，茎叶角度大，花冠长度3.88cm，花冠直径2.37cm，花萼长度1.27cm，千粒重0.120 0g，移栽至现蕾天数47.0d，移栽至中心花开放天数64.0d，全生育期163.0d。

牡晒97-1-1-1

全国统一编号00005175

牡晒97-1-1-1是黑龙江省农业科学院牡丹江分院选育的晒烟品种。

特征特性：株型筒形，叶形宽椭圆，叶尖渐尖，叶面较平，叶缘微波，叶色深绿，叶耳大，叶片主脉粗细中，叶片厚薄中等，花序密集、菱形，花色深红，有花冠尖，种子椭圆形、褐色，蒴果卵圆形，株高129.40cm，茎围9.48cm，节距5.14cm，叶数14.40片，腰叶长51.62cm，腰叶宽27.72cm，无叶柄，主侧脉夹角大，茎叶角度小，花冠长度4.19cm，花冠直径2.35cm，花萼长度1.25cm，千粒重0.080 0g，移栽至现蕾天数47.0d，移栽至中心花开放天数62.0d，全生育期158.0d。

腰岭子晒黄

全国统一编号00005335

腰岭子晒黄是黑龙江省牡丹江市穆棱市地方晒烟品种。

特征特性：株型塔形，叶形椭圆，叶尖急尖，叶面平，叶缘平滑，叶色浅绿，叶耳中，叶片主脉粗细中，叶片厚薄中等，花序密集、球形，花色淡红，有花冠尖，种子卵圆形，株高106.70cm，茎围7.24cm，节距4.05cm，叶数15.80片，腰叶长48.70cm，腰叶宽25.45cm，无叶柄，主侧脉夹角大，茎叶角度小，花冠长度5.57cm，花冠直径2.90cm，花萼长度2.44cm，移栽至现蕾天数43.0d，移栽至中心花开放天数59.0d。

外观质量：原烟棕红色，叶片较薄。

评吸质量：香型风格晒黄香型，香气足，吃味纯净，劲头适中。

栽培要点：适于种植在水肥条件较好的暗棕壤、沙壤土。亩栽烟1 666株，株行距50cm × 80cm，亩施纯氮6kg，N：P_2O_5：K_2O=1：1：2，属于耐肥品种，生长期较长，5月栽烟，不栽6月烟。分两次采收成熟叶片，捂黄晾晒，做防风防雨工作，防治刺吸式口器害虫的发生，减少摩擦感染TMV。

穆棱密叶香

全国统一编号00005353

穆棱密叶香是黑龙江省牡丹江市穆棱市地方晒烟品种。

特征特性：株型塔形，叶形长椭圆，叶尖渐尖，叶面较皱，叶缘微波，叶色绿，叶耳大，叶片主脉粗细中，叶片厚薄中等，花序密集、球形，花色淡红，有花冠尖，种子卵圆形，株高115.10cm，茎围6.95cm，节距4.60cm，叶数15.70片，腰叶长47.60cm，腰叶宽18.75cm，无叶柄，主侧脉夹角中，茎叶角度小，花冠长度5.54cm，花冠直径2.51cm，花萼长度2.07cm，移栽至现蕾天数53.0d，移栽至中心花开放天数61.0d。

抗病虫性：中抗PVY，中感TMV和赤星病。

化学成分：总糖4.62%，还原糖3.18%，两糖差1.44%，两糖比0.69，总氮3.43%，烟碱4.75%，蛋白质16.33%，钾2.77%，氯0.19%，钾氯比14.58，施木克值0.28，糖碱比0.97，氮碱比0.72。

外观质量：原烟红黄色，色泽鲜明，叶片组织细致，有油分。

评吸质量：香气足，气味纯净，劲头大。

经济性状：175kg/亩。

栽培要点：每株留叶8～12片。适宜中等肥力以上的土地种植。亩栽烟1 700株左右，现蕾打顶，捂黄晾晒，5月20日栽烟。8月24日至9月7日收获晾晒，打顶后喷施叶面肥和菌核净防治赤星病。

穆棱大护脖香

全国统一编号00005355

穆棱大护脖香是黑龙江省牡丹江市穆棱市地方晒烟品种。

特征特性：株型塔形，叶形卵圆，叶尖渐尖，叶面较平，叶缘平滑，叶色绿，叶耳大，叶片主脉细，叶片厚薄中等，花序密集、球形，花色红，有花冠尖，种子卵圆形，株高117.50cm，茎围6.52cm，节距4.45cm，叶数16.60片，腰叶长41.25cm，腰叶宽21.20cm，无叶柄，主侧脉夹角中，茎叶角度小，花冠长度5.68cm，花冠直径2.84cm，花萼长度2.01cm，移栽至现蕾天数42.0d，移栽至中心花开放天数59.0d。

抗病虫性：中抗TMV和PVY，感赤星病和野火病。

化学成分：总糖12.66%，还原糖9.83%，两糖差2.83%，两糖比0.78，总氮3.05%，烟碱4.31%，钾2.40%，氯0.24%，钾氯比10.00，糖碱比2.94，氮碱比0.71。

外观质量：原烟棕红色，叶片稍薄。

评吸结果：有较足的香气质、香气量，吃味纯净，杂气少，劲头中等，燃烧性好。

经济性状：175kg/亩。

栽培要点：适于在中上等肥力的土壤种植，株行距50cm×80cm，亩栽烟1 700株，亩施纯氮5～6kg，N：P_2O_5：K_2O=1：1：2，团棵至烟叶成熟前，做好细菌性病害的防治工作，现蕾打顶，使烟株呈筒形，进行假植育苗，培育根发达的无病壮苗，5月20日移栽大田，不栽6月烟，烟叶充分成熟采收，南北搭架，秆绳距离20cm以上，每扣2片叶，5～6d充分变黄（红）后晾晒。

宽叶小护脖香

全国统一编号00005356

宽叶小护脖香是黑龙江省牡丹江市穆棱市地方晒烟品种。

特征特性：株型塔形，叶形椭圆，叶尖渐尖，叶面较皱，叶缘平滑，叶色深绿，叶耳中，叶片主脉粗细中，叶片厚，花序松散、球形，花色淡红，有花冠尖，种子卵圆形，株高73.50cm，茎围3.90cm，节距3.13cm，叶数11.00片，腰叶长22.80cm，腰叶宽11.30cm，无叶柄，主侧脉夹角中，茎叶角度大，花冠长度4.60cm，花冠直径2.80cm，花萼长度2.05cm，移栽至现蕾天数15.0d，移栽至中心花开放天数25.0d。

抗病虫性：抗PVY和赤星病，中抗野火病和角斑病，感TMV。

化学成分：总糖15.98%，还原糖14.87%，两糖差1.11%，两糖比0.93，总氮2.63%，烟碱3.71%，钾1.66%，氯0.31%，钾氯比5.35，糖碱比4.31，氮碱比0.71。

外观质量：原烟红黄色，光泽鲜明，叶片厚薄适中，油分足。

窄叶小护脖香

全国统一编号00005357

窄叶小护脖香是黑龙江省牡丹江市穆棱市地方晒烟品种。

特征特性：株型塔形，叶形卵圆，叶尖急尖，叶面较平，叶缘微波，叶色深绿，叶耳中，叶片主脉细，叶片厚，花序松散、球形，花色淡红，有花冠尖，种子卵圆形，株高69.05cm，茎围3.40cm，节距3.25cm，叶数7.40片，腰叶长21.70cm，腰叶宽11.65cm，无叶柄，主侧脉夹角中，茎叶角度大，花冠长度4.72cm，花冠直径3.00cm，花萼长度1.94cm，移栽至现蕾天数15.0d，移栽至中心花开放天数25.0d。

化学成分：总糖4.74%，还原糖4.02%，两糖差0.72%，两糖比0.85，总氮3.71%，烟碱4.55%，钾2.15%，氯0.11%，钾氯比19.55，糖碱比1.04，氮碱比0.82。

穆棱晒红

全国统一编号00005359

穆棱晒红是黑龙江省牡丹江市穆棱市地方晒烟品种。

特征特性：株型塔形，叶形椭圆，叶尖急尖，叶面平，叶缘平滑，叶色浅绿，叶耳大，叶片主脉粗，叶片厚薄中等，花序密集、球形，花色淡红，有花冠尖，种子肾形，株高135.80cm，茎围6.98cm，节距4.55cm，叶数21.20片，腰叶长44.50cm，腰叶宽22.85cm，无叶柄，主侧脉夹角中，茎叶角度中，花冠长度5.80cm，花冠直径2.59cm，花萼长度2.37cm，移栽至现蕾天数45.0d，移栽至中心花开放天数59.0d。

评吸质量：香型风格晒红香型。

刁翎晒红烟

全国统一编号00005360

刁翎晒红烟是黑龙江省牡丹江市林口县刁翎镇地方晒烟品种。

特征特性：株型塔形，叶形宽椭圆，叶尖渐尖，叶面较皱，叶缘微波，叶色绿，叶耳中，叶片主脉粗细中，叶片较薄，花序松散、球形，花色淡红，有花冠尖，种子肾形，株高120.70cm，茎围7.72cm，节距5.65cm，叶数14.80片，腰叶长45.45cm，腰叶宽24.90cm，无叶柄，主侧脉夹角大，茎叶角度中，花冠长度5.10cm，花冠直径2.76cm，花萼长度2.48cm，移栽至现蕾天数44.0d，移栽至中心花开放天数51.0d。

评吸质量：香型风格晒红香型。

佳木斯晒红烟

全国统一编号00005361

佳木斯晒红烟是黑龙江省佳木斯市地方晒烟品种。

特征特性：株型塔形，叶形卵圆，叶尖渐尖，叶面较平，叶缘微波，叶色绿，叶耳大，叶片主脉粗细中，叶片厚薄中等，花序松散、球形，花色淡红，有花冠尖，种子卵圆形，株高154.40cm，茎围6.64cm，节距6.25cm，叶数17.90片，腰叶长43.70cm，腰叶宽23.20cm，无叶柄，主侧脉夹角中，茎叶角度小，花冠长度4.97cm，花冠直径3.06cm，花萼长度2.07cm，移栽至现蕾天数50.0d，移栽至中心花开放天数58.0d。

评吸质量：香型风格晒红香型。

牡晒82-38-4

全国统一编号00005405

牡晒82-38-4是黑龙江省农业科学院牡丹江分院选育的晒烟品种。

特征特性：株型塔形，叶形椭圆，叶尖渐尖，叶面较平，叶缘平滑，叶色黄绿，叶耳中，叶片主脉粗细中，叶片厚薄中等，花序松散、菱形，花色淡红，有花冠尖，种子卵圆形，株高150.60cm，茎围7.21cm，节距5.10cm，叶数22.50片，腰叶长45.30cm，腰叶宽24.25cm，无叶柄，主侧脉夹角中，茎叶角度中，花冠长度5.36cm，花冠直径3.18cm，花萼长度2.12cm，移栽至现蕾天数45.0d，移栽至中心花开放天数53.0d。

牡晒84-1新

全国统一编号00005409

牡晒84-1新是黑龙江省农业科学院牡丹江分院选育的晒烟品种。

特征特性：株型塔形，叶形椭圆，叶尖急尖，叶面较平，叶缘平滑，叶色绿，叶耳大，叶片主脉细，叶片厚，花序松散、球形，花色深红，有花冠尖，蒴果圆形，株高143.40cm，茎围7.52cm，节距4.70cm，叶数22.60片，腰叶长48.00cm，腰叶宽23.05cm，无叶柄，主侧脉夹角中，茎叶角度中，花冠长度4.98cm，花冠直径3.07cm，花萼长度2.08cm，移栽至现蕾天数42.0d，移栽至中心花开放天数56.0d。

第二节　黑龙江省白肋烟种质资源

牡晒82-38-3

全国统一编号000002156

牡晒82-38-3是黑龙江省农业科学院牡丹江分院选育的白肋烟品种。

特征特性：株型橄榄形，叶形椭圆，叶尖渐尖，叶面较皱，叶缘波浪，叶色黄绿，叶耳中，叶片主脉粗细中，叶片较薄，花序密集、球形，花色红，有花冠尖，株高206.30cm，茎围8.70cm，节距5.30cm，叶数32.00片，腰叶长41.30cm，腰叶宽19.70cm，无叶柄，主侧脉夹角中，茎叶角度中，移栽至中心花开放天数104.0d。

牡晒82-38-5

全国统一编号00002157

牡晒82-38-5是黑龙江省农业科学院牡丹江分院选育的白肋烟品种。

特征特性：株型橄榄形，叶形椭圆，叶尖渐尖，叶面较平，叶缘波浪，叶色黄绿，叶耳中，叶片主脉粗细中，叶片厚，花序密集、菱形，花色深红，有花冠尖，种子椭圆形、褐色，蒴果卵圆形，株高170.67cm，茎围9.74cm，节距3.90cm，叶数31.00片，腰叶长72.13cm，腰叶宽33.23cm，无叶柄，主侧脉夹角中，茎叶角度中，花冠长度4.77cm，花冠直径1.62cm，花萼长度0.73cm，千粒重0.097 8g，移栽至现蕾天数64.0d，移栽至中心花开放天数72.0d。

抗病虫性：中抗CMV，中感黑胫病、TMV和PVY，感青枯病。

外观质量：原烟红棕色，色度中，油分稍有，身份中等，结构尚疏松，得分7.80，综合评价中。

化学成分：总糖0.61%，还原糖0.22%，两糖差0.39%，两糖比0.36，总氮3.55%，蛋白质11.18%，烟碱3.27%，钾7.79%，氯0.57%，钾氯比13.67，施木克值0.05，糖碱比0.19，氮碱比1.09。

评吸质量：香型风格白肋香型，香型程度微有，香气质较好，香气量较足，浓度较浓，余味较舒适，杂气较轻，刺激性有，劲头较大-，燃烧性较强，灰色灰白，得分73.3，质量档次中等+。

经济性状：产量138.53kg/亩，上等烟比例13.12%，上中等烟比例92.79%。

牡晒82-40-1

全国统一编号00002158

牡晒82-40-1是黑龙江省农业科学院牡丹江分院选育的白肋烟品种。

特征特性：株型橄榄形，叶形椭圆，叶尖渐尖，叶面较皱，叶缘波浪，叶色黄绿，叶耳中，叶片主脉粗细中，叶片较薄，花序密集、球形，花色红，有花冠尖，种子椭圆形、褐色，蒴果长卵圆形，株高128.30cm，茎围9.20cm，节距3.55cm，叶数22.00片，腰叶长31.70cm，腰叶宽16.00cm，无叶柄，主侧脉夹角中，茎叶角度中，花冠长度4.02cm，花冠直径2.24cm，花萼长度0.76cm，千粒重0.091 1g，移栽至中心花开放天数95.0d。

第三节　黑龙江省黄花烟种质资源

穆棱蛤蟆头

全国统一编号00002176

穆棱蛤蟆头是黑龙江省牡丹江市穆棱市地方黄花烟品种。

特征特性：株型塔形，叶形心脏形，叶尖钝尖，叶面较皱，叶缘波浪，叶色浅绿，叶耳无，叶片主脉粗细中，叶片厚，花序密集、球形，花色黄，有花冠尖，种子卵圆形、浅褐色，蒴果卵圆形，株高66.70cm，茎围5.20cm，节距3.41cm，叶数14.00片，腰叶长26.20cm，腰叶宽18.70cm，叶柄6.10cm，主侧脉夹角中，茎叶角度大，花冠长度2.85cm，花冠直径1.20cm，花萼长度0.85cm，千粒重0.223 8g，移栽至现蕾天数11～13d，移栽至中心花开放天数21～23d，大田生育期30～35d。

外观质量：原烟青黄色，身份较厚，油分尚足，结构密，光泽较鲜明。

化学成分：总糖0.92%，还原糖0.79%，两糖差0.13%，两糖比0.86，总氮3.43%，烟碱1.33%，钾4.54%，氯1.62%，钾氯比2.80，糖碱比0.70，氮碱比2.59。

经济性状：120kg/亩。

安达蛤蟆头

全国统一编号00002177

安达蛤蟆头是黑龙江省牡丹江市穆棱市地方黄花烟品种。

特征特性：株型塔形，叶形心脏形，叶尖钝尖，叶面较皱，叶缘波浪，叶色绿，叶耳无，叶片主脉粗细中，叶片厚，花序密集、球形，花色黄，有花冠尖，种子卵圆形、浅褐色，蒴果卵圆形，株高69.00cm，茎围5.90cm，节距3.06cm，叶数16.00片，腰叶长29.30cm，腰叶宽20.10cm，叶柄6.00cm，主侧脉夹角中，茎叶角度中，花冠长度2.96cm，花冠直径1.38cm，花萼长度1.12cm，千粒重0.212 9g，移栽至中心花开放天数40.0d。

齐市红蛤蟆

全国统一编号00002178

齐市红蛤蟆是黑龙江省齐齐哈尔市地方黄花烟品种。

特征特性：株型塔形，叶形心脏形，叶尖钝尖，叶面较平，叶缘平滑，叶色绿，叶耳无，叶片主脉细，叶片厚，花序密集、球形，花色黄，有花冠尖，种子卵圆形、浅褐色，蒴果卵圆形，株高74.60cm，茎围6.50cm，节距4.97cm，叶数12.00片，腰叶长28.70cm，腰叶宽19.50cm，叶柄5.70cm，主侧脉夹角大，茎叶角度大，花冠长度2.94cm，花冠直径1.52cm，花萼长度0.97cm，千粒重0.182 4g，移栽至中心花开放天数56.0d。

外观质量：原烟红棕色，油分有，身份厚，结构疏松。

化学成分：总糖14.35%，还原糖9.14%，两糖差5.21%，两糖比0.64，总氮3.32%，蛋白质16.88%，烟碱3.57%，施木克值0.85，糖碱比4.02，氮碱比0.93。

评吸质量：香气质较差，香气量少，余味尚舒适，劲头较大，燃烧性强。

经济性状：产量90.00kg/亩。

自来红

全国统一编号00002179

自来红是黑龙江省哈尔滨市延寿县地方黄花烟品种。

特征特性：株型塔形，叶形卵圆，叶尖钝尖，叶面较皱，叶缘波浪，叶色浅绿，叶耳无，叶片主脉粗细中，叶片厚，花序密集、球形，花色黄，有花冠尖，种子椭圆形、褐色，蒴果卵圆形，株高57.00cm，茎围6.00cm，节距2.80cm，叶数15.00片，腰叶长29.80cm，腰叶宽18.30cm，叶柄6.20cm，主侧脉夹角中，茎叶角度大，花冠长度2.33cm，花冠直径1.56cm，花萼长度0.76cm，千粒重0.228 0g，移栽至中心花开放天数54.0d。

抗病虫性：免疫TMV。

化学成分：总糖5.37%，还原糖4.77%，两糖差0.60%，两糖比0.89，总氮4.39%，蛋白质23.59%，烟碱3.56%，施木克值0.23，糖碱比1.51，氮碱比1.23。

老来黄

全国统一编号00002180

老来黄是黑龙江省哈尔滨市延寿县高台乡地方黄花烟品种。

特征特性：株型塔形，叶形心脏形，叶尖钝尖，叶面较皱，叶缘波浪，叶色浅绿，叶耳无，叶片主脉粗细中，叶片厚，花序密集、球形，花色黄，无花冠尖，种子卵圆形、浅褐色，蒴果卵圆形，株高67.80cm，茎围5.20cm，节距2.99cm，叶数16.00片，腰叶长25.40cm，腰叶宽17.80cm，叶柄6.10cm，主侧脉夹角中，茎叶角度大，花冠长度3.62cm，花冠直径1.10cm，花萼长度1.09cm，千粒重0.123 3g，移栽至中心花开放天数45.0d。

抗病虫性：感青枯病。

外观质量：原烟棕色，色度中，油分稍有，身份中等，结构尚疏松。

化学成分：总糖1.02%，还原糖0.72%，两糖差0.30%，两糖比0.71，总氮3.53%，蛋白质21.77%，烟碱7.39%，钾2.43%，氯0.98%，钾氯比2.48，施木克值0.05，糖碱比0.14，氮碱比0.48。

评吸质量：香型风格皮丝香型，香型程度微有，香气质中等，香气量有，浓度中等，余味尚舒适，杂气较轻，刺激性有，劲头较大-，燃烧性较差，灰色黑灰，得分69.9

经济性状：产量92.25kg/亩，中等烟比例59.61%。

延寿蛤蟆头

全国统一编号00002181

延寿蛤蟆头是黑龙江省哈尔滨市延寿县青川乡地方黄花烟品种。

特征特性：株型塔形，叶形心脏形，叶尖钝尖，叶面平，叶缘波浪，叶色浅绿，叶耳无，叶片主脉粗细中，叶片厚，花序密集、球形，花色黄，无花冠尖，种子卵圆形、浅褐色，蒴果卵圆形，株高64.00cm，茎围5.20cm，节距3.01cm，叶数15.00片，腰叶长26.30cm，腰叶宽19.00cm，叶柄6.30cm，主侧脉夹角中，茎叶角度大，花冠长度3.20cm，花冠直径1.25cm，花萼长度1.07cm，千粒重0.226 5g，移栽至现蕾天数18.0d，移栽至中心花开放天数25.0d。

外观质量：原烟青黄色，色度强，油分有，身份稍厚，结构紧密。

化学成分：总糖0.92%，还原糖0.79%，两糖差0.13%，两糖比0.86，总氮3.43%，蛋白质11.61%，烟碱1.33%，钾4.54%，氯1.62%，钾氯比2.80，施木克值0.08，糖碱比0.69，氮碱比2.58。

经济性状：产量120.00kg/亩。

老老黄

全国统一编号00002182

老老黄是黑龙江省哈尔滨市延寿县青川乡地方黄花烟品种。

特征特性：株型塔形，叶形卵圆，叶尖钝尖，叶面较皱，叶缘波浪，叶色浅绿，叶耳无，叶片主脉粗细中，叶片厚，花序密集、球形，花色黄，无花冠尖，种子卵圆形、深褐色，蒴果长卵圆形，株高63.60cm，茎围4.70cm，节距3.62cm，叶数12.00片，腰叶长22.50cm，腰叶宽12.10cm，叶柄5.60cm，主侧脉夹角中，茎叶角度大，花冠长度2.63cm，花冠直径1.15cm，花萼长度0.84cm，千粒重0.226 0g，移栽至中心花开放天数40.0d。

蛤蟆头烟

全国统一编号00002183

蛤蟆头烟是黑龙江省哈尔滨市延寿县青川乡地方黄花烟品种。

特征特性：株型塔形，叶形心脏形，叶尖钝尖，叶面较皱，叶缘波浪，叶色浅绿，叶耳无，叶片主脉粗细中，叶片厚，花序密集、球形，花色黄，无花冠尖，种子卵圆形、浅褐色，蒴果卵圆形，株高62.20cm，茎围5.70cm，节距3.00cm，叶数14.00片，腰叶长26.70cm，腰叶宽18.40cm，叶柄5.40cm，主侧脉夹角中，茎叶角度中，花冠长度2.65cm，花冠直径1.64cm，花萼长度0.62cm，千粒重0.279 8g，移栽至中心花开放天数45.0d。

松江蛤蟆头

全国统一编号00002184

松江蛤蟆头是黑龙江省哈尔滨市延寿县松江地方黄花烟品种。

特征特性：株型塔形，叶形宽卵圆，叶尖钝尖，叶面较皱，叶缘波浪，叶色绿，叶耳无，叶片主脉粗细中，叶片厚，花序密集、球形，花色黄，无花冠尖，种子椭圆形、褐色，蒴果卵圆形，株高64.40cm，茎围5.30cm，节距2.52cm，叶数18.00片，腰叶长24.80cm，腰叶宽15.80cm，叶柄5.90cm，主侧脉夹角中，茎叶角度大，花冠长度2.46cm，花冠直径1.37cm，花萼长度0.93cm，千粒重0.207 0g，移栽至中心花开放天数44.0d。

木兰蛤蟆头

全国统一编号00002186

木兰蛤蟆头是黑龙江省哈尔滨市木兰县地方黄花烟品种。

特征特性：株型塔形，叶形心脏形，叶尖钝尖，叶面较皱，叶缘波浪，叶色浅绿，叶耳无，叶片主脉粗细中，叶片厚，花序密集、球形，花色黄，无花冠尖，种子卵圆形、浅褐色，蒴果卵圆形，株高71.60cm，茎围6.30cm，节距3.14cm，叶数16.00片，腰叶长30.30cm，腰叶宽21.80cm，叶柄8.10cm，主侧脉夹角中，茎叶角度大，花冠长度3.22cm，花冠直径1.57cm，花萼长度1.07cm，千粒重0.265 2g，移栽至中心花开放天数54.0d。

太康蛤蟆头

全国统一编号00002187

太康蛤蟆头是黑龙江省大庆市太康县地方黄花烟品种。

特征特性：株型塔形，叶形心脏形，叶尖钝尖，叶面较皱，叶缘平滑，叶色黄绿，叶耳无，叶片主脉细，叶片厚，花序密集、菱形，花色黄，有花冠尖，种子卵圆形、深褐色，蒴果圆形，株高75.00cm，茎围6.94cm，节距4.35cm，叶数13.80片，腰叶长35.78cm，腰叶宽27.54cm，叶柄5.28cm，主侧脉夹角中，茎叶角度甚大，花冠长度3.03cm，花冠直径1.54cm，花萼长度1.05cm，千粒重0.137 6g，移栽至现蕾天数41.0d，移栽至中心花开放天数49.0d，全生育期135.0d。

外观质量：原烟棕色，色度中，油分稍有，身份中等，结构尚疏松。

化学成分：总糖0.95%，还原糖0.59%，两糖差0.36%，两糖比0.62，总氮3.58%，蛋白质10.77%，烟碱6.93%，钾2.62%，氯0.91%，钾氯比2.88，施木克值0.09，糖碱比0.14，氮碱比0.52。

评吸质量：香型风格晒红似白肋香型，香型程度微有，香气质中等，香气量有，浓度中等，余味尚舒适，杂气较轻，刺激性有，劲头较大，燃烧性较差，灰色黑灰，得分68.1，质量档次较差+。

经济性状：产量89.25kg/亩，中等烟比例63.86%。

第四节　黑龙江省香料烟种质资源

土耳其M型

全国统一编号00005185

土耳其M型是中国烟草东北农业试验站引进的香料烟品种。

特征特性：株型筒形，叶形心脏形，叶尖急尖，叶面较平，叶缘微波，叶色绿，叶耳小，叶片主脉细，叶片薄，花序松散、菱形，花色深红，有花冠尖，株高138.20cm，茎围7.36cm，节距6.00cm，叶数16.40片，腰叶长42.60cm，腰叶宽28.60cm，叶柄3.00cm，主侧脉夹角大，茎叶角度大，花冠长度3.98cm，花冠直径2.41cm，花萼长度1.17cm，千粒重0.140 0g，移栽至现蕾天数41.0d，移栽至中心花开放天数47.0d，全生育期81.0d。

化学成分：总糖7.28%，还原糖5.23%，两糖差2.05%，两糖比0.72，总氮2.40%，蛋白质10.94%，烟碱3.78%，钾1.37%，氯0.23%，钾氯比6.09，施木克值0.67，糖碱比1.93，氮碱比0.64。

土耳其B型

全国统一编号00005186

土耳其B型是中国烟草东北农业试验站引进的香料烟品种。

特征特性：株型筒形，叶形卵圆，叶尖渐尖，叶面平，叶缘平滑，叶色绿，叶耳小，叶片主脉细，叶片薄，花序松散、菱形，花色淡红，有花冠尖，种子卵圆形、浅褐色，蒴果卵圆形，株高151.00cm，茎围7.10cm，节距5.00cm，叶数22.00片，腰叶长38.30cm，腰叶宽22.60cm，无叶柄，主侧脉夹角大，茎叶角度大，花冠长度4.42cm，花冠直径2.44cm，花萼长度1.29cm，千粒重0.160 0g，移栽至现蕾天数38.0d，移栽至中心花开放天数47.0d，全生育期82.0d。

化学成分：总糖3.90%，还原糖2.73%，两糖差1.17%，两糖比0.70，总氮2.49%，蛋白质12.36%，烟碱2.95%，钾2.10%，氯0.35%，钾氯比5.95，施木克值0.32，糖碱比1.32，氮碱比0.84。

第三章　吉林省晾晒烟种质资源

第一节　吉林省晒烟种质资源

朝阳早熟

全国统一编号00000576

朝阳早熟是吉林省延吉市地方晒烟品种。

特征特性：株型筒形，叶形宽卵圆，叶尖钝尖，叶面平，叶缘平滑，叶色绿，叶耳中，叶片主脉粗细中，叶片厚薄中等，花序密集、扁球形，花色淡红，有花冠尖，种子卵圆形、褐色，蒴果卵圆形，株高143.20cm，茎围6.20cm，节距7.94cm，叶数13片，腰叶长41.10cm，腰叶宽30.50cm，无叶柄，主侧脉夹角大，茎叶角度中，花冠长度3.88cm，花冠直径1.46cm，花萼长度0.50cm，千粒重0.108 3g，移栽至现蕾天数33.0d，移栽至中心花开放天数38.0d，全生育期126.0d。

抗病虫性：中抗青枯病，中感TMV，感黑胫病、赤星病、根结线虫病、CMV和PVY，高感烟蚜。

外观质量：原烟淡棕色，色度弱，油分少，身份中等，结构尚疏松。

化学成分：总糖1.42%，还原糖0.96%，两糖差0.46%，两糖比0.68，总氮3.09%，蛋白质22.10%，烟碱6.72%，钾1.26%，氯0.44%，钾氯比2.86，施木克值0.66，糖碱比0.21，氮碱比0.46。

评吸质量：余味尚舒适。

经济性状：产量87.98kg/亩，中等烟比例59.51%。

青湖晚熟

全国统一编号00000577

青湖晚熟是吉林省延边朝鲜族自治州和龙市地方晒烟品种。

特征特性：株型塔形，叶形椭圆，叶尖急尖，叶面平，叶缘微波，叶色绿，叶耳中，叶片主脉粗细中，叶片薄，花序密集、球形，花色深红，有花冠尖，种子椭圆形、褐色，蒴果长卵圆形，株高152.00cm，茎围6.10cm，节距6.59cm，叶数17.00片，腰叶长59.50cm，腰叶宽30.00cm，无叶柄，主侧脉夹角大，茎叶角度中，花冠长度4.69cm，花冠直径1.72cm，花萼长度0.95cm，千粒重0.067 0g，移栽至中心花开放天数44.0d。

抗病虫性：抗黑胫病，感青枯病、根结线虫病、赤星病、TMV、CMV和PVY，高感烟蚜。

外观质量：原烟红棕色，色度强，油分多，身份中等，结构尚疏松，综合评价优。

化学成分：总糖0.99%，还原糖0.47%，两糖差0.52%，两糖比0.47，总氮3.36%，蛋白质22.18%，烟碱6.81%，钾1.47%，氯0.48%，钾氯比3.06，施木克值0.04，糖碱比0.15，氮碱比0.49。

评吸质量：香型风格晒红亚雪茄香型，香型程度有，香气质中等，香气量有，浓度中等，余味尚舒适，杂气较轻，刺激性略大，劲头较大+，燃烧性较差，灰色黑灰，得分68.8，质量档次较差+。

经济性状：产量113.89kg/亩，上等烟比例16.31%，上中等烟比例91.93%。

自由中草

全国统一编号00000578

自由中草是吉林省吉林市蛟河市地方晒烟品种。

特征特性：株型塔形，叶形宽椭圆，叶尖渐尖，叶面较平，叶缘平滑，叶色绿，叶耳中，叶片主脉粗，叶片厚薄中等，花序密集、球形，花色深红，有花冠尖，种子卵圆形、褐色，蒴果长卵圆形，株高144.80cm，茎围9.40cm，节距9.19cm，叶数11.40片，腰叶长63.40cm，腰叶宽34.90cm，无叶柄，主侧脉夹角大，茎叶角度中，花冠长度4.49cm，花冠直径1.63cm，花萼长度1.34cm，千粒重0.068 4g，移栽至现蕾天数36.0d，移栽至中心花开放天数41.0d，全生育期135.0d。

抗病虫性：中抗PVY，感黑胫病、青枯病、根结线虫病和赤星病，高感CMV和烟蚜。

外观质量：原烟褐色，色度中，油分有，身份中等，结构尚疏松，得分7.06，综合评价中-。

化学成分：总糖12.86%，还原糖10.86%，两糖差2.00%，两糖比0.84，总氮4.14%，蛋白质18.36%，烟碱6.97%，钾2.21%，氯0.23%，钾氯比9.61，施木克值0.70，糖碱比1.85，氮碱比0.59。

评吸质量：香型风格晒红调味香型，香型程度有，香气质中等，香气量尚足，浓度较浓，余味较舒适，杂气微有，刺激性有，劲头适中，燃烧性强，灰色白色，得分74.2，质量档次中等+。

经济性状：产量76.56kg/亩，中等烟比例63.87%。

依兰草

全国统一编号00000579

依兰草是吉林省延吉市地方晒烟品种。

特征特性：株型塔形，叶形卵圆，叶尖渐尖，叶面较平，叶缘平滑，叶色绿，叶耳小，叶片主脉中，叶片较厚，花序密集、球形，花色深红，有花冠尖，种子卵圆形、褐色，蒴果卵圆形，株高130.80cm，茎围8.40cm，节距5.97cm，叶数15.20片，腰叶长60.50cm，腰叶宽32.60cm，叶柄3.00cm，主侧脉夹角中，茎叶角度中，花冠长度5.61cm，花冠直径2.28cm，花萼长度1.03cm，千粒重0.053 5g，移栽至现蕾天数37.0d，移栽至中心花开放天数44.0d，全生育期140.0d。

化学成分：总氮4.27%，蛋白质18.36%，烟碱7.72%，氮碱比0.55。

五十叶

全国统一编号00000580

五十叶是吉林省吉林市蛟河市地方晒烟品种。

特征特性：株型塔形，叶形椭圆，叶尖渐尖，叶面较平，叶缘平滑，叶色绿，叶耳中，叶片主脉粗细中，叶片厚薄中等，花序密集、球形，花色深红，有花冠尖，种子卵圆形、褐色，蒴果卵圆形，株高143.80cm，茎围8.40cm，节距7.11cm，叶数14.60片，腰叶长61.00cm，腰叶宽30.00cm，无叶柄，主侧脉夹角大，茎叶角度大，花冠长度3.64cm，花冠直径2.12cm，花萼长度0.77cm，千粒重0.081 4g，移栽至现蕾天数40.0d，移栽至中心花开放天数47.0d，全生育期136.0d。

抗病虫性：中抗青枯病、感黑胫病、根结线虫病和赤星病，高感CMV和烟蚜。

外观质量：原烟褐色，色度浓，油分多，结构疏松。

化学成分：总糖3.88%，还原糖2.69%，两糖差1.19%，两糖比0.69，总氮2.66%，蛋白质12.93%，烟碱3.41%，施木克值0.30，糖碱比1.14，氮碱比0.78。

评吸质量：香型风格晒红香型，香型程度有，香气量尚足，浓度浓-，余味尚舒适，杂气有，刺激性微有，劲头大，燃烧性中等，灰色灰白，质量档次中等。

经济性状：产量125.00kg/亩。

孟山草

全国统一编号00000581

孟山草是吉林省延吉市地方晒烟品种。

特征特性：株型筒形，叶形宽卵圆，叶尖急尖，叶面较平，叶缘锯齿，叶色深绿，叶耳中，叶片主脉细，叶片厚薄中等，花序密集、球形，花色淡红，有花冠尖，种子卵圆形、深褐色，蒴果卵圆形，株高104.00cm，茎围5.20cm，节距7.67cm，叶数8.60片，腰叶长36.20cm，腰叶宽26.20cm，无叶柄，主侧脉夹角大，茎叶角度大，花冠长度4.76cm，花冠直径2.36cm，花萼长度1.31cm，千粒重0.076 6g，移栽至现蕾天数26.0d，移栽至中心花开放天数33.0d，全生育期126.0d。

抗病虫性：中抗青枯病和赤星病，中感PVY，感黑胫病、根结线虫病、TMV和CMV，高感烟蚜。

外观质量：原烟褐色，色度强，油分有，身份稍薄，结构尚疏松。

化学成分：总糖6.11%，还原糖3.86%，两糖差2.25%，两糖比0.63，总氮3.60%，蛋白质16.78%，烟碱4.88%，钾1.42%，氯0.56%，钾氯比2.54，施木克值0.36，糖碱比1.25，氮碱比0.74。

评吸质量：香型风格似烤烟香型，香型程度有+，香气质较好，香气量尚足，浓度中等+，余味较舒适，杂气微有，刺激性有，劲头适中，燃烧性强，灰色白色，得分77.9，质量档次较好−。

经济性状：产量97.21kg/亩，上等烟比例10.26%，上中等烟比例83.89%。

大蒜柳叶尖

全国统一编号00000582

大蒜柳叶尖是吉林省延吉市地方晒烟品种。

特征特性：株型塔形，叶形长椭圆，叶尖渐尖，叶面平，叶缘平滑，叶色绿，叶耳中，叶片主脉粗细中，叶片厚薄中等，花序密集、菱形，花色淡红，有花冠尖，种子卵圆形、褐色，蒴果长卵圆形，株高154.00cm，茎围9.20cm，节距4.96cm，叶数23.00片，腰叶长51.80cm，腰叶宽23.40cm，无叶柄，主侧脉夹角大，茎叶角度大，花冠长度3.14cm，花冠直径1.21cm，花萼长度1.64cm，千粒重0.088 8g，移栽至现蕾天数50.0d，移栽至中心花开放天数58.0d，全生育期147.0d。

抗病虫性：抗根结线虫病，中感赤星病、TMV和PVY，感黑胫病和青枯病。

外观质量：原烟红棕色，色度强，油分多，身份中等，结构疏松。

化学成分：总糖1.19%，还原糖0.62%，两糖差0.57%，两糖比0.52，总氮3.20%，蛋白质18.08%，烟碱7.04%，钾1.25%，氯0.24%，钾氯比5.21，施木克值0.07，糖碱比0.17，氮碱比0.45。

经济性状：产量125.58kg/亩，上等烟比例23.63%，上中等烟比例81.15%。

龙海八大香

全国统一编号00000583

龙海八大香是吉林省延边朝鲜族自治州和龙市地方晒烟品种。

特征特性：株型塔形，叶形卵圆，叶尖渐尖，叶面较平，叶缘微波，叶色深绿，叶耳无，叶片主脉粗细中，叶片较厚，花序密集、菱形，花色深红，有花冠尖，种子卵圆形、深褐色，蒴果长卵圆形，株高140.00cm，茎围9.60cm，节距6.85cm，叶数14.60片，腰叶长66.20cm，腰叶宽34.50cm，叶柄5.80cm，主侧脉夹角大，茎叶角度大，花冠长度4.32cm，花冠直径1.77cm，花萼长度1.23cm，千粒重0.108 2g，移栽至现蕾天数41.0d，移栽至中心花开放天数46.0d，全生育期150.0d。

抗病虫性：中感TMV，感黑胫病、青枯病、根结线虫病、赤星病、CMV和PVY，高感烟蚜。

外观质量：原烟褐色，色度强，油分多，身份中等，结构尚疏松。

化学成分：总糖0.81%，还原糖0.35%，两糖差0.46%，两糖比0.43，总氮3.22%，蛋白质15.93%，烟碱0.97%，钾1.28%，氯0.62%，钾氯比2.06，施木克值0.05，糖碱比0.84，氮碱比3.32。

评吸质量：香型风格晒红香型，香型程度有，香气质中等，香气量尚足，浓度中等，余味较舒适，杂气微有，刺激性微有，劲头适中，燃烧性强，灰色白色，得分74.6，质量档次中等+。

经济性状：产量87.87kg/亩，中等烟比例59.97%。

红花铁矮子

全国统一编号00000584

红花铁矮子是吉林省吉林市蛟河市地方晒烟品种。

特征特性： 株型塔形，叶形宽椭圆，叶尖渐尖，叶面较平，叶缘平滑，叶色深绿，叶耳中，叶片主脉粗细中，叶片较厚，花序密集、球形，花色深红，有花冠尖，种子卵圆形、褐色，蒴果长卵圆形，株高128.00cm，茎围7.40cm，节距8.00cm，叶数11.00片，腰叶长63.10cm，腰叶宽34.30cm，无叶柄，主侧脉夹角大，茎叶角度大，花冠长度3.92cm，花冠直径1.28cm，花萼长度0.78cm，千粒重0.070 7g，移栽至现蕾天数37.0d，移栽至中心花开放天数45.0d，全生育期132.0d。

抗病虫性： 感黑胫病、青枯病、根结线虫病和赤星病，高感CMV和烟蚜。

化学成分： 总糖5.38%，还原糖4.06%，两糖差1.32%，两糖比0.75，总氮2.28%，蛋白质12.02%，烟碱2.07%，施木克值0.45，糖碱比2.60，氮碱比1.10。

经济性状： 产量75.00kg/亩。

大青筋

全国统一编号00000586

大青筋是吉林省吉林市蛟河市地方晒烟品种。

特征特性：株型塔形，叶形椭圆，叶尖渐尖，叶面较皱，叶缘波浪，叶色深绿，叶耳中，叶片主脉粗细中，叶片较厚，花序密集、球形，花色深红，有花冠尖，种子椭圆形、褐色，蒴果长卵圆形，株高136.00cm，茎围7.50cm，节距6.86cm，叶数14.00片，腰叶长50.50cm，腰叶宽23.00cm，无叶柄，主侧脉夹角中，茎叶角度中，花冠长度2.91cm，花冠直径1.90cm，花萼长度1.47cm，千粒重0.060 3g，移栽至中心花开放天数32.0d。

抗病虫性：高抗烟蚜、抗黑胫病、TMV，中抗赤星病，感青枯病、CMV和PVY。

外观质量：原烟褐色，色度强，油分有，身份稍薄，结构尚疏松。

化学成分：总糖1.26%，还原糖0.66%，两糖差0.60%，两糖比0.52，总氮3.08%，蛋白质9.52%，烟碱6.09%，钾1.49%，氯0.38%，钾氯比3.92，施木克值0.13，糖碱比0.21，氮碱比0.51。

评吸质量：香型风格晒红亚雪茄香型，香型程度有，香气质中等，香气量有，浓度中等，余味尚舒适，杂气有，刺激性略大，劲头较大，燃烧性较差，灰色黑灰，得分66.9，质量档次较差+。

经济性状：产量91.87kg/亩，上等烟比例9.58%，上中等烟比例83.73%。

大虎耳

全国统一编号00000587

大虎耳是吉林省吉林市蛟河市地方晒烟品种。

特征特性：株型塔形，叶形宽椭圆，叶尖急尖，叶面较平，叶缘微波，叶色绿，叶耳中，叶片主脉粗细中，叶片较厚，花序密集、菱形，花色深红，有花冠尖，种子椭圆形、深褐色，蒴果长卵圆形，株高102.20cm，茎围7.50cm，节距4.69cm，叶数12.20片，腰叶长57.00cm，腰叶宽31.20cm，无叶柄，主侧脉夹角大，茎叶角度大，花冠长度3.08cm，花冠直径1.90cm，花萼长度1.09cm，千粒重0.064 9g，移栽至现蕾天数31.0d，移栽至中心花开放天数37.0d，全生育期144.0d。

抗病虫性：中感青枯病。

化学成分：总糖4.52%，还原糖2.60%，两糖差1.92%，两糖比0.58，总氮4.05%，蛋白质14.57%，烟碱5.03%，施木克值0.31，糖碱比0.90，氮碱比0.81。

柳叶尖（延边）

全国统一编号00000589

柳叶尖（延边）是吉林省吉林市桦甸市地方晒烟品种。

特征特性：株型筒形，叶形长椭圆，叶尖渐尖，叶面平，叶缘微波，叶色绿，叶耳中，叶片主脉细，叶片厚薄中等，花序密集、菱形，花色红，有花冠尖，种子卵圆形、褐色，蒴果卵圆形，株高174.40cm，茎围8.10cm，节距5.46cm，叶数24.60片，腰叶长55.40cm，腰叶宽25.00cm，无叶柄，主侧脉夹角大，茎叶角度中，花冠长度3.88cm，花冠直径1.51cm，花萼长度1.70cm，千粒重0.096 4g，移栽至现蕾天数70.0d，移栽至中心花开放天数78.0d，全生育期161.0d。

抗病虫性：中感TMV和PVY，感青枯病、赤星病和烟蚜。

外观质量：原烟红棕色，色度强，油分多，身份中等，结构疏松，得分9.54，综合评价优+。

化学成分：总糖1.00%，还原糖0.38%，两糖差0.62%，两糖比0.38，总氮2.75%，蛋白质7.44%，烟碱4.46%，钾1.63%，氯0.39%，钾氯比4.18，施木克值0.13，糖碱比0.22，氮碱比0.62。

经济性状：产量123.30kg/亩，上等烟比例18.53%，上中等烟比例84.56%。

白花矮子

全国统一编号00001596

白花矮子是吉林省吉林市蛟河市地方晒烟品种。

特征特性：株型塔形，叶形长椭圆，叶尖渐尖，叶面较皱，叶缘波浪，叶色深绿，叶耳中，叶片主脉粗细中，叶片较厚，花序密集、球形，花色红，种子肾形、深褐色，蒴果长卵圆形，株高102.50cm，茎围5.00cm，节距5.75cm，叶数10.00片，腰叶长40.30cm，腰叶宽15.50cm，叶柄5.00cm，主侧脉夹角中，茎叶角度中，花冠长度3.83cm，花冠直径2.32cm，花萼长度1.40cm，千粒重0.063 3g，移栽至中心花开放天数31.0d。

抗病虫性：中感根结线虫病，感青枯病和黑胫病。

外观质量：原烟红棕色，色度强。

仲城五十叶

全国统一编号00001597

仲城五十叶是吉林省延边朝鲜族自治州龙井市地方晒烟品种。

特征特性：株型筒形，叶形卵圆，叶尖渐尖，叶面较皱，叶缘波浪，叶色绿，叶耳中，叶片主脉粗细中，叶片较薄，花序密集、球形，花色淡红，有花冠尖，种子椭圆形、褐色，蒴果卵圆形，株高113.40cm，茎围7.00cm，节距5.39cm，叶数14.00片，腰叶长56.40cm，腰叶宽32.80cm，无叶柄，主侧脉夹角中，茎叶角度中，花冠长度5.28cm，花冠直径2.05cm，花萼长度1.55cm，千粒重0.080 1g，移栽至中心花开放天数37.0d。

抗病虫性：中感青枯病和根结线虫病，感黑胫病。

化学成分：总糖5.94%，还原糖3.41%，两糖差2.53%，两糖比0.57，总氮4.31%，蛋白质16.78%，烟碱6.38%，施木克值0.35，糖碱比0.93，氮碱比0.68。

龙井黄叶子

全国统一编号00001598

龙井黄叶子是吉林省延边朝鲜族自治州龙井市地方晒烟品种。

特征特性：株型塔形，叶形椭圆，叶尖渐尖，叶面较平，叶缘平滑，叶色绿，叶耳中，叶片主脉粗细中，叶片厚薄中等，花序密集、球形，花色淡红，有花冠尖，种子卵圆形、褐色，蒴果卵圆形，株高163.60cm，茎围9.80cm，节距11.04cm，叶数11.80片，腰叶长58.80cm，腰叶宽28.90cm，无叶柄，主侧脉夹角大，茎叶角度大，花冠长度4.51cm，花冠直径1.39cm，花萼长度0.81cm，千粒重0.067 5g，移栽至现蕾天数51.0d，移栽至中心花开放天数59.0d，全生育期152.0d。

抗病虫性：中抗根结线虫病，中感青枯病，感黑胫病。

外观质量：原烟褐色。

化学成分：总糖11.76%，还原糖10.71%，两糖差1.05%，两糖比0.91，总氮3.39%，蛋白质13.67%，烟碱4.22%，施木克值0.86，糖碱比2.79，氮碱比0.80。

评吸质量：香气量有，余味尚舒适，刺激性微有，劲头适中。

经济性状：产量130.00kg/亩。

龙井香叶子

全国统一编号00001599

龙井香叶子是吉林省延边朝鲜族自治州龙井市地方晒烟品种。

特征特性：株型塔形，叶形椭圆，叶尖渐尖，叶面平，叶缘微波，叶色绿，叶耳大，叶片主脉粗细中，叶片厚薄中等，花序松散、菱形，花色红，有花冠尖，种子卵圆形、深褐色，蒴果卵圆形，株高103.80cm，茎围8.00cm，节距4.01cm，叶数16.40片，腰叶长60.90cm，腰叶宽29.60cm，无叶柄，主侧脉夹角中，茎叶角度中，花冠长度3.25cm，花冠直径2.34cm，花萼长度1.36cm，千粒重0.075 0g，移栽至现蕾天数45.0d，移栽至中心花开放天数50.0d，全生育期144.0d。

抗病虫性：中感TMV，感青枯病、黑胫病、根结线虫病、赤星病、CMV和PVY，高感烟蚜。

外观质量：原烟棕色，色度中，油分稍有，身份中等，结构尚疏松。

化学成分：总糖0.91%，还原糖0.53%，两糖差0.38%，两糖比0.58，总氮3.98%，蛋白质14.79%，烟碱7.88%，钾1.28%，氯0.45%，钾氯比2.84，施木克值0.06，糖碱比0.12，氮碱比0.51。

评吸质量：香型风格晒红亚雪茄香型，香型程度有，香气质中等，香气量有，浓度中等，余味尚舒适，杂气有，刺激性有，劲头较大+，燃烧性较差，灰色黑灰，得分66.8。

经济性状：产量90.21kg/亩，中等烟比例71.72%。

延边红

全国统一编号00001600

延边红是吉林省延边朝鲜族自治州龙井市地方晒烟品种。

特征特性：株型塔形，叶形卵圆，叶尖渐尖，叶面平，叶缘平滑，叶色深绿，叶耳大，叶片主脉粗，叶片厚薄中等，花序密集、球形，花色深红，有花冠尖，种子卵圆形、褐色，蒴果卵圆形，株高127.80cm，茎围8.80cm，节距5.93cm，叶数14.80片，腰叶长63.80cm，腰叶宽38.90cm，无叶柄，主侧脉夹角大，茎叶角度中，花冠长度4.20cm，花冠直径1.27cm，花萼长度1.22cm，千粒重0.078 0g，移栽至现蕾天数40.0d，移栽至中心花开放天数55.0d，全生育期131.0d。

抗病虫性：中抗根结线虫病，中感青枯病和黑胫病。

化学成分：总糖4.46%，还原糖2.63%，两糖差1.83%，两糖比0.59，总氮2.99%，蛋白质13.80%，烟碱4.54%，施木克值0.32，糖碱比0.98，氮碱比0.66。

光兴烟

全国统一编号00001601

光兴烟是吉林省延边朝鲜族自治州龙井市地方晒烟品种。

特征特性：株型塔形，叶形宽椭圆，叶尖渐尖，叶面较皱，叶缘微波，叶色绿，叶耳大，叶片主脉粗，叶片较厚，花序密集、球形，花色红，有花冠尖，种子卵圆形、褐色，蒴果圆形，株高118.00cm，茎围8.60cm，节距5.48cm，叶数14.60片，腰叶长64.60cm，腰叶宽35.20cm，无叶柄，主侧脉夹角大，茎叶角度中，花冠长度4.98cm，花冠直径1.12cm，花萼长度1.36cm，千粒重0.097 1g，移栽至现蕾天数43.0d，移栽至中心花开放天数52.0d，全生育期137.0d。

抗病虫性：中抗根结线虫病，中感青枯病，感黑胫病。

化学成分：总糖5.94%，还原糖4.09%，两糖差1.85%，两糖比0.69，总氮2.69%，蛋白质13.31%，烟碱5.23%，施木克值0.45，糖碱比1.14，氮碱比0.51。

石井抗斑烟

全国统一编号00001602

石井抗斑烟是吉林省延边朝鲜族自治州龙井市地方晒烟品种。

特征特性：株型塔形，叶形卵圆，叶尖渐尖，叶面较平，叶缘平滑，叶色绿，叶耳小，叶片主脉粗，叶片厚薄中等，花序密集、球形，花色深红，有花冠尖，种子卵圆形、褐色，蒴果卵圆形，株高129.40cm，茎围11.00cm，节距4.81cm，叶数18.60片，腰叶长63.50cm，腰叶宽32.30cm，叶柄6.40，主侧脉夹角大，茎叶角度中，花冠长度3.75cm，花冠直径1.76cm，花萼长度1.35cm，千粒重0.073 5g，移栽至现蕾天数40.0d，移栽至中心花开放天数59.0d，全生育期147.0d。

抗病虫性：中感青枯病和根结线虫病，感黑胫病。

东城烟

全国统一编号00001603

东城烟是吉林省延边朝鲜族自治州龙井市地方晒烟品种。

特征特性：株型塔形，叶形宽椭圆，叶尖急尖，叶面较平，叶缘平滑，叶色绿，叶耳中，叶片主脉粗，叶片较厚，花序密集、球形，花色红，有花冠尖，种子卵圆形、褐色，蒴果圆形，株高115.20cm，茎围8.40cm，节距4.83cm，叶数16.00片，腰叶长57.80cm，腰叶宽31.60cm，无叶柄，主侧脉夹角中，茎叶角度中，花冠长度4.56cm，花冠直径1.24cm，花萼长度1.53cm，千粒重0.079 9g，移栽至现蕾天数40.0d，移栽至中心花开放天数45.0d，全生育期146.0d。

抗病虫性：抗烟蚜，中抗赤星病，中感根结线虫病、CMV和PVY，感黑胫病、青枯病、TMV和烟青虫。

外观质量：原烟棕色，色度中，油分稍有，身份中等，结构尚疏松。

化学成分：总糖1.01%，还原糖0.42%，两糖差0.59%，两糖比0.42，总氮2.90%，蛋白质5.24%，烟碱5.25%，钾1.66%，氯0.44%，钾氯比3.77，施木克值0.19，糖碱比0.19，氮碱比0.55。

评吸质量：香型风格晒红亚雪茄香型，香型程度有，香气质中等，香气量有，浓度中等，余味尚舒适，杂气有，刺激性有，劲头较大，燃烧性较差，灰色黑灰，得分66.5，质量档次较差+。

经济性状：产量92.99kg/亩，中等烟比例62.39%。

智新晚熟

全国统一编号00001604

智新晚熟是吉林省延边朝鲜族自治州龙井市地方晒烟品种。

特征特性：株型塔形，叶形宽椭圆，叶尖渐尖，叶面较平，叶缘微波，叶色绿，叶耳小，叶片主脉粗，叶片厚，花序密集、菱形，花色深红，有花冠尖，种子椭圆形、褐色，蒴果卵圆形，株高126.80cm，茎围9.00cm，节距6.68cm，叶数13.00片，腰叶长73.80cm，腰叶宽38.90cm，无叶柄，主侧脉夹角大，茎叶角度中，花冠长度4.59cm，花冠直径1.36cm，花萼长度0.65cm，千粒重0.103 2g，移栽至现蕾天数55.0d，移栽至中心花开放天数63.0d，全生育期161.0d。

抗病虫性：中感根结线虫病，感黑胫病和青枯病。

德新烟

全国统一编号00001605

德新烟是吉林省延边朝鲜族自治州和龙市地方晒烟品种。

特征特性：株型塔形，叶形椭圆，叶尖渐尖，叶面平，叶缘平滑，叶色深绿，叶耳中，叶片主脉粗细中，叶片较厚，花序密集、球形，花色深红，有花冠尖，种子卵圆形、褐色，蒴果圆形，株高104.00cm，茎围7.80cm，节距6.23cm，叶数10.60片，腰叶长59.10cm，腰叶宽29.10cm，无叶柄，主侧脉夹角中，茎叶角度中，花冠长度4.35cm，花冠直径1.35cm，花萼长度1.11cm，千粒重0.076 1g，移栽至现蕾天数38.0d，移栽至中心花开放天数46.0d，全生育期147.0d。

抗病虫性：中感青枯病、根结线虫病，感黑胫病。

龙水烟

全国统一编号00001606

龙水烟是吉林省延边朝鲜族自治州和龙市地方晒烟品种。

特征特性：株型塔形，叶形椭圆，叶尖渐尖，叶面较平，叶缘平滑，叶色绿，叶耳中，叶片主脉粗细中，叶片厚薄中等，花序密集、菱形，花色淡红，有花冠尖，种子卵圆形、褐色，蒴果圆形，株高136.40cm，茎围9.00cm，节距5.42cm，叶数17.80片，腰叶长53.90cm，腰叶宽27.80cm，无叶柄，主侧脉夹角大，茎叶角度小，花冠长度3.51cm，花冠直径2.36cm，花萼长度0.93cm，千粒重0.050 5g，移栽至现蕾天数44.0d，移栽至中心花开放天数50.0d，全生育期148.0d。

抗病虫性：中感青枯病，感黑胫病。

吉林琥珀香

全国统一编号00001607

吉林琥珀香是吉林省延边朝鲜族自治州汪清县地方晒烟品种。

特征特性：株型塔形，叶形宽椭圆，叶尖渐尖，叶面较平，叶缘平滑，叶色深绿，叶耳中，叶片主脉粗，叶片较厚，花序密集、球形，花色红，有花冠尖，种子卵圆形、褐色，蒴果长卵圆形，株高103.00cm，茎围8.00cm，节距6.56cm，叶数9.60片，腰叶长65.20cm，腰叶宽37.60cm，无叶柄，主侧脉夹角大，茎叶角度中，花冠长度5.89cm，花冠直径1.44cm，花萼长度1.19cm，千粒重0.100 5g，移栽至现蕾天数37.0d，移栽至中心花开放天数45.0d，全生育期135.0d。

抗病虫性：抗赤星病和CMV，感黑胫病、青枯病和根结线虫病，高感烟蚜。

化学成分：总糖5.75%，还原糖3.25%，两糖差2.50%，两糖比0.57，总氮3.85%，蛋白质13.08%，烟碱5.35%，施木克值0.44，糖碱比1.07，氮碱比0.72。

经济性状：产量95.00kg/亩。

牡丹池烟

全国统一编号00001608

牡丹池烟是吉林省延边朝鲜族自治州汪清县地方晒烟品种。

特征特性：株型塔形，叶形宽椭圆，叶尖渐尖，叶面较平，叶缘平滑，叶色绿，叶耳中，叶片主脉粗细中，叶片厚薄中等，花序密集、球形，花色深红，有花冠尖，种子卵圆形、褐色，蒴果卵圆形，株高113.20cm，茎围8.10cm，节距7.52cm，叶数10.00片，腰叶长58.20cm，腰叶宽34.10cm，无叶柄，主侧脉夹角大，茎叶角度中，花冠长度4.62cm，花冠直径2.43cm，花萼长度1.30cm，千粒重0.081 3g，移栽至现蕾天数35.0d，移栽至中心花开放天数41.0d，全生育期133.0d。

抗病虫性：感黑胫病、青枯病和根结线虫病。

化学成分：总糖10.46%，还原糖9.86%，两糖差0.60%，两糖比0.94，总氮2.67%，蛋白质11.44%，烟碱4.86%，施木克值0.91，糖碱比2.15，氮碱比0.55。

评吸质量：香气量尚足，余味尚舒适，杂气有，刺激性微有，劲头适中，燃烧性强，灰色灰白，质量档次好。

延吉自来红

全国统一编号00001609

延吉自来红是吉林省延吉市地方晒烟品种。

特征特性：株型塔形，叶形椭圆，叶尖尾状，叶面较平，叶缘微波，叶色绿，叶耳中，叶片主脉粗，叶片厚，花序密集、菱形，花色红，有花冠尖，种子椭圆形、褐色，蒴果卵圆形，株高103.20cm，茎围7.80cm，节距5.09cm，叶数12.80片，腰叶长73.70cm，腰叶宽37.20cm，无叶柄，主侧脉夹角大，茎叶角度中，花冠长度3.82cm，花冠直径2.11cm，花萼长度1.25cm，千粒重0.083 9g，移栽至现蕾天数54.0d，移栽至中心花开放天数63.0d，全生育期166.0d。

抗病虫性：中抗PVY，感黑胫病、青枯病、根结线虫病和赤星病，高感TMV。

外观质量：原烟淡棕色，色度弱，油分少，身份稍厚，结构稍密。

化学成分：总糖4.51%，还原糖4.24%，两糖差0.27%，两糖比0.94，总氮3.91%，蛋白质18.12%，烟碱5.88%，钾1.84%，氯0.99%，钾氯比1.86，施木克值0.25，糖碱比0.77，氮碱比0.66。

评吸质量：香型风格晒红亚雪茄香型，香型程度较显，香气质中等，香气量有，浓度较浓，余味尚舒适，杂气有，刺激性有，劲头适中，燃烧性强，灰色白色，得分73.5，质量档次中等。

经济性状：产量69.79kg/亩，中等烟比例62.56%。

延吉千层塔

全国统一编号00001610

延吉千层塔是吉林省延吉市地方晒烟品种。

特征特性： 株型塔形，叶形长椭圆，叶尖渐尖，叶面平，叶缘微波，叶色绿，叶耳中，叶片主脉粗，叶片厚，花序密集、菱形，花色淡红，有花冠尖，种子椭圆形、褐色，蒴果卵圆形，株高102.70cm，茎围8.50cm，节距4.68cm，叶数13.40片，腰叶长74.30cm，腰叶宽33.30cm，无叶柄，主侧脉夹角中，茎叶角度中，花冠长度3.74cm，花冠直径2.29cm，花萼长度0.79cm，千粒重0.101 7g，移栽至现蕾天数58.0d，移栽至中心花开放天数64.0d，全生育期162.0d。

抗病虫性： 中抗CMV，中感赤星病和TMV，感烟青虫、黑胫病、青枯病、根结线虫病和PVY，高感烟蚜。

外观质量： 原烟淡棕色，色度弱，油分少，身份中等，结构尚疏松。

化学成分： 总糖6.88%，还原糖6.49%，两糖差0.39%，两糖比0.94，总氮3.76%，蛋白质17.69%，烟碱5.37%，钾2.13%，氯0.38%，钾氯比5.61，施木克值0.39，糖碱比1.28，氮碱比0.70。

评吸质量： 香型风格晒红亚雪茄香型，香型程度有-，香气质中等，香气量有，浓度中等，余味尚舒适，杂气有，刺激性有，劲头较大，燃烧性较差，灰色黑灰。

经济性状： 产量87.27kg/亩，中等烟比例61.26%。

八朵香

全国统一编号00001611

八朵香是吉林省白城市地方晒烟品种。

特征特性：株型塔形，叶形椭圆，叶尖渐尖，叶面较平，叶缘平滑，叶色绿，叶耳中，叶片主脉粗细中，叶片较厚，花序密集、球形，花色深红，有花冠尖，种子卵圆形、褐色，蒴果卵圆形，株高114.60cm，茎围9.00cm，节距6.28cm，叶数12.20片，腰叶长64.00cm，腰叶宽31.10cm，无叶柄，主侧脉夹角中，茎叶角度中，花冠长度3.42cm，花冠直径2.11cm，花萼长度1.50cm，千粒重0.107 3g，移栽至现蕾天数38.0d，移栽至中心花开放天数47.0d，全生育期145.0d。

抗病虫性：中抗TMV，中感青枯病、根结线虫病和PVY，感黑胫病和CMV，高感烟蚜。

外观质量：原烟红棕色，色度浓，油分有，身份中等，结构尚疏松。

化学成分：总糖0.74%，还原糖0.36%，两糖差0.38%，两糖比0.49，总氮2.86%，蛋白质10.82%，烟碱4.47%，钾1.89%，氯0.25%，钾氯比7.56，施木克值0.07，糖碱比0.17，氮碱比0.64。

评吸质量：香型风格晒黄香型，香型程度有，香气质较好，香气量尚足，浓度中等，余味尚舒适，杂气微有，刺激性微有，劲头较大，燃烧性中等，灰色灰白，得分75.8，质量档次中等+。

经济性状：产量84.50kg/亩，上等烟比例12.02%，上中等烟比例62.06%。

高粱叶

全国统一编号00001612

高粱叶是吉林省白城市地方晒烟品种。

特征特性：株型塔形，叶形椭圆，叶尖尾状，叶面较平，叶缘平滑，叶色绿，叶耳中，叶片主脉粗细中，叶片厚薄中等，花序密集、菱形，花色淡红，有花冠尖，种子肾形、褐色，蒴果卵圆形，株高101.00cm，茎围8.10cm，节距5.25cm，叶数12.00片，腰叶长70.80cm，腰叶宽32.70cm，无叶柄，主侧脉夹角中，茎叶角度中，花冠长度3.90cm，花冠直径2.16cm，花萼长度0.84cm，千粒重0.086 4g，移栽至现蕾天数73.0d，移栽至中心花开放天数79.0d，全生育期171.0d。

抗病虫性：高抗烟蚜，中抗根结线虫病、CMV和PVY，中感赤星病和TMV，感黑胫病和青枯病。

外观质量：原烟淡棕色，色度弱，油分少，身份中等，结构尚疏松。

化学成分：总糖0.82%，还原糖0.36%，两糖差0.46%，两糖比0.44，总氮2.91%，蛋白质6.34%，烟碱5.31%，钾1.98%，氯0.34%，钾氯比5.82，施木克值0.13，糖碱比0.15，氮碱比0.55。

评吸质量：香型风格晒红亚雪茄香型，香型程度有，香气质中等，香气量有，浓度中等，余味尚舒适，杂气较轻，刺激性有，劲头较大，燃烧性较差，灰色黑灰，得分69.5，质量档次较差+。

经济性状：产量78.65kg/亩，上中等烟比例56.92%。

白城柳叶尖

全国统一编号00001613

白城柳叶尖是吉林省白城市地方晒烟品种。

特征特性：株型塔形，叶形宽椭圆，叶尖渐尖，叶面较平，叶缘微波，叶色绿，叶耳中，叶片主脉粗细中，叶片厚薄中等，花序密集、菱形，花色淡红，有花冠尖，种子肾形、褐色，蒴果卵圆形，株高149.00cm，茎围10.00cm，节距5.74cm，叶数19.00片，腰叶长67.00cm，腰叶宽36.00cm，无叶柄，主侧脉夹角大，茎叶角度大，花冠长度5.41cm，花冠直径2.42cm，花萼长度1.34cm，千粒重0.071 4g，移栽至现蕾天数65.0d，移栽至中心花开放天数70.0d，全生育期161.0d。

抗病虫性：中抗根结线虫病，感黑胫病和青枯病。

白城护脖香

全国统一编号00001614

白城护脖香是吉林省白城市地方晒烟品种。

特征特性：株型塔形，叶形宽椭圆，叶尖急尖，叶面较平，叶缘微波，叶色绿，叶耳中，叶片主脉粗，叶片厚薄中等，花序密集、球形，花色淡红，有花冠尖，种子卵圆形、褐色，蒴果卵圆形，株高152.20cm，茎围9.90cm，节距8.13cm，叶数13.80片，腰叶长60.40cm，腰叶宽39.60cm，无叶柄，主侧脉夹角大，茎叶角度中，花冠长度4.99cm，花冠直径2.26cm，花萼长度0.77cm，千粒重0.067 9g，移栽至现蕾天数43.0d，移栽至中心花开放天数48.0d，全生育期147.0d。

抗病虫性：高抗烟青虫，抗烟蚜，中抗CMV，中感根结线虫病、赤星病、TMV和PVY，感黑胫病和青枯病。

外观质量：原烟棕色，色度中，油分稍有，身份中等，结构尚疏松。

化学成分：总糖0.71%，还原糖0.26%，两糖差0.45%，两糖比0.37，总氮2.59%，蛋白质8.01%，烟碱2.20%，钾2.49%，氯0.23%，钾氯比10.83，施木克值0.09，糖碱比0.32，氮碱比1.18。

经济性状：产量89.18kg/亩，中等烟比例63.78%。

红花矮子

全国统一编号00001615

红花矮子是吉林省吉林市蛟河市地方晒烟品种。

特征特性：株型塔形，叶形长椭圆，叶尖渐尖，叶面较皱，叶缘波浪，叶色深绿，叶耳中，叶片主脉粗细中，叶片较厚，花序密集、球形，花色淡红，有花冠尖，种子肾形、深褐色，蒴果长卵圆形，株高109.00cm，茎围6.80cm，节距5.33cm，叶数12.00片，腰叶长49.00cm，腰叶宽21.30cm，无叶柄，主侧脉夹角中，茎叶角度中，花冠长度4.79cm，花冠直径1.76cm，花萼长度1.41cm，千粒重0.104 2g，移栽至中心花开放天数32.0d。

抗病虫性：中抗赤星病，感黑胫病、青枯病、根结线虫病和CMV，高感烟蚜。

化学成分：总糖5.72%，还原糖3.45%，两糖差2.27%，两糖比0.60，总氮4.07%，蛋白质14.32%，烟碱5.86%，施木克值0.40，糖碱比0.98，氮碱比0.69。

舒兰光把

全国统一编号00001616

舒兰光把是吉林省吉林市舒兰市地方晒烟品种。

特征特性：株型筒形，叶形宽椭圆，叶尖渐尖，叶面较平，叶缘微波，叶色深绿，叶耳小，叶片主脉细，叶片厚薄中等，花序松散、菱形，花色红，有花冠尖，种子椭圆形、深褐色，蒴果卵圆形，株高92.80cm，茎围5.80cm，节距3.03cm，叶数15.80片，腰叶长42.40cm，腰叶宽22.70cm，无叶柄，主侧脉夹角大，茎叶角度大，花冠长度3.07cm，花冠直径1.45cm，花萼长度1.27cm，千粒重0.061 5g，移栽至现蕾天数36.0d，移栽至中心花开放天数43.0d，全生育期145.0d。

抗病虫性：抗青枯病，感黑胫病、根结线虫病、CMV和烟蚜。

蛟河柳叶尖

全国统一编号00001617

蛟河柳叶尖是吉林省吉林市蛟河市地方晒烟品种。

特征特性：株型塔形，叶形椭圆，叶尖渐尖，叶面较皱，叶缘微波，叶色深绿，叶耳中，叶片主脉粗细中，叶片厚，花序密集、球形，花色红，有花冠尖，种子椭圆形、褐色，蒴果卵圆形，株高145.60cm，茎围9.10cm，节距6.07cm，叶数17.40片，腰叶长63.50cm，腰叶宽32.50cm，无叶柄，主侧脉夹角大，茎叶角度大，花冠长度3.95cm，花冠直径1.39cm，花萼长度1.40cm，千粒重0.061 3g，移栽至现蕾天数57.0d，移栽至中心花开放天数62.0d，全生育期147.0d。

抗病虫性：中抗根结线虫病，感黑胫病和青枯病。

大虎耳柳叶尖

全国统一编号00001618

大虎耳柳叶尖是吉林省吉林市蛟河市地方晒烟品种。

特征特性：株型筒形，叶形长卵圆，叶尖渐尖，叶面较平，叶缘波浪，叶色绿，叶耳中，叶片主脉细，叶片厚薄中等，花序密集、球形，花色淡红，有花冠尖，种子椭圆形、褐色，蒴果长卵圆形，株高123.00cm，茎围5.61cm，节距5.93cm，叶数14.00片，腰叶长35.80cm，腰叶宽17.00cm，叶柄4.00cm，主侧脉夹角大，茎叶角度大，花冠长度4.90cm，花冠直径1.64cm，花萼长度1.32cm，千粒重0.107 4g。

抗病虫性：中感赤星病，感黑胫病。

外观质量：原烟色度强，油分有。

化学成分：总糖4.52%，还原糖4.09%，两糖差0.43%，两糖比0.90，总氮4.05%，蛋白质14.57%，烟碱5.03%，施木克值0.31，糖碱比0.90，氮碱比0.81。

评吸质量：杂气有，劲头大。

经济性状：产量105.00kg/亩。

8107

全国统一编号00002136

8107是延边朝鲜族自治州农业科学院选育的晒烟品种。

特征特性：株型塔形，叶形宽椭圆，叶尖渐尖，叶面平，叶缘微波，叶色绿，叶耳中，叶片主脉粗细中，叶片厚薄中等，花序密集、球形，花色深红，有花冠尖，种子卵圆形、褐色，蒴果卵圆形，株高197.20cm，茎围9.00cm，节距6.55cm，叶数24.00片，腰叶长59.00cm，腰叶宽32.30cm，无叶柄，主侧脉夹角大，茎叶角度中，花冠长度4.10cm，花冠直径1.84cm，花萼长度0.55cm，千粒重0.104 1g，移栽至现蕾天数58.0d，移栽至中心花开放天数64.0d，全生育期167.0d。

抗病虫性：免疫TMV，高抗烟蚜，中抗赤星病，感黑胫病、青枯病、根结线虫病、CMV和PVY。

外观质量：原烟红棕色，色度强，油分多，身份中等，结构疏松。

化学成分：总糖0.62%，还原糖0.25%，两糖差0.37%，两糖比0.40，总氮3.02%，蛋白质15.94%，烟碱3.76%，钾2.82%，氯0.29%，钾氯比9.72，施木克值0.04，糖碱比0.16，氮碱比0.80。

评吸质量：香型风格晒红亚雪茄香型，香型程度有，香气质中等，香气量有，浓度中等，余味尚舒适，杂气较轻，刺激性有，劲头较大，燃烧性中等，灰色灰白，得分69.1，质量档次较差+。

经济性状：产量121.68kg/亩，上等烟比例13.13%，上中等烟比例80.90%。

7805

全国统一编号00002137

7805是延边朝鲜族自治州农业科学院选育的晒烟品种。

特征特性：株型塔形，叶形宽椭圆，叶尖渐尖，叶面较皱，叶缘波浪，叶色绿，叶耳中，叶片主脉粗细中，叶片较薄，花序密集、球形，花色深红，有花冠尖，种子椭圆形、褐色，蒴果卵圆形，株高155.00cm，茎围7.40cm，节距8.00cm，叶数15.00片，腰叶长53.10cm，腰叶宽29.70cm，无叶柄，主侧脉夹角中，茎叶角度中，花冠长度3.29cm，花冠直径1.49cm，花萼长度1.48cm，千粒重0.061 2g，移栽至中心花开放天数50.0d。

化学成分：总糖4.69%，还原糖2.63%，两糖差2.06%，两糖比0.56，总氮2.97%，蛋白质13.74%，烟碱4.47%，施木克值0.34，糖碱比1.05，氮碱比0.66。

7806

全国统一编号00002138

7806是延边朝鲜族自治州农业科学院选育的晒烟品种。

特征特性：株型筒形，叶形椭圆，叶尖渐尖，叶面较皱，叶缘波浪，叶色绿，叶耳中，叶片主脉粗细中，叶片较薄，花序密集、球形，花色红，有花冠尖，种子椭圆形、褐色，蒴果长卵圆形，株高166.00cm，茎围8.20cm，节距7.88cm，叶数16.00片，腰叶长62.60cm，腰叶宽30.70cm，无叶柄，主侧脉夹角中，茎叶角度中，花冠长度3.98cm，花冠直径1.78cm，花萼长度1.20cm，千粒重0.067 3g，移栽至中心花开放天数51.0d。

化学成分：总糖4.00%，还原糖2.94%，两糖差1.06%，两糖比0.74，总氮3.28%，蛋白质16.16%，烟碱4.02%，施木克值0.25，糖碱比1.00，氮碱比0.82。

延晒一号

全国统一编号00002139

延晒一号是延边朝鲜族自治州农业科学院从八大香中系统选育的晒烟品种。

特征特性：株型塔形，叶形卵圆，叶尖渐尖，叶面平，叶缘平滑，叶色绿，叶耳中，叶片主脉粗细中，叶片厚薄中等，花序密集、球形，花色深红，有花冠尖，种子卵圆形、褐色，蒴果卵圆形，株高152.20cm，茎围7.80cm，节距8.63cm，叶数13.00片，腰叶长59.10cm，腰叶宽32.30cm，叶柄3.30cm，主侧脉夹角中，茎叶角度大，花冠长度4.29cm，花冠直径1.69cm，花萼长度1.14cm，千粒重0.103 6g，移栽至现蕾天数37.0d，移栽至中心花开放天数43.0d。

抗病虫性：中感TMV、PVY和丛顶病，感黑胫病。

外观质量：原烟褐色，色度浓，油分有，身份中等，结构疏松。

化学成分：总糖2.03%，还原糖1.68%，两糖差0.35%，两糖比0.83，总氮3.15%，蛋白质14.31%，烟碱3.96%，施木克值0.14，糖碱比0.51，氮碱比0.80。

评吸质量：香型风格晒红香型，香型程度较显，香气量尚足，浓度浓，余味尚舒适，杂气微有，刺激性有，劲头适中，燃烧性强，灰色白色，质量档次好。

经济性状：产量125.00kg/亩。

延晒二号

全国统一编号00002140

延晒二号是延边朝鲜族自治州农业科学院从中耦草中系统选育的晒烟品种。

特征特性：株型塔形，叶形椭圆，叶尖渐尖，叶面较皱，叶缘微波，叶色深绿，叶耳中，叶片主脉粗细中，叶片厚薄中等，花序密集、菱形，花色红，有花冠尖，种子肾形、褐色，蒴果卵圆形，株高120.30cm，茎围6.90cm，节距6.58cm，叶数12.20片，腰叶长52.90cm，腰叶宽26.20cm，无叶柄，主侧脉夹角大，茎叶角度中，花冠长度3.46cm，花冠直径2.24cm，花萼长度0.76cm，千粒重0.089 7g，移栽至现蕾天数82.0d，移栽至中心花开放天数88.0d，全生育期179.0d。

抗病虫性：中抗PVY，中感TMV。

外观质量：原烟棕色。

化学成分：总糖3.21%，还原糖2.36%，两糖差0.85%，两糖比0.74，总氮3.16%，蛋白质14.90%，烟碱4.09%，施木克值0.22，糖碱比0.78，氮碱比0.77。

评吸质量：香气量尚足，余味较舒适，杂气微有，刺激性有，劲头适中，燃烧性强，灰色白色。

经济性状：产量125.00kg/亩。

风林一号

全国统一编号00002586

风林一号是吉林省延边朝鲜族自治州龙井市地方晒烟品种。

特征特性：株型塔形，叶形长卵圆，叶尖渐尖，叶面平，叶缘平滑，叶色绿，叶耳中，叶片主脉粗细中，叶片较厚，花序密集、球形，花色深红，有花冠尖，种子卵圆形、褐色，蒴果卵圆形，株高103.40cm，茎围8.80cm，节距5.28cm，叶数12.00片，腰叶长62.20cm，腰叶宽30.40cm，无叶柄，主侧脉夹角大，茎叶角度中，花冠长度3.31cm，花冠直径1.19cm，花萼长度0.70cm，千粒重0.065 4g，移栽至现蕾天数38.0d，移栽至中心花开放天数45.0d，全生育期148.0d。

抗病虫性：抗TMV，中抗烟蚜，中感黑胫病、赤星病和PVY，感青枯病和CMV。

外观质量：原烟褐色，色度中，油分有，身份稍薄，结构尚疏松。

化学成分：总糖4.78%，还原糖2.55%，两糖差2.23%，两糖比0.53，总氮3.78%，蛋白质17.87%，烟碱4.98%，钾2.58%，氯0.19%，钾氯比13.58，施木克值0.27，糖碱比0.96，氮碱比0.76。

评吸质量：香型风格晒红调味香型，香型程度有+，香气质较好，香气量较足，浓度较浓，余味较舒适，杂气较轻，刺激性有，劲头较大，燃烧性中等，灰色灰白，得分71.2，质量档次中等。

经济性状：产量97.54kg/亩，上等烟比例10.30%，上中等烟比例79.56%。

大码稀

全国统一编号00002587

大码稀是吉林省延边朝鲜族自治州龙井市地方晒烟品种。

特征特性：株型塔形，叶形长椭圆，叶尖渐尖，叶面较平，叶缘平滑，叶色深绿，叶耳大，叶片主脉粗，叶片较厚，花序密集、球形，花色深红，有花冠尖，种子椭圆形、褐色，蒴果卵圆形，株高129.00cm，茎围8.20cm，节距5.78cm，叶数15.40片，腰叶长64.40cm，腰叶宽27.80cm，无叶柄，主侧脉夹角大，茎叶角度中，花冠长度4.62cm，花冠直径2.21cm，花萼长度0.99cm，千粒重0.074 1g，移栽至现蕾天数38.0d，移栽至中心花开放天数46.0d，全生育期134.0d。

抗病虫性：中抗赤星病和烟蚜，中感TMV和CMV，感青枯病和PVY。

外观质量：原烟淡棕色，色度弱，油分少，身份中等，结构尚疏松。

化学成分：总糖0.88%，还原糖0.44%，两糖差0.44%，两糖比0.50，总氮2.62%，蛋白质14.88%，烟碱3.37%，钾1.70%，氯0.33%，钾氯比5.15，施木克值0.06，糖碱比0.26，氮碱比0.78。

评吸质量：香型风格晒红调味香型，香型程度有，香气质较好，香气量较足，浓度较浓，余味较舒适，杂气较轻，刺激性有，劲头较大-，燃烧性较强，灰色灰白，得分81.2，质量档次较好。

经济性状：产量88.75kg/亩，上中等烟比例58.83%。

小码稀

全国统一编号00002588

小码稀是吉林省延边朝鲜族自治州龙井市地方晒烟品种。

特征特性：株型塔形，叶形长椭圆，叶尖渐尖，叶面平，叶缘平滑，叶色绿，叶耳中，叶片主脉粗细中，叶片较厚，花序密集、扁球形，花色红，有花冠尖，种子卵圆形、褐色，蒴果卵圆形，株高162.40cm，茎围8.60cm，节距9.56cm，叶数12.80片，腰叶长59.30cm，腰叶宽24.20cm，无叶柄，主侧脉夹角大，茎叶角度大，花冠长度3.70cm，花冠直径1.74cm，花萼长度1.06cm，千粒重0.056 3g，移栽至现蕾天数40.0d，移栽至中心花开放天数49.0d，全生育期138.0d。

抗病虫性：中抗TMV，中感PVY。

化学成分：总糖4.89%，还原糖3.31%，两糖差1.58%，两糖比0.68，总氮2.95%，蛋白质13.19%，烟碱4.89%，施木克值0.37，糖碱比1.00，氮碱比0.60。

中耩草

全国统一编号00002589

中耩草是吉林省延边朝鲜族自治州龙井市地方晒烟品种。

特征特性：株型塔形，叶形宽椭圆，叶尖渐尖，叶面较平，叶缘微波，叶色绿，叶耳中，叶片主脉细，叶片厚薄中等，花序密集、球形，花色淡红，有花冠尖，种子卵圆形、深褐色，蒴果长卵圆形，株高99.40cm，茎围6.20cm，节距4.53cm，叶数12.00片，腰叶长55.80cm，腰叶宽31.60cm，无叶柄，主侧脉夹角大，茎叶角度中，花冠长度4.75cm，花冠直径1.75cm，花萼长度1.62cm，千粒重0.089 3g，移栽至现蕾天数36.0d，移栽至中心花开放天数43.0d，全生育期142.0d。

天桥岭烟

全国统一编号00002590

天桥岭烟是吉林省延边朝鲜族自治州龙井市地方晒烟品种。

特征特性：株型塔形，叶形卵圆，叶尖尾状，叶面较平，叶缘微波，叶色绿，叶耳无，叶片主脉粗细中，叶片厚薄中等，花序密集、菱形，花色深红，有花冠尖，种子卵圆形、深褐色，蒴果卵圆形，株高109.90cm，茎围7.60cm，节距4.39cm，叶数14.80片，腰叶长70.80cm，腰叶宽36.00cm，叶柄2.60cm，主侧脉夹角中，茎叶角度大，花冠长度4.24cm，花冠直径1.21cm，花萼长度0.59cm，千粒重0.109 7g，移栽至现蕾天数36.0d，移栽至中心花开放天数41.0d，全生育期142.0d。

龙山烟

全国统一编号00002591

龙山烟是吉林省延边朝鲜族自治州龙井市地方晒烟品种。

特征特性：株型塔形，叶形椭圆，叶尖渐尖，叶面平，叶缘微波，叶色绿，叶耳中，叶片主脉细，叶片厚薄中等，花序密集、球形，花色深红，有花冠尖，种子椭圆形、深褐色，蒴果卵圆形，株高100.60cm，茎围7.70cm，节距4.56cm，叶数12.20片，腰叶长69.40cm，腰叶宽35.20cm，无叶柄，主侧脉夹角中，茎叶角度大，花冠长度4.19cm，花冠直径1.12cm，花萼长度1.50cm，千粒重0.051 8g，移栽至现蕾天数37.0d，移栽至中心花开放天数46.0d，全生育期146.0d。

智新二号

全国统一编号00002592

智新二号是吉林省延边朝鲜族自治州龙井市地方晒烟品种。

特征特性：株型塔形，叶形长椭圆，叶尖渐尖，叶面较平，叶缘平滑，叶色绿，叶耳中，叶片主脉粗细中，叶片较厚，花序密集、球形，花色深红，有花冠尖，种子卵圆形、褐色，蒴果卵圆形，株高129.60cm，茎围9.40cm，节距5.97cm，叶数15.00片，腰叶长57.10cm，腰叶宽25.50cm，无叶柄，主侧脉夹角中，茎叶角度中，花冠长度3.58cm，花冠直径1.91cm，花萼长度1.65cm，千粒重0.076 2g，移栽至现蕾天数44.0d，移栽至中心花开放天数50.0d，全生育期147.0d。

外观质量：原烟红棕色，色度中。

化学成分：总糖2.78%，还原糖2.77%，两糖差0.01%，两糖比1.00，总氮3.35%，蛋白质15.44%，烟碱5.10%，施木克值0.18，糖碱比0.55，氮碱比0.66。

评吸质量：香型风格晒红香型，香型程度较显，香气量有+，浓度浓，余味尚舒适，杂气有+，刺激性有+，劲头大，燃烧性强，灰色灰白，质量档次较好。

朝阳一号

全国统一编号00002593

朝阳一号是吉林省延边朝鲜族自治州龙井市地方晒烟品种。

特征特性：株型塔形，叶形宽椭圆，叶尖渐尖，叶面平，叶缘微波，叶色绿，叶耳大，叶片主脉粗细中，叶片厚薄中等，花序密集、菱形，花色淡红，有花冠尖，种子椭圆形、深褐色，蒴果圆形，株高114.70cm，茎围10.30cm，节距4.62cm，叶数16.60片，腰叶长63.10cm，腰叶宽36.00cm，无叶柄，主侧脉夹角大，茎叶角度中，花冠长度4.59cm，花冠直径2.04cm，花萼长度1.04cm，千粒重0.050 2g，移栽至现蕾天数45.0d，移栽至中心花开放天数50.0d，全生育期147.0d。

长东烟

全国统一编号00002594

长东烟是吉林省延边朝鲜族自治州龙井市地方晒烟品种。

特征特性：株型塔形，叶形椭圆，叶尖渐尖，叶面较平，叶缘平滑，叶色绿，叶耳中，叶片主脉粗细中，叶片厚薄中等，花序密集、菱形，花色深红，有花冠尖，种子卵圆形、深褐色，蒴果卵圆形，株高91.70cm，茎围7.20cm，节距4.17cm，叶数11.20片，腰叶长71.60cm，腰叶宽33.70cm，无叶柄，主侧脉夹角大，茎叶角度中，花冠长度4.22cm，花冠直径2.30cm，花萼长度1.17cm，千粒重0.082 4g，移栽至现蕾天数36.0d，移栽至中心花开放天数43.0d，全生育期139.0d。

化学成分：总糖5.85%，还原糖3.19%，两糖差2.66%，两糖比0.55，总氮3.08%，蛋白质12.16%，烟碱6.58%，钾2.30%，氯0.30%，钾氯比7.67，施木克值0.48，糖碱比0.89，氮碱比0.47。

三道一号

全国统一编号00002595

三道一号是吉林省延边朝鲜族自治州龙井市地方晒烟品种。

特征特性：株型塔形，叶形椭圆，叶尖渐尖，叶面较平，叶缘平滑，叶色绿，叶耳大，叶片主脉粗细中，叶片厚薄中等，花序松散、菱形，花色淡红，有花冠尖，种子卵圆形、深褐色，蒴果卵圆形，株高135.20cm，茎围8.70cm，节距5.01cm，叶数19.00片，腰叶长56.60cm，腰叶宽28.40cm，无叶柄，主侧脉夹角大，茎叶角度中，花冠长度4.68cm，花冠直径1.46cm，花萼长度1.48cm，千粒重0.085 3g，移栽至现蕾天数45.0d，移栽至中心花开放天数53.0d，全生育期149.0d。

三道二号

全国统一编号00002596

三道二号是吉林省延边朝鲜族自治州龙井市地方晒烟品种。

特征特性：株型塔形，叶形椭圆，叶尖渐尖，叶面较平，叶缘平滑，叶色绿，叶耳中，叶片主脉粗细中，叶片厚薄中等，花序密集、球形，花色淡红，有花冠尖，种子椭圆形、深褐色，蒴果卵圆形，株高122.60cm，茎围9.00cm，节距5.36cm，叶数15.40片，腰叶长64.60cm，腰叶宽33.20cm，无叶柄，主侧脉夹角大，茎叶角度中，花冠长度3.79cm，花冠直径1.87cm，花萼长度0.65cm，千粒重0.095 4g，移栽至现蕾天数42.0d，移栽至中心花开放天数48.0d，全生育期146.0d。

三合烟

全国统一编号00002599

三合烟是吉林省延边朝鲜族自治州龙井市地方晒烟品种。

特征特性：株型塔形，叶形长椭圆，叶尖渐尖，叶面较平，叶缘微波，叶色深绿，叶耳大，叶片主脉粗细中，叶片较厚，花序密集、球形，花色深红，有花冠尖，种子椭圆形、深褐色，蒴果卵圆形，株高96.50cm，茎围9.90cm，节距3.48cm，叶数14.80片，腰叶长75.20cm，腰叶宽33.30cm，无叶柄，主侧脉夹角中，茎叶角度大，花冠长度4.32cm，花冠直径1.71cm，花萼长度1.35cm，千粒重0.060 9g，移栽至现蕾天数43.0d，移栽至中心花开放天数50.0d，全生育期144.0d。

抗病虫性：中抗CMV，中感赤星病，感青枯病、TMV和PVY，高感烟蚜。

外观质量：原烟淡棕色，色度弱，油分少，身份中等，结构尚疏松。

化学成分：总糖0.88%，还原糖0.36%，两糖差0.52%，两糖比0.41，总氮2.64%，蛋白质10.64%，烟碱3.83%，钾1.85%，氯0.28%，钾氯比6.61，施木克值0.08，糖碱比0.23，氮碱比0.69。

经济性状：产量87.98kg/亩，中等烟比例62.29%。

元峰烟

全国统一编号00002600

元峰烟是吉林省延边朝鲜族自治州和龙市地方晒烟品种。

特征特性：株型塔形，叶形宽椭圆，叶尖渐尖，叶面较平，叶缘平滑，叶色深绿，叶耳大，叶片主脉粗，叶片较厚，花序密集、扁球形，花色深红，有花冠尖，种子卵圆形、褐色，蒴果卵圆形，株高128.80cm，茎围8.80cm，节距8.22cm，叶数10.80片，腰叶长60.30cm，腰叶宽33.30cm，无叶柄，主侧脉夹角大，茎叶角度中，花冠长度3.50cm，花冠直径1.72cm，花萼长度1.01cm，千粒重0.079 4g，移栽至现蕾天数32.0d，移栽至中心花开放天数38.0d，全生育期132.0d。

化学成分：总糖4.13%，还原糖1.44%，两糖差2.69%，两糖比0.35，总氮3.28%，蛋白质12.94%，烟碱6.87%，施木克值0.32，糖碱比0.60，氮碱比0.48。

太兴烟

全国统一编号00002601

太兴烟是吉林省延边朝鲜族自治州和龙市地方晒烟品种。

特征特性：株型塔形，叶形宽椭圆，叶尖渐尖，叶面较平，叶缘平滑，叶色深绿，叶耳中，叶片主脉粗细中，叶片厚薄中等，花序密集、扁球形，花色深红，有花冠尖，种子卵圆形、褐色，蒴果卵圆形，株高100.00cm，茎围8.20cm，节距5.85cm，叶数9.40片，腰叶长64.50cm，腰叶宽36.50cm，无叶柄，主侧脉夹角中，茎叶角度中，花冠长度5.63cm，花冠直径2.45cm，花萼长度0.69cm，千粒重0.106 1g，移栽至现蕾天数36.0d，移栽至中心花开放天数45.0d，全生育期143.0d。

化学成分：总糖3.83%，还原糖1.44%，两糖差2.39%，两糖比0.38，总氮3.58%，蛋白质14.94%，烟碱6.87%，施木克值0.26，糖碱比0.56，氮碱比0.52。

原和烟

全国统一编号00002602

原和烟是吉林省延边朝鲜族自治州和龙市地方晒烟品种。

特征特性：株型塔形，叶形宽椭圆，叶尖渐尖，叶面较平，叶缘微波，叶色绿，叶耳大，叶片主脉粗细中，叶片较厚，花序密集、菱形，花色红，有花冠尖，种子卵圆形、深褐色，蒴果卵圆形，株高120.70cm，茎围10.20cm，节距4.53cm，叶数17.80片，腰叶长57.70cm，腰叶宽32.00cm，无叶柄，主侧脉夹角大，茎叶角度大，花冠长度3.85cm，花冠直径1.30cm，花萼长度1.46cm，千粒重0.058 6g，移栽至现蕾天数50.0d，移栽至中心花开放天数58.0d，全生育期146.0d。

抗病虫性：抗烟蚜，中抗赤星病和CMV，中感PVY，感青枯病和TMV。

外观质量：原烟棕色，色度中，油分稍有，身份中等，结构尚疏松。

化学成分：总糖1.58%，还原糖0.99%，两糖差0.59%，两糖比0.63，总氮3.03%，蛋白质3.44%，烟碱5.52%，钾1.71%，氯0.39%，钾氯比4.38，施木克值0.46，糖碱比0.29，氮碱比0.55。

评吸质量：香型风格晒红调味香型，香型程度有-，香气质中等，香气量有，浓度中等，余味尚舒适，杂气较轻，刺激性有，劲头较大，燃烧性较差，灰色黑灰，得分68.3，质量档次较差+。

经济性状：产量98.70kg/亩，中等烟比例64.04%。

杰满烟

全国统一编号00002603

杰满烟是吉林省延边朝鲜族自治州图们市地方晒烟品种。

特征特性：株型塔形，叶形长卵圆，叶尖渐尖，叶面较平，叶缘微波，叶色绿，叶耳无，叶片主脉粗细中，叶片厚，花序密集、菱形，花色淡红，有花冠尖，种子肾形、褐色，蒴果卵圆形，株高110.80cm，茎围8.30cm，节距5.35cm，叶数13.60片，腰叶长77.00cm，腰叶宽35.70cm，无叶柄，主侧脉夹角中，茎叶角度中，花冠长度5.73cm，花冠直径1.82cm，花萼长度1.41cm，千粒重0.091 4g，移栽至现蕾天数49.0d，移栽至中心花开放天数55.0d，全生育期144.0d。

抗病虫性：中感赤星病、TMV和CMV，感青枯病和PVY，高感烟蚜。

外观质量：原烟棕色，色度中，油分稍有，身份中等，结构尚疏松。

化学成分：总糖1.34%，还原糖0.84%，两糖差0.50%，两糖比0.63，总氮3.15%，蛋白质11.89%，烟碱5.56%，钾1.64%，氯0.35%，钾氯比4.69，施木克值0.11，糖碱比0.24，氮碱比0.57。

评吸质量：香型风格晒红调味香型，香型程度有-，香气质较好，香气量较足，浓度中等，余味较舒适，杂气较轻，刺激性有，劲头较大，燃烧性较差，灰色黑灰，得分69.3，质量档次较差+。

经济性状：产量87.91kg/亩，中等烟比例58.06%。

大青筋

全国统一编号00002604

大青筋是吉林省延边朝鲜族自治州汪清县地方晒烟品种。

特征特性：株型筒形，叶形宽椭圆，叶尖渐尖，叶面较平，叶缘微波，叶色绿，叶耳无，叶片主脉粗细中，叶片厚薄中等，花序松散、菱形，花色淡红，有花冠尖，种子椭圆形、深褐色，蒴果卵圆形，株高104.50cm，茎围9.60cm，节距4.01cm，叶数16.60片，腰叶长59.00cm，腰叶宽35.30cm，无叶柄，主侧脉夹角大，茎叶角度大，花冠长度3.88cm，花冠直径2.02cm，花萼长度1.19cm，千粒重0.054 7g，移栽至现蕾天数35.0d，移栽至中心花开放天数41.0d，全生育期139.0d。

外观质量：原烟深棕色，色度中。

化学成分：总糖6.12%，还原糖5.99%，两糖差0.13%，两糖比0.98，总氮2.79%，蛋白质11.12%，烟碱5.88%，施木克值0.55，糖碱比1.04，氮碱比0.47。

评吸质量：香型风格晒红香型，香型程度显著，香气量足，浓度浓，余味尚舒适，杂气有+，刺激性有，劲头大，燃烧性强，灰色白色，质量档次好。

大琥珀香

全国统一编号00002605

大琥珀香是吉林省延边朝鲜族自治州汪清县地方晒烟品种。

特征特性：株型塔形，叶形宽椭圆，叶尖渐尖，叶面较平，叶缘微波，叶色深绿，叶耳中，叶片主脉粗细中，叶片较厚，花序密集、菱形，花色深红，有花冠尖，种子椭圆形、深褐色，蒴果长卵圆形，株高101.20cm，茎围9.00cm，节距4.32cm，叶数13.00片，腰叶长60.40cm，腰叶宽33.00cm，无叶柄，主侧脉夹角大，茎叶角度大，花冠长度3.63cm，花冠直径2.02cm，花萼长度1.29cm，千粒重0.096 4g，移栽至现蕾天数35.0d，移栽至中心花开放天数44.0d，全生育期144.0d。

化学成分：总糖6.90%，还原糖5.07%，两糖差1.83%，两糖比0.73，总氮3.19%，蛋白质13.29%，烟碱6.15%，钾1.74%，氯0.23%，钾氯比7.57，施木克值0.52，糖碱比1.12，氮碱比0.52。

小琥珀香

全国统一编号00002606

小琥珀香是吉林省延边朝鲜族自治州汪清县地方晒烟品种。

特征特性：株型筒形，叶形椭圆，叶尖渐尖，叶面较平，叶缘微波，叶色绿，叶耳中，叶片主脉细，叶片较厚，花序密集、球形，花色淡红，有花冠尖，种子椭圆形、深褐色，蒴果卵圆形，株高76.20cm，茎围5.50cm，节距4.53cm，叶数8.00片，腰叶长39.70cm，腰叶宽20.30cm，无叶柄，主侧脉夹角大，茎叶角度大，花冠长度4.37cm，花冠直径1.91cm，花萼长度0.53cm，千粒重0.109 6g，移栽至现蕾天数31.0d，移栽至中心花开放天数36.0d，全生育期134.0d。

抗病虫性：抗烟蚜，中抗赤星病，中感TMV、CMV和PVY，感青枯病。

外观质量：原烟淡棕色，色度弱，油分少，身份中等，结构尚疏松。

经济性状：产量65.65kg/亩，上中等烟比例61.17%。

十里坪烟

全国统一编号00002607

十里坪烟是吉林省延边朝鲜族自治州汪清县地方晒烟品种。

特征特性：株型塔形，叶形宽椭圆，叶尖渐尖，叶面平，叶缘平滑，叶色深绿，叶耳中，叶片主脉粗细中，叶片较厚，花序密集、球形，花色深红，有花冠尖，种子卵圆形、褐色，蒴果卵圆形，株高115.20cm，茎围8.80cm，节距7.88cm，叶数9.80片，腰叶长64.10cm，腰叶宽36.70cm，无叶柄，主侧脉夹角大，茎叶角度中，花冠长度3.73cm，花冠直径1.39cm，花萼长度0.79cm，千粒重0.071 2g，移栽至现蕾天数37.0d，移栽至中心花开放天数46.0d，全生育期137.0d。

万宝一号

全国统一编号00002609

万宝一号是吉林省延边朝鲜族自治州安图县地方晒烟品种。

特征特性： 株型塔形，叶形宽椭圆，叶尖渐尖，叶面较平，叶缘微波，叶色绿，叶耳中，叶片主脉粗细中，叶片较厚，花序密集、球形，花色深红，有花冠尖，种子椭圆形、深褐色，蒴果卵圆形，株高89.80cm，茎围9.20cm，节距4.15cm，叶数12.00片，腰叶长70.80cm，腰叶宽37.90cm，无叶柄，主侧脉夹角中，茎叶角度中，花冠长度4.01cm，花冠直径2.34cm，花萼长度0.85cm，千粒重0.090 8g，移栽至现蕾天数38.0d，移栽至中心花开放天数47.0d，全生育期142.0d。

万宝二号

全国统一编号00002610

万宝二号是吉林省延边朝鲜族自治州安图县地方晒烟品种。

特征特性：株型塔形，叶形宽椭圆，叶尖渐尖，叶面较平，叶缘微波，叶色绿，叶耳中，叶片主脉粗细中，叶片厚薄中等，花序密集、菱形，花色淡红，有花冠尖，种子卵圆形、深褐色，蒴果卵圆形，株高127.80cm，茎围8.20cm，节距4.88cm，叶数18.00片，腰叶长50.60cm，腰叶宽26.60cm，无叶柄，主侧脉夹角大，茎叶角度中，花冠长度3.57cm，花冠直径1.68cm，花萼长度1.17cm，千粒重0.073 0g，移栽至现蕾天数42.0d，移栽至中心花开放天数47.0d，全生育期145.0d。

抗病虫性：高抗烟蚜，中感CMV，感青枯病、赤星病、TMV和PVY。

外观质量：原烟棕色，色度中，油分稍有，身份中等，结构尚疏松。

化学成分：总糖0.92%，还原糖0.49%，两糖差0.43%，两糖比0.53，总氮3.60%，蛋白质4.37%，烟碱6.85%，钾1.34%，氯0.35%，钾氯比3.83，施木克值0.21，糖碱比0.13，氮碱比0.53。

评吸质量：香型风格晒红调味香型，香型程度微有，香气质中等，香气量有，浓度中等，余味尚舒适，杂气较轻，刺激性有，劲头较大，燃烧性较差，灰色黑灰，得分69.4。

经济性状：产量109.51kg/亩，中等烟比例64.19%。

万宝三号

全国统一编号00002611

万宝三号是吉林省延边朝鲜族自治州安图县地方晒烟品种。

特征特性：株型塔形，叶形宽椭圆，叶尖渐尖，叶面较平，叶缘微波，叶色绿，叶耳中，叶片主脉粗细中，叶片较厚，花序密集、球形，花色淡红，有花冠尖，种子椭圆形、深褐色，蒴果卵圆形，株高93.40cm，茎围6.30cm，节距4.17cm，叶数11.60片，腰叶长58.60cm，腰叶宽32.50cm，无叶柄，主侧脉夹角大，茎叶角度大，花冠长度4.62cm，花冠直径2.27cm，花萼长度0.66cm，千粒重0.064 2g，移栽至现蕾天数29.0d，移栽至中心花开放天数35.0d，全生育期139.0d。

松江一号

全国统一编号00002613

松江一号是吉林省延边朝鲜族自治州安图县地方晒烟品种。

特征特性：株型塔形，叶形椭圆，叶尖渐尖，叶面较平，叶缘微波，叶色绿，叶耳中，叶片主脉粗细中，叶片较厚，花序密集、球形，花色深红，有花冠尖，种子椭圆形、深褐色，蒴果卵圆形，株高95.40cm，茎围7.60cm，节距3.82cm，叶数13.20片，腰叶长69.10cm，腰叶宽33.80cm，无叶柄，主侧脉夹角中，茎叶角度中，花冠长度3.33cm，花冠直径1.82cm，花萼长度1.09cm，千粒重0.107 9g，移栽至现蕾天数38.0d，移栽至中心花开放天数46.0d，全生育期147.0d。

化学成分：总糖7.27%，还原糖5.67%，两糖差1.60%，两糖比0.78，总氮3.06%，蛋白质11.50%，烟碱7.06%，钾1.97%，氯0.21%，钾氯比9.38，施木克值0.63，糖碱比1.03，氮碱比0.43。

松江二号

全国统一编号00002614

松江二号是吉林省延边朝鲜族自治州安图县地方晒烟品种。

特征特性：株型塔形，叶形宽椭圆，叶尖渐尖，叶面较平，叶缘微波，叶色深绿，叶耳大，叶片主脉粗细中，叶片较厚，花序密集、球形，花色深红，有花冠尖，种子椭圆形、深褐色，蒴果卵圆形，株高103.60cm，茎围8.70cm，节距5.05cm，叶数11.60片，腰叶长65.00cm，腰叶宽34.80cm，无叶柄，主侧脉夹角中，茎叶角度大，花冠长度4.29cm，花冠直径1.48cm，花萼长度1.18cm，千粒重0.107 6g，移栽至现蕾天数36.0d，移栽至中心花开放天数43.0d，全生育期139.0d。

大沙河烟

全国统一编号00002615

大沙河烟是吉林省延边朝鲜族自治州安图县地方晒烟品种。

特征特性：株型塔形，叶形宽椭圆，叶尖渐尖，叶面较平，叶缘微波，叶色深绿，叶耳中，叶片主脉粗细中，叶片较厚，花序密集、球形，花色深红，有花冠尖，种子椭圆形、深褐色，蒴果卵圆形，株高98.00cm，茎围9.50cm，节距4.57cm，叶数11.60片，腰叶长60.40cm，腰叶宽32.80cm，无叶柄，主侧脉夹角大，茎叶角度大，花冠长度4.45cm，花冠直径2.24cm，花萼长度0.73cm，千粒重0.061 2g，移栽至现蕾天数35.0d，移栽至中心花开放天数43.0d，全生育期146.0d。

化学成分：总糖10.50%，还原糖6.75%，两糖差3.75%，两糖比0.64，总氮2.01%，蛋白质10.50%，烟碱2.20%，钾2.10%，氯0.13%，钾氯比16.15，施木克值1.00，糖碱比4.77，氮碱比0.91。

小沙河烟

全国统一编号00002616

小沙河烟是吉林省延边朝鲜族自治州安图县地方晒烟品种。

特征特性：株型塔形，叶形宽椭圆，叶尖渐尖，叶面平，叶缘微波，叶色深绿，叶耳中，叶片主脉粗细中，叶片较厚，花序密集、菱形，花色深红，有花冠尖，种子椭圆形、深褐色，蒴果卵圆形，株高98.20cm，茎围10.00cm，节距4.84cm，叶数11.00片，腰叶长67.80cm，腰叶宽38.90cm，无叶柄，主侧脉夹角中，茎叶角度大，花冠长度4.04cm，花冠直径1.52cm，花萼长度1.17cm，千粒重0.062 9g，移栽至现蕾天数36.0d，移栽至中心花开放天数43.0d，全生育期138.0d。

白河烟

全国统一编号00002617

白河烟是吉林省延边朝鲜族自治州安图县地方晒烟品种。

特征特性：株型塔形，叶形宽椭圆，叶尖急尖，叶面较皱，叶缘波浪，叶色深绿，叶耳中，叶片主脉粗细中，叶片厚，花序密集、球形，花色红，有花冠尖，种子卵圆形、浅褐色，蒴果长卵圆形，株高138.40cm，茎围8.10cm，节距8.20cm，叶数12.00片，腰叶长52.80cm，腰叶宽28.60cm，无叶柄，主侧脉夹角中，茎叶角度中，花冠长度5.45cm，花冠直径1.60cm，花萼长度0.58cm，千粒重0.069 9g，移栽至中心花开放天数71.0d。

南道烟

全国统一编号00002618

南道烟是吉林省延边朝鲜族自治州安图县地方晒烟品种。

特征特性： 株型塔形，叶形宽椭圆，叶尖急尖，叶面较平，叶缘微波，叶色绿，叶耳中，叶片主脉粗细中，叶片厚薄中等，花序密集、菱形，花色红，有花冠尖，种子椭圆形、深褐色，蒴果卵圆形，株高109.40cm，茎围10.30cm，节距3.58cm，叶数18.00片，腰叶长69.20cm，腰叶宽39.10cm，无叶柄，主侧脉夹角中，茎叶角度大，花冠长度3.31cm，花冠直径1.43cm，花萼长度1.21cm，千粒重0.108 8g，移栽至现蕾天数49.0d，移栽至中心花开放天数58.0d，全生育期147.0d。

化学成分： 总糖4.71%，还原糖3.37%，两糖差1.34%，两糖比0.72，总氮3.47%，蛋白质12.20%，烟碱8.78%，钾1.50%，氯0.26%，钾氯比5.77，施木克值0.39，糖碱比0.54，氮碱比0.40。

孟山草二号

全国统一编号00002619

孟山草二号是吉林省白山市浑江区地方晒烟品种。

特征特性：株型筒形，叶形宽椭圆，叶尖渐尖，叶面较平，叶缘平滑，叶色深绿，叶耳小，叶片主脉细，叶片较厚，花序密集、球形，花色淡红，有花冠尖，种子卵圆形、褐色，蒴果卵圆形，株高86.90cm，茎围5.20cm，节距4.99cm，叶数9.40片，腰叶长35.50cm，腰叶宽21.10cm，无叶柄，主侧脉夹角大，茎叶角度大，花冠长度3.87cm，花冠直径1.58cm，花萼长度0.72cm，千粒重0.068 3g，移栽至现蕾天数28.0d，移栽至中心花开放天数34.0d，全生育期124.0d。

哈达门烟

全国统一编号00002620

哈达门烟是吉林省白山市浑江区地方晒烟品种。

特征特性：株型塔形，叶形椭圆，叶尖渐尖，叶面较平，叶缘微波，叶色深绿，叶耳中，叶片主脉粗细中，叶片较厚，花序密集、菱形，花色红，有花冠尖，种子椭圆形、深褐色，蒴果卵圆形，株高100.80cm，茎围9.00cm，节距5.07cm，叶数11.00片，腰叶长67.50cm，腰叶宽31.60cm，无叶柄，主侧脉夹角中，茎叶角度中，花冠长度3.97cm，花冠直径1.91cm，花萼长度0.57cm，千粒重0.091 5g，移栽至现蕾天数40.0d，移栽至中心花开放天数45.0d，全生育期146.0d。

抗病虫性：感赤星病。

桦甸柳叶尖

全国统一编号00002621

桦甸柳叶尖是吉林省吉林市桦甸市地方晒烟品种。

特征特性：株型塔形，叶形宽椭圆，叶尖渐尖，叶面平，叶缘微波，叶色绿，叶耳中，叶片主脉粗细中，叶片厚薄中等，花序松散、菱形，花色红，有花冠尖，种子卵圆形、褐色，蒴果卵圆形，株高129.60cm，茎围8.80cm，节距5.46cm，叶数16.40片，腰叶长54.40cm，腰叶宽29.20cm，无叶柄，主侧脉夹角大，茎叶角度大，花冠长度5.01cm，花冠直径2.19cm，花萼长度0.69cm，千粒重0.092 5g，移栽至现蕾天数40.0d，移栽至中心花开放天数46.0d，全生育期145.0d。

小黄烟一号

全国统一编号00002622

小黄烟一号是吉林省吉林市桦甸市地方晒烟品种。

特征特性：株型塔形，叶形宽椭圆，叶尖急尖，叶面较平，叶缘微波，叶色绿，叶耳中，叶片主脉粗细中，叶片厚薄中等，花序密集、菱形，花色淡红，有花冠尖，种子椭圆形、深褐色，蒴果卵圆形，株高105.40cm，茎围8.70cm，节距3.83cm，叶数17.60片，腰叶长56.60cm，腰叶宽34.80cm，无叶柄，主侧脉夹角大，茎叶角度中，花冠长度3.24cm，花冠直径1.37cm，花萼长度0.80cm，千粒重0.069 1g，移栽至现蕾天数42.0d，移栽至中心花开放天数50.0d，全生育期146.0d。

小黄烟二号

全国统一编号00002623

小黄烟二号是吉林省吉林市桦甸市地方晒烟品种。

特征特性：株型塔形，叶形卵圆，叶尖渐尖，叶面平，叶缘微波，叶色深绿，叶耳无，叶片主脉粗细中，叶片厚薄中等，花序松散、菱形，花色淡红，有花冠尖，种子椭圆形、深褐色，蒴果卵圆形，株高94.00cm，茎围8.00cm，节距3.55cm，叶数13.80片，腰叶长41.00cm，腰叶宽21.20cm，叶柄3.70cm，主侧脉夹角中，茎叶角度中，花冠长度4.75cm，花冠直径2.41cm，花萼长度1.09cm，千粒重0.102 6g，移栽至现蕾天数31.0d，移栽至中心花开放天数36.0d，全生育期137.0d。

抗病虫性：抗TMV，中感赤星病、PVY，感青枯病、CMV。

外观质量：原烟棕色，色度中，油分有，身份中等，结构尚疏松。

化学成分：总糖0.88%，还原糖0.56%，两糖差0.32%，两糖比0.64，总氮3.38%，蛋白质7.90%，烟碱4.63%，钾1.30%，氯0.27%，钾氯比4.81，施木克值0.11，糖碱比0.19，氮碱比0.73。

经济性状：产量85.60kg/亩，上等烟比例8.85%，上中等烟比例73.74%。

敦化烟

全国统一编号00002624

敦化烟是吉林省延边朝鲜族自治州敦化市地方晒烟品种。

特征特性：株型塔形，叶形椭圆，叶尖渐尖，叶面较平，叶缘微波，叶色绿，叶耳中，叶片主脉细，叶片厚薄中等，花序密集、球形，花色深红，有花冠尖，种子椭圆形、深褐色，蒴果卵圆形，株高104.60cm，茎围8.40cm，节距3.97cm，叶数15.00片，腰叶长63.20cm，腰叶宽28.80cm，无叶柄，主侧脉夹角中，茎叶角度中，花冠长度4.19cm，花冠直径1.34cm，花萼长度1.34cm，千粒重0.081 4g，移栽至现蕾天数39.0d，移栽至中心花开放天数45.0d，全生育期140.0d。

牡丹一号

全国统一编号00002625

牡丹一号是吉林省延边朝鲜族自治州敦化市地方晒烟品种。

特征特性：株型塔形，叶形宽椭圆，叶尖渐尖，叶面较平，叶缘微波，叶色绿，叶耳中，叶片主脉粗细中，叶片厚薄中等，花序密集、菱形，花色红，有花冠尖，种子卵圆形、深褐色，蒴果圆形，株高88.60cm，茎围10.30cm，节距3.12cm，叶数13.60片，腰叶长66.40cm，腰叶宽36.80cm，无叶柄，主侧脉夹角大，茎叶角度大，花冠长度5.45cm，花冠直径2.27cm，花萼长度0.70cm，千粒重0.096 8g，移栽至现蕾天数42.0d，移栽至中心花开放天数48.0d，全生育期140.0d。

外观质量：原烟红棕色，色度强。

化学成分：总糖3.94%，还原糖1.25%，两糖差2.69%，两糖比0.32，总氮3.33%，蛋白质14.69%，烟碱5.56%，施木克值0.27，糖碱比0.71，氮碱比0.60。

评吸质量：香型风格晒红香型，香型程度显著，香气量足，浓度浓，余味尚舒适，杂气有，刺激性有+，劲头大，燃烧性强，灰色灰白，质量档次好。

蛟河烟

全国统一编号00002630

蛟河烟是吉林省吉林市蛟河市地方晒烟品种。

特征特性：株型塔形，叶形长椭圆，叶尖渐尖，叶面平，叶缘波浪，叶色绿，叶耳小，叶片主脉粗细中，叶片较厚，花序松散、菱形，花色淡红，有花冠尖，种子卵圆形、褐色，蒴果卵圆形，株高132.00cm，茎围8.60cm，节距6.26cm，叶数15.00片，腰叶长58.70cm，腰叶宽21.30cm，叶柄4.00cm，主侧脉夹角中，茎叶角度中，花冠长度5.53cm，花冠直径2.37cm，花萼长度0.85cm，千粒重0.071 2g，移栽至现蕾天数46.0d，移栽至中心花开放天数54.0d。

抗病虫性：中抗PVY，中感青枯病、TMV和CMV，感黑胫病和根结线虫病。

外观质量：原烟红棕色，色度中，油分多，身份稍薄，结构紧密。

化学成分：总糖3.20%，还原糖1.91%，两糖差1.29%，两糖比0.60，总氮2.84%，蛋白质9.20%，烟碱2.90%，钾2.54%，氯0.10%，钾氯比24.90，施木克值0.35，糖碱比1.10，氮碱比0.98。

评吸质量：香气质较好，香气量有，余味尚舒适，杂气有，刺激性有，劲头适中，燃烧性强，灰色灰白。

经济性状：产量82.78kg/亩。

延晒四号

全国统一编号00002977

延晒四号是延边朝鲜族自治州农业科学院选育的晒烟品种。

特征特性：株型筒形，叶形椭圆，叶尖渐尖，叶面较皱，叶缘微波，叶色绿，叶耳大，叶片主脉粗，叶片厚薄中等，花序密集、菱形，花色深红，有花冠尖，株高101.32cm，茎围7.60cm，节距5.52cm，叶数12.60片，腰叶长59.00cm，腰叶宽27.60cm，无叶柄，主侧脉夹角小，茎叶角度中，移栽至现蕾天数39.0d，移栽至中心花开放天数45.0d。

延晒五号

全国统一编号00002978

延晒五号是延边朝鲜族自治州农业科学院选育的晒烟品种。

特征特性：株型塔形，叶形椭圆，叶尖渐尖，叶面较平，叶缘微波，叶色绿，叶耳大，叶片主脉粗，叶片较厚，花序密集、球形，花色深红，有花冠尖，株高100.60cm，茎围7.70cm，节距4.40cm，叶数16.00片，腰叶长37.60cm，腰叶宽18.30cm，无叶柄，主侧脉夹角中，茎叶角度中，移栽至现蕾天数51.0d，移栽至中心花开放天数58.0d。

农安矮株大叶黄

全国统一编号00002980

农安矮株大叶黄是吉林省长春市农安县地方晒烟品种。

特征特性：株型橄榄形，叶形椭圆，叶尖渐尖，叶面平，叶缘平滑，叶色浅绿，叶耳小，叶片主脉粗细中，叶片厚薄中等，花序松散、球形，花色红，有花冠尖，株高113.60cm，茎围7.50cm，节距3.96cm，叶数20.20片，腰叶长59.80cm，腰叶宽25.70cm，无叶柄，主侧脉夹角中，茎叶角度小，移栽至现蕾天数53.0d，移栽至中心花开放天数59.0d。

吉林农安晒黄烟（宽叶）

全国统一编号00004183

吉林农安晒黄烟（宽叶）是吉林省长春市农安县地方晒烟品种。

特征特性：株型塔形，叶形椭圆，叶尖渐尖，叶面较平，叶缘微波，叶色黄绿，叶耳大，叶片主脉粗细中，叶片较薄，花序松散、菱形，花色淡红，有花冠尖，种子椭圆形、深褐色，蒴果卵圆形，株高169.79cm，茎围9.18cm，节距6.76cm，叶数19.20片，腰叶长70.00cm，腰叶宽35.80cm，无叶柄，主侧脉夹角大，茎叶角度小，花冠长度4.73cm，花冠直径1.58cm，花萼长度1.25cm，千粒重0.060 0g，移栽至现蕾天数52.0d，移栽至中心花开放天数65.0d，全生育期157.0d。

评吸质量：香型风格晒黄香型。

农安晒黄

全国统一编号00004211

农安晒黄是吉林省长春市农安县地方晒烟品种。

特征特性：株型橄榄形，叶形椭圆，叶尖急尖，叶面较平，叶缘微波，叶色绿，叶耳大，叶片主脉粗细中，叶片厚薄中等，花序松散、倒圆锥形，花色淡红，有花冠尖，种子卵圆形、褐色，蒴果卵圆形，株高154.40cm，茎围10.80cm，节距4.90cm，叶数19.20片，腰叶长73.80cm，腰叶宽34.50cm，无叶柄，主侧脉夹角大，茎叶角度小，花冠长度4.72cm，花冠直径2.42cm，花萼长度1.38cm，千粒重0.050 0g，移栽至现蕾天数57.0d，移栽至中心花开放天数63.0d，全生育期153.0d。

延边青旱烟

全国统一编号00004224

延边青旱烟是吉林省延边朝鲜族自治州地方晒烟品种。

特征特性：株型塔形，叶形椭圆，叶尖渐尖，叶面平，叶缘平滑，叶色绿，叶耳中，叶片主脉细，叶片厚薄中等，花序密集、倒圆锥形，花色淡红，有花冠尖，种子椭圆形、褐色，蒴果卵圆形，株高130.10cm，茎围8.35cm，节距5.10cm，叶数18.10片，腰叶长74.65cm，腰叶宽37.60cm，无叶柄，主侧脉夹角中，茎叶角度中，花冠长度4.64cm，花冠直径2.20cm，花萼长度1.54cm，千粒重0.090 0g，移栽至现蕾天数38.0d，移栽至中心花开放天数45.0d，全生育期156.0d。

漂河晒烟

全国统一编号00004229

漂河晒烟是吉林省吉林市蛟河市漂河镇地方晒烟品种。

特征特性：株型塔形，叶形椭圆，叶尖钝尖，叶面较皱，叶缘波浪，叶色深绿，叶耳大，叶片主脉粗细中，叶片厚，花序密集、菱形，花色淡红，有花冠尖，种子椭圆形、褐色，蒴果卵圆形，株高152.40cm，茎围10.00cm，节距6.19cm，叶数15.40片，腰叶长68.98cm，腰叶宽34.82cm，无叶柄，主侧脉夹角大，茎叶角度中，花冠长度5.42cm，花冠直径1.86cm，花萼长度1.47cm，千粒重0.110 0g，移栽至现蕾天数47.0d，移栽至中心花开放天数57.0d，全生育期158.0d。

延边青九密

全国统一编号00004230

延边青九密是吉林省延边朝鲜族自治州地方晒烟品种。

特征特性：株型塔形，叶形宽椭圆，叶尖渐尖，叶面平，叶缘平滑，叶色绿，叶耳中，叶片主脉粗细中，叶片较厚，花序密集、倒圆锥形，花色红，有花冠尖，种子椭圆形、深褐色，蒴果卵圆形，株高165.30cm，茎围9.55cm，节距5.05cm，叶数24.10片，腰叶长75.90cm，腰叶宽40.40cm，无叶柄，主侧脉夹角大，茎叶角度中，花冠长度5.31cm，花冠直径1.77cm，花萼长度1.39cm，千粒重0.120 0g，移栽至现蕾天数55.0d，移栽至中心花开放天数66.0d，全生育期176.0d。

吉林农安晒黄烟（窄叶）

全国统一编号00004243

吉林农安晒黄烟（窄叶）是吉林省长春市农安县地方晒烟品种。

特征特性：株型筒形，叶形椭圆，叶尖渐尖，叶面平，叶缘平滑，叶色黄绿，叶耳大，叶片主脉粗细中，叶片厚薄中等，花序松散、菱形，花色红，有花冠尖，种子卵圆形、深褐色，蒴果卵圆形，株高185.40cm，茎围9.80cm，节距6.08cm，叶数25.40片，腰叶长68.80cm，腰叶宽34.20cm，无叶柄，主侧脉夹角大，茎叶角度中，花冠长度4.87cm，花冠直径1.82cm，花萼长度1.51cm，千粒重0.100 0g，移栽至现蕾天数60.0d，移栽至中心花开放天数75.0d，全生育期159.0d。

评吸质量：香型风格晒黄香型。

吉林小白花

全国统一编号00004248

吉林小白花是吉林省地方晒烟品种。

特征特性：株型塔形，叶形宽椭圆，叶尖渐尖，叶面较皱，叶缘波浪，叶色深绿，叶耳大，叶片主脉粗细中，叶片厚，花序密集、球形，花色淡红，有花冠尖，种子卵圆形、浅褐色，蒴果圆形，株高132.00cm，茎围10.46cm，节距5.10cm，叶数15.80片，腰叶长61.24cm，腰叶宽33.94cm，无叶柄，主侧脉夹角大，茎叶角度大，花冠长度5.08cm，花冠直径2.50cm，花萼长度1.42cm，千粒重0.180 0g，移栽至现蕾天数47.0d，移栽至中心花开放天数58.0d，全生育期158.0d。

吉林晒黄烟（矮）

全国统一编号00004261

吉林晒黄烟（矮）是吉林省地方晒烟品种。

特征特性：株型筒形，叶形椭圆，叶尖渐尖，叶面较平，叶缘微波，叶色黄绿，叶耳大，叶片主脉粗细中，叶片厚，花序密集、球形，花色红，有花冠尖，种子椭圆形、褐色，蒴果卵圆形，株高99.40cm，茎围9.26cm，节距3.77cm，叶数13.20片，腰叶长60.88cm，腰叶宽28.32cm，无叶柄，主侧脉夹角大，茎叶角度中，花冠长度3.96cm，花冠直径2.15cm，花萼长度1.34cm，千粒重0.120 0g，移栽至现蕾天数47.0d，移栽至中心花开放天数60.0d，全生育期158.0d。

延晒七号

全国统一编号00004327

延晒七号是吉林省延边朝鲜族自治州农业科学院选育的晒烟品种，系谱为太兴烟×万宝四号。

特征特性：株型塔形，叶形椭圆，叶尖渐尖，叶面较皱，叶缘波浪，叶色绿，叶耳中，叶片主脉粗细中，叶片厚薄中等，花序密集、球形，花色淡红，有花冠尖，种子椭圆形、褐色，蒴果卵圆形，株高141.00cm，茎围8.60cm，节距5.40cm，叶数15.60片，腰叶长66.00cm，腰叶宽27.60cm，无叶柄，主侧脉夹角中，茎叶角度中，花冠长度3.96cm，花冠直径1.52cm，花萼长度1.30cm，千粒重0.170 0g，移栽至中心花开放天数45.0d。

抗病虫性：高抗赤星病，中抗TMV和PVY。

外观质量：原烟红棕色，色度强，油分有，身份中等，结构尚疏松。

化学成分：总糖4.34%，总氮3.52%，蛋白质17.21%，烟碱4.84%，氯0.23%，施木克值0.25，糖碱比0.90，氮碱比0.73。

评吸质量：香型风格晒红调味香型，香气质中等，香气量有，余味尚舒适，杂气有，刺激性有，劲头较小。

经济性状：产量163.29kg/亩。

KP-2001

全国统一编号00005109

KP-2001是吉林省延边朝鲜族自治州农业科学院选育的晒烟品种。

特征特性：株型塔形，叶形椭圆，叶尖渐尖，叶面较平，叶缘微波，叶色绿，叶耳中，叶片主脉粗，叶片较厚，花序密集、菱形，花色淡红，有花冠尖，种子卵圆形、褐色，蒴果卵圆形，株高143.20cm，茎围9.25cm，节距4.60cm，叶数20.40片，腰叶长73.15cm，腰叶宽34.05cm，无叶柄，主侧脉夹角中，茎叶角度中，花冠长度5.37cm，花冠直径1.76cm，花萼长度1.53cm，千粒重0.180 0g，移栽至现蕾天数50.0d，移栽至中心花开放天数57.0d，全生育期153.0d。

KP-2002

全国统一编号00005146

KP-2002是吉林省延边朝鲜族自治州农业科学院选育的晒烟品种。

特征特性：株型塔形，叶形椭圆，叶尖渐尖，叶面较平，叶缘微波，叶色绿，叶耳中，叶片主脉粗，叶片厚薄中等，花序密集、菱形，花色红，有花冠尖，种子卵圆形、褐色，蒴果卵圆形，株高134.40cm，茎围9.20cm，节距4.50cm，叶数21.20片，腰叶长75.20cm，腰叶宽34.70cm，无叶柄，主侧脉夹角中，茎叶角度中，花冠长度5.26cm，花冠直径2.32cm，花萼长度1.44cm，千粒重0.070 0g，移栽至现蕾天数57.0d，移栽至中心花开放天数69.0d，全生育期161.0d。

延吉朝阳晚熟

全国统一编号00005314

延吉朝阳晚熟是吉林省延吉市地方晒烟品种。

特征特性：株型筒形，叶形椭圆，叶尖渐尖，叶面平，叶缘微波，叶色绿，叶耳大，叶片主脉粗细中，叶片较厚，花序密集、扁球形，花色红，有花冠尖，种子卵圆形，株高118.47cm，茎围5.03cm，节距5.90cm，叶数13.30片，腰叶长29.73cm，腰叶宽18.48cm，无叶柄，主侧脉夹角大，茎叶角度大，花冠长度5.12cm，花冠直径2.72cm，花萼长度1.98cm，移栽至现蕾天数29.0d，移栽至中心花开放天数38.0d。

延边依世草

全国统一编号00005315

延边依世草是吉林省延边朝鲜族自治州地方晒烟品种。

特征特性：株型塔形，叶形卵圆，叶尖渐尖，叶面较平，叶缘微波，叶色绿，叶耳小，叶片主脉粗细中，叶片厚薄中等，花序松散、倒圆锥形，花色深红，有花冠尖，种子卵圆形，株高108.70cm，茎围5.34cm，节距5.38cm，叶数13.20片，腰叶长40.99cm，腰叶宽18.96cm，叶柄4.24cm，主侧脉夹角大，茎叶角度大，花冠长度5.89cm，花冠直径3.13cm，花萼长度2.62cm，移栽至现蕾天数31.0d，移栽至中心花开放天数40.0d。

桦甸晒黄

全国统一编号00005337

桦甸晒黄是吉林省吉林市桦甸市地方晒烟品种。

特征特性： 株型塔形，叶形椭圆，叶尖渐尖，叶面平，叶缘平滑，叶色绿，叶耳大，叶片主脉粗细中，叶片厚，花序密集、球形，花色红，有花冠尖，种子卵圆形，株高157.40cm，茎围8.04cm，节距5.20cm，叶数22.40片，腰叶长54.20cm，腰叶宽24.80cm，无叶柄，主侧脉夹角中，茎叶角度小，花冠长度5.53cm，花冠直径2.86cm，花萼长度2.24cm，移栽至现蕾天数65.0d，移栽至中心花开放天数80.0d。

评吸质量： 香型风格晒黄香型。

吉林大白花

全国统一编号00005343

吉林大白花是吉林省吉林市地方晒烟品种。

特征特性： 株型筒形，叶形卵圆，叶尖急尖，叶面较平，叶缘平滑，叶色深绿，叶耳大，叶片主脉粗细中，叶片厚，花序密集、球形，花色淡红，有花冠尖，种子卵圆形，株高114.80cm，茎围5.50cm，节距4.62cm，叶数15.00片，腰叶长47.10cm，腰叶宽24.42cm，无叶柄，主侧脉夹角中，茎叶角度小，花冠长度5.20cm，花冠直径3.08cm，花萼长度1.98cm，移栽至现蕾天数42.0d，移栽至中心花开放天数51.0d。

抗病虫性： 中抗TMV、PVY、赤星病和野火病。

外观质量： 原烟红黄色，叶片稍厚，油分有。

评吸质量： 香气量足，劲头适中，气味纯正，燃烧性好。

经济性状： 产量145.00kg/亩。

栽培要点： 在中上等地块种烟，亩施纯氮5kg，N：P_2O_5：K_2O=1：1：2，属中早熟品种，5月25日栽烟，不栽6月烟，充分成熟及时采收晾晒，并做好防风防雨工作。

漂河一号

全国统一编号00005344

漂河一号是吉林省吉林市蛟河市漂河镇地方晒烟品种。

特征特性：株型塔形，叶形椭圆，叶尖急尖，叶面较平，叶缘微波，叶色绿，叶耳中，叶片主脉粗细中，叶片厚薄中等，花序密集、球形，花色红，有花冠尖，种子肾形，株高122.70cm，茎围7.73cm，节距4.75cm，叶数16.90片，腰叶长49.25cm，腰叶宽25.64cm，无叶柄，主侧脉夹角中，茎叶角度小，花冠长度5.43cm，花冠直径2.64cm，花萼长度1.87cm，移栽至现蕾天数47.0d，移栽至中心花开放天数59.0d。

抗病虫性：中抗TMV、PVY、赤星病和野火病。

化学成分：总糖10.54%，还原糖8.48%，两糖差2.06%，两糖比0.80，总氮2.71%，蛋白质12.83%，烟碱3.83%，钾2.45%，氯0.48%，钾氯比5.10，施木克值0.82，糖碱比2.75，氮碱比0.71。

外观质量：原烟红黄色，组织结构细致，富有油分。

评吸质量：香气量足，杂气较轻，劲头较大，气味纯正，燃烧性好。

调制要点：采收在晴天露水干后采收，从上向下三次采收，南北搭架，上架后，烟叶尽量靠紧，盖上塑料薄膜和草帘子遮阳，经4～7d烟叶变7成黄，即转入变红期，绳、杆的距离10cm，晴天夜间不要盖农膜，吃露吸水，早上轻抖烟绳避免烟叶粘连，使其吃露均匀，烟叶干后不再吃露，否则烟叶干后不颜亮。烟筋全干后，吃露下架，水分不超过18%。

延晒三号

全国统一编号00005345

延晒三号是延边朝鲜族自治州农业科学院选育的晒烟品种。

特征特性：株型塔形，叶形卵圆，叶尖急尖，叶面较平，叶缘微波，叶色绿，叶耳中，叶片主脉粗，叶片厚薄中等，花序密集、球形，花色深红，有花冠尖，种子卵圆形，株高127.47cm，茎围5.22cm，节距5.95cm，叶数14.70片，腰叶长38.90cm，腰叶宽21.30cm，无叶柄，主侧脉夹角中，茎叶角度中，花冠长度5.13cm，花冠直径3.15cm，花萼长度2.41cm，移栽至现蕾天数41.0d，移栽至中心花开放天数49.0d。

抗病虫性：中抗TMV，中感PVY。

凤林晒烟

全国统一编号00005347

凤林晒烟是吉林省延边朝鲜族自治州龙井市地方晒烟品种。

特征特性： 株型塔形，叶形宽卵圆，叶尖渐尖，叶面平，叶缘平滑，叶色绿，叶耳中，叶片主脉粗，叶片厚薄中等，花序密集、球形，花色深红，有花冠尖，种子卵圆形，株高143.20cm，茎围6.40cm，节距4.78cm，叶数21.50片，腰叶长31.30cm，腰叶宽20.60cm，无叶柄，主侧脉夹角中，茎叶角度小，花冠长度5.11cm，花冠直径3.21cm，花萼长度2.28cm，移栽至现蕾天数38.0d，移栽至中心花开放天数48.0d。

外观质量： 原烟深棕色，色度中，油分有，身份中等，结构尚疏松。

化学成分： 总糖2.78%，还原糖2.55%，两糖差0.23%，两糖比0.92，总氮3.72%，蛋白质17.87%，烟碱4.98%，施木克值0.16，糖碱比0.56，氮碱比0.75。

评吸质量： 香型风格晒红香型，香型程度较显，香气量多，浓度浓，余味尚舒适，杂气有，刺激性有+，劲头大，燃烧性强，灰色灰白，质量档次好。

梨树早熟

全国统一编号00005358

梨树早熟是吉林省四平市梨树县地方晒烟品种。

特征特性：株型塔形，叶形卵圆，叶尖渐尖，叶面较皱，叶缘平滑，叶色深绿，叶耳小，叶片主脉粗，叶片较薄，花序密集、菱形，花色红，有花冠尖，种子卵圆形，株高106.10cm，茎围5.77cm，节距4.77cm，叶数13.90片，腰叶长38.70cm，腰叶宽20.65cm，叶柄2.00cm，主侧脉夹角大，茎叶角度中，花冠长度4.89cm，花冠直径2.77cm，花萼长度2.00cm，移栽至现蕾天数38.0d，移栽至中心花开放天数45.0d。

化学成分：总糖5.12%，还原糖3.65%，两糖差1.47%，两糖比0.71，总氮2.96%，蛋白质12.34%，烟碱5.73%，钾1.87%，氯0.27%，钾氯比6.93，施木克值0.41，糖碱比0.89，氮碱比0.52。

桦甸晒红烟

全国统一编号00005365

桦甸晒红烟是吉林省吉林市桦甸市地方晒烟品种。

特征特性：株型塔形，叶形长卵圆，叶尖渐尖，叶面平，叶缘平滑，叶色绿，叶耳大，叶片主脉粗细中，叶片厚薄中等，花序松散、菱形，花色淡红，有花冠尖，种子卵圆形，株高110.76cm，茎围7.85cm，节距4.45cm，叶数15.90片，腰叶长47.80cm，腰叶宽22.20cm，无叶柄，主侧脉夹角中，茎叶角度中，花冠长度5.37cm，花冠直径2.59cm，花萼长度2.29cm，移栽至现蕾天数43.0d，移栽至中心花开放天数53.0d。

第二节　吉林省黄花烟种质资源

蛤蟆烟

全国统一编号00002188

蛤蟆烟是吉林省白城市地方黄花烟品种。

特征特性：株型塔形，叶形宽卵圆，叶尖钝尖，叶面较皱，叶缘微波，叶色深绿，叶耳无，叶片主脉细，叶片较厚，花序密集、球形，花色黄，有花冠尖，种子肾形、褐色，蒴果卵圆形，株高83.20cm，茎围7.60cm，节距5.88cm，叶数10.80片，腰叶长40.30cm，腰叶宽32.50cm，叶柄8.90cm，主侧脉夹角大，茎叶角度大，千粒重0.161 5g，移栽至现蕾天数30.0d，移栽至中心花开放天数38.0d，全生育期128.0d。

外观质量：原烟青黄色，色度强，油分有，身份稍厚，结构稍密。

经济性状：产量95.00kg/亩。

第四章　辽宁省晾晒烟种质资源

第一节　辽宁省晒烟种质资源

护脖香1365

全国统一编号00000556

护脖香1365是辽宁省锦州市地方晒烟品种。

特征特性：株型筒形，叶形宽椭圆，叶尖钝尖，叶面平，叶缘平滑，叶色深绿，叶耳大，叶片主脉细，叶片较厚，花序密集、球形，花色淡红，有花冠尖，种子卵圆形、深褐色，蒴果卵圆形，株高108.80cm，茎围6.80cm，节距5.53cm，叶数11.00片，腰叶长46.90cm，腰叶宽25.20cm，无叶柄，主侧脉夹角大，茎叶角度中，花冠长度4.65cm，花冠直径1.24cm，花萼长度0.90cm，千粒重0.072 7g，移栽至现蕾天数34.0d，移栽至中心花开放天数42.0d，全生育期137.0d。

抗病虫性：中感黑胫病和TMV，感CMV和PVY。

外观质量：原烟红棕色，色度弱，油分稍有，身份稍薄，结构尚疏松。

评吸质量：香气质较差，香气量有，余味欠适，杂气有，刺激性有，劲头大，燃烧性中等，灰色灰白。

经济性状：产量85.46kg/亩。

护脖香1359

全国统一编号00000557

护脖香1359是辽宁省铁岭市开原市地方晒烟品种。

特征特性：株型筒形，叶形椭圆，叶尖急尖，叶面较平，叶缘微波，叶色深绿，叶耳中，叶片主脉粗细中，叶片厚，花序松散、菱形，花色红，有花冠尖，种子卵圆形、褐色，蒴果卵圆形，株高113.80cm，茎围9.20cm，节距3.91cm，叶数19.40片，腰叶长62.00cm，腰叶宽30.00cm，无叶柄，主侧脉夹角小，茎叶角度大，花冠长度5.19cm，花冠直径1.39cm，花萼长度0.50cm，千粒重0.070 0g，移栽至现蕾天数30.0d，移栽至中心花开放天数40.0d，全生育期144.0d。

护脖香1368

全国统一编号00000558

护脖香1368是辽宁省辽阳市地方晒烟品种。

特征特性：株型塔形，叶形宽椭圆，叶尖钝尖，叶面平，叶缘波浪，叶色绿，叶耳中，叶片主脉细，叶片较薄，花序松散、球形，花色淡红，有花冠尖，种子卵圆形、褐色，蒴果长卵圆形，株高131.80cm，茎围8.14cm，节距5.55cm，叶数16.00片，腰叶长59.80cm，腰叶宽36.20cm，无叶柄，主侧脉夹角大，茎叶角度甚大，花冠长度3.77cm，花冠直径2.18cm，花萼长度0.89cm，千粒重0.088 7g，移栽至现蕾天数58.0d，移栽至中心花开放天数66.0d，全生育期151.0d。

抗病虫性：中抗黑胫病、TMV，中感赤星病，感青枯病、CMV和PVY，高感烟蚜。

外观质量：原烟红棕色，色度中，油分有，身份稍薄，结构尚疏松，得分7.94，综合评价中。

化学成分：总糖6.22%，还原糖5.90%，两糖差0.32%，两糖比0.95，总氮3.08%，蛋白质6.69%，烟碱7.08%，钾2.42%，氯0.23%，钾氯比10.52，施木克值0.93，糖碱比0.88，氮碱比0.44。

评吸质量：香型风格半香料香型，香型程度有+，香气质较好，香气量较足，浓度较浓，余味较舒适，杂气较轻，刺激性有，劲头适中+，燃烧性较强，灰色灰白，得分75.2，质量档次较好−。

经济性状：产量92.39kg/亩，上等烟比例9.06%，上中等烟比例70.37%。

护脖香1370

全国统一编号00000559

护脖香1370是辽宁省铁岭市昌图县地方晒烟品种。

特征特性：株型筒形，叶形长卵圆，叶尖尾状，叶面平，叶缘平滑，叶色深绿，叶耳大，叶片主脉粗细中，叶片厚，花序松散、菱形，花色淡红，有花冠尖，种子椭圆形、褐色，蒴果卵圆形，株高100.40cm，茎围7.20cm，节距5.20cm，叶数12.00片，腰叶长47.10cm，腰叶宽20.40cm，叶柄3.00cm，主侧脉夹角中，茎叶角度甚大，花冠长度5.03cm，花冠直径1.18cm，花萼长度1.01cm，千粒重0.076 9g，移栽至现蕾天数28.0d，移栽至中心花开放天数40.0d，全生育期144.0d。

护脖香1382

全国统一编号00000560

护脖香1382是辽宁省鞍山市岫岩满族自治县地方晒烟品种。

特征特性：株型筒形，叶形椭圆，叶尖渐尖，叶面平，叶缘平滑，叶色绿，叶耳中，叶片主脉细，叶片厚薄中等，花序松散、菱形，花色红，有花冠尖，种子椭圆形、褐色，蒴果长卵圆形，株高124.00cm，茎围5.33cm，节距4.00cm，叶数20.00片，腰叶长59.80cm，腰叶宽30.00cm，无叶柄，主侧脉夹角大，茎叶角度中，花冠长度3.94cm，花冠直径2.03cm，花萼长度1.46cm，千粒重0.082 6g，移栽至现蕾天数65.0d，移栽至中心花开放天数76.0d，全生育期158.0d。

抗病虫性：中感黑胫病、赤星病和TMV，感青枯病、CMV、PVY和烟蚜。

外观质量：原烟红棕色，色度浓，油分有，身份中等，结构尚疏松。

化学成分：总糖15.60%，还原糖14.10%，两糖差1.50%，两糖比0.90，总氮1.72%，蛋白质11.97%，烟碱2.24%，钾2.53%，氯0.11%，钾氯比23.00，施木克值1.30，糖碱比6.96，氮碱比0.77。

评吸质量：香型风格晒红调味香型，香型程度较显-，香气质较好，香气量较足，浓度较浓，余味较舒适，杂气较轻，刺激性有，劲头适中，燃烧性中等，灰色灰白，得分72.3，质量档次中等+。

经济性状：产量99.65kg/亩，上等烟比例12.67%，上中等烟比例79.20%。

小护脖香

全国统一编号00000561

小护脖香是辽宁省本溪市桓仁满族自治县地方晒烟品种。

特征特性：株型筒形，叶形椭圆，叶尖急尖，叶面较平，叶缘微波，叶色绿，叶耳中，叶片主脉细，叶片厚薄中等，花序松散、球形，花色红，有花冠尖，种子卵圆形、褐色，蒴果卵圆形，株高147.80cm，茎围5.12cm，节距4.39cm，叶数21.20片，腰叶长53.60cm，腰叶宽27.60cm，无叶柄，主侧脉夹角中，茎叶角度大，花冠长度3.56cm，花冠直径2.09cm，花萼长度0.87cm，千粒重0.088 3g，移栽至现蕾天数66.0d，移栽至中心花开放天数78.0d，全生育期167.0d。

抗病虫性：中抗黑胫病和烟蚜，中感赤星病和TMV，感青枯病、CMV和PVY。

外观质量：原烟红棕色，色度浓，油分多，身份中等，结构疏松，得分10.00，综合评价优+。

化学成分：总糖16.20%，还原糖14.60%，两糖差1.60%，两糖比0.90，总氮1.88%，蛋白质7.59%，烟碱2.86%，钾2.58%，氯0.19%，钾氯比13.58，施木克值2.13，糖碱比5.66，氮碱比0.66。

评吸质量：香型风格晒红调味香型，香型程度较显，香气质较好，香气量较足，浓度较浓，余味较舒适，杂气较轻，刺激性有，劲头适中，燃烧性中等，灰色灰白，得分74.6，质量档次中等+。

经济性状：产量117.78kg/亩，上等烟比例20.23%，上中等烟比例92.47%。

大护脖香

全国统一编号00000562

大护脖香是辽宁省本溪市桓仁满族自治县地方晒烟品种。

特征特性：株型塔形，叶形椭圆，叶尖急尖，叶面较皱，叶缘波浪，叶色深绿，叶耳小，叶片主脉粗，叶片厚，花序松散、球形，花色红，有花冠尖，种子卵圆形、浅褐色，蒴果长卵圆形，株高84.60cm，茎围4.71cm，节距3.28cm，叶数13.60片，腰叶长56.80cm，腰叶宽28.80cm，无叶柄，主侧脉夹角大，茎叶角度大，花冠长度3.44cm，花冠直径1.89cm，花萼长度1.56cm，千粒重0.081 6g，移栽至现蕾天数54.0d，移栽至中心花开放天数60.0d，全生育期149.0d。

抗病虫性：抗黑胫病和PVY，中感赤星病和TMV，感CMV和烟蚜。

外观质量：原烟棕色，色度中，油分有，身份中等，结构尚疏松，得分7.86，综合评价中。

化学成分：总糖14.10%，还原糖12.70%，两糖差1.40%，两糖比0.90，总氮2.40%，蛋白质9.42%，烟碱4.16%，钾2.84%，氯0.21%，钾氯比13.52，施木克值1.50，糖碱比3.39，氮碱比0.58。

评吸质量：香型风格晒红亚雪茄香型，香型程度较显，香气质较好，香气量较足，浓度较浓，余味较舒适，杂气较轻，刺激性有，劲头适中+，燃烧性中等，灰色灰白，得分72.8，质量档次中等+。

经济性状：产量93.84kg/亩，上等烟比例8.92%，上中等烟比例80.75%。

葵花烟

全国统一编号00000563

葵花烟是辽宁省朝阳市北票市地方晒烟品种。

特征特性：株型筒形，叶形椭圆，叶尖渐尖，叶面皱，叶缘微波，叶色绿，叶耳大，叶片主脉细，叶片厚薄中等，花序密集、扁球形，花色淡红，有花冠尖，种子椭圆形、深褐色，蒴果卵圆形，株高126.80cm，茎围8.90cm，节距3.84cm，叶数22.60片，腰叶长52.70cm，腰叶宽25.60cm，无叶柄，主侧脉夹角中，茎叶角度甚大，花冠长度5.52cm，花冠直径1.33cm，花萼长度0.53cm，千粒重0.065 3g，移栽至现蕾天数35.0d，移栽至中心花开放天数45.0d，全生育期144.0d。

外观质量：原烟棕色，色度弱。

化学成分：总糖2.35%，还原糖1.20%，两糖差1.15%，两糖比0.51，总氮2.78%，蛋白质10.99%，烟碱5.91%，施木克值0.21，糖碱比0.40，氮碱比0.47。

评吸质量：香型风格晒红香型，香型程度有，香气量有，浓度中等，余味尚舒适，杂气有+，刺激性有，劲头适中+，燃烧性中等，灰色灰白，质量档次中等。

柳叶尖1324

全国统一编号00000564

柳叶尖1324是辽宁省抚顺市清原满族自治县地方晒烟品种。

特征特性：株型筒形，叶形椭圆，叶尖急尖，叶面较皱，叶缘波浪，叶色深绿，叶耳中，叶片主脉粗细中，叶片厚，花序密集、扁球形，花色红，有花冠尖，种子卵圆形、浅褐色，蒴果长卵圆形，株高111.99cm，茎围3.92cm，节距3.58cm，叶数18.2片，腰叶长52.80cm，腰叶宽25.80cm，无叶柄，主侧脉夹角大，茎叶角度大，花冠长度4.12cm，花冠直径2.11cm，花萼长度1.31cm，千粒重0.084 7g，移栽至现蕾天数54.0d，移栽至中心花开放天数59.0d，全生育期141.0d。

抗病虫性：抗黑胫病和TMV，中感赤星病和PVY，感青枯病、CMV和烟蚜。

外观质量：原烟红棕色，色度强，油分有，身份中等，结构尚疏松，得分8.72，综合评价优-。

化学成分：总糖20.90%，还原糖19.50%，两糖差1.40%，两糖比0.93，总氮1.60%，蛋白质12.99%，烟碱1.65%，钾2.82%，氯0.11%，钾氯比25.64，施木克值1.61，糖碱比12.67，氮碱比0.97。

评吸质量：香型风格晒红调味香型，香型程度有，香气质较好，香气量较足，浓度较浓，余味较舒适，杂气较轻，刺激性有，劲头适中，燃烧性较强，灰色灰白，得分81.9，质量档次较好。

经济性状：产量96.25kg/亩，上等烟比例14.40%，上中等烟比例82.38%。

柳叶尖1383

全国统一编号00000565

柳叶尖1383是辽宁省鞍山市岫岩满族自治县地方晒烟品种。

特征特性：株型塔形，叶形宽椭圆，叶尖急尖，叶面较平，叶缘平滑，叶色深绿，叶耳大，叶片主脉粗细中，叶片较厚，花序松散、倒圆锥形，花色淡红，有花冠尖，种子卵圆形、褐色，蒴果长卵圆形，株高110.40cm，茎围7.00cm，节距4.58cm，叶数15.80片，腰叶长57.80cm，腰叶宽31.70cm，无叶柄，主侧脉夹角大，茎叶角度大，花冠长度4.07cm，花冠直径1.98cm，花萼长度0.69cm，千粒重0.080 0g，移栽至现蕾天数34.0d，移栽至中心花开放天数40.0d，全生育期144.0d。

柳叶尖1399

全国统一编号00000566

柳叶尖1399是辽宁省锦州市北镇市地方晒烟品种。

特征特性：株型筒形，叶形椭圆，叶尖急尖，叶面皱，叶缘波浪，叶色绿，叶耳大，叶片主脉粗细中，叶片厚，花序密集、球形，花色红，有花冠尖，种子卵圆形、褐色，蒴果长卵圆形，株高125.20cm，茎围8.70cm，节距5.92cm，叶数14.40片，腰叶长70.90cm，腰叶宽37.20cm，无叶柄，主侧脉夹角大，茎叶角度中，花冠长度4.24cm，花冠直径2.10cm，花萼长度0.7cm，千粒重0.083 5g，移栽至现蕾天数36.0d，移栽至中心花开放天数43.0d，全生育期137.0d。

千层塔

全国统一编号00000567

千层塔是辽宁省沈阳市康平县地方晒烟品种。

特征特性：株型塔形，叶形长卵圆，叶尖渐尖，叶面较平，叶缘平滑，叶色深绿，叶耳中，叶片主脉细，叶片较厚，花序松散、倒圆锥形，花色淡红，有花冠尖，种子椭圆形、浅褐色，蒴果卵圆形，株高142.40cm，茎围8.50cm，节距5.43cm，叶数18.60片，腰叶长42.90cm，腰叶宽17.70cm，叶柄4.70cm，主侧脉夹角大，茎叶角度中，花冠长度2.82cm，花冠直径2.33cm，花萼长度1.03cm，千粒重0.079 6g，移栽至现蕾天数30.0d，移栽至中心花开放天数37.0d。

抗病虫性：感黑胫病和白粉病。

化学成分：总糖6.58%，还原糖6.11%，两糖差0.47%，两糖比0.93，总氮2.22%，蛋白质9.72%，烟碱3.85%，施木克值0.68，糖碱比1.71，氮碱比0.58。

烟籽

全国统一编号00000568

烟籽是辽宁省抚顺市地方晒烟品种。

特征特性：株型橄榄形，叶形宽椭圆，叶尖渐尖，叶面平，叶缘平滑，叶色深绿，叶耳大，叶片主脉粗细中，叶片厚，花序密集、球形，花色淡红，有花冠尖，种子椭圆形、深褐色，蒴果卵圆形，株高125.60cm，茎围7.30cm，节距5.22cm，叶数16.40片，腰叶长52.80cm，腰叶宽31.50cm，无叶柄，主侧脉夹角中，茎叶角度中，花冠长度4.55cm，花冠直径1.20cm，花萼长度0.58cm，千粒重0.079 4g，移栽至现蕾天数30.0d，移栽至中心花开放天数37.0d，全生育期137.0d。

抗病虫性：中抗根结线虫病，感黑胫病和青枯病。

大柳叶（岫岩）

全国统一编号00000569

大柳叶（岫岩）是辽宁省鞍山市岫岩满族自治县地方晒烟品种。

特征特性：株型橄榄形，叶形宽卵圆，叶尖钝尖，叶面平，叶缘平滑，叶色深绿，叶耳中，叶片主脉细，叶片较厚，花序松散、倒圆锥形，花色淡红，无花冠尖，种子椭圆形、褐色，蒴果卵圆形，株高127.20cm，茎围7.70cm，节距6.41cm，叶数13.60片，腰叶长51.00cm，腰叶宽34.30cm，无叶柄，主侧脉夹角中，茎叶角度中，花冠长度4.49cm，花冠直径2.05cm，花萼长度1.68cm，千粒重0.081 3g，移栽至现蕾天数33.0d，移栽至中心花开放天数42.0d，全生育期137.0d。

小尖烟

全国统一编号00000570

小尖烟是辽宁省丹东市凤城市地方晒烟品种。

特征特性：株型筒形，叶形卵圆，叶尖急尖，叶面较平，叶缘微波，叶色深绿，叶耳中，叶片主脉细，叶片较厚，花序松散、倒圆锥形，花色淡红，有花冠尖，种子椭圆形、深褐色，蒴果卵圆形，株高109.00cm，茎围7.00cm，节距4.10cm，叶数15.60片，腰叶长49.30cm，腰叶宽29.60cm，叶柄2.80cm，主侧脉夹角中，茎叶角度中，花冠长度4.91cm，花冠直径1.31cm，花萼长度1.68cm，千粒重0.067 6g，移栽至现蕾天数300d，移栽至中心花开放天数35.0d，全生育期137.0d。

圆叶子

全国统一编号00000571

圆叶子是辽宁省地方晒烟品种。

特征特性：株型筒形，叶形宽椭圆，叶尖钝尖，叶面平，叶缘平滑，叶色深绿，叶耳大，叶片主脉细，叶片厚，花序密集、扁球形，花色淡红，有花冠尖，种子肾形、褐色，蒴果长卵圆形，株高121.60cm，茎围7.40cm，节距6.38cm，叶数12.80片，腰叶长57.40cm，腰叶宽34.20cm，无叶柄，主侧脉夹角小，茎叶角度中，花冠长度5.61cm，花冠直径1.29cm，花萼长度0.75cm，千粒重0.043 3g，移栽至现蕾天数30.0d，移栽至中心花开放天数35.0d，全生育期137.0d。

八里香

全国统一编号00000572

八里香是辽宁省铁岭市开原市地方晒烟品种。

特征特性：株型筒形，叶形宽椭圆，叶尖急尖，叶面平，叶缘平滑，叶色深绿，叶耳大，叶片主脉细，叶片较厚，花序松散、菱形，花色淡红，有花冠尖，种子卵圆形、浅褐色，蒴果卵圆形，株高145.00cm，茎围8.30cm，节距7.35cm，叶数14.40片，腰叶长39.80cm，腰叶宽23.00cm，无叶柄，主侧脉夹角大，茎叶角度中，花冠长度3.79cm，花冠直径1.63cm，花萼长度0.96cm，千粒重0.085 4g，移栽至现蕾天数31.0d，移栽至中心花开放天数41.0d，全生育期146.0d。

抗病虫性：中抗根结线虫病，中感TMV，感黑胫病、青枯病、CMV和PVY。

外观质量：原烟红棕色，色度弱，油分稍有，身份稍薄，结构尚疏松。

化学成分：总糖4.12%，还原糖3.88%，两糖差0.24%，两糖比0.94，总氮3.96%，蛋白质17.43%，烟碱6.78%，钾2.42%，氯0.23%，钾氯比10.34，施木克值0.24，糖碱比0.61，氮碱比0.58。

评吸质量：香型风格有-，香气量有，浓度中等+，余味尚舒适，杂气有，刺激性略大，劲头较大，燃烧性中等，灰色灰白，质量档次较差。

经济性状：产量70.20kg/亩。

百花香

全国统一编号00000573

百花香是辽宁省抚顺市新宾满族自治县地方晒烟品种。

特征特性： 株型筒形，叶形椭圆，叶尖渐尖，叶面平，叶缘平滑，叶色深绿，叶耳中，叶片主脉粗，叶片厚，花序密集、球形，花色深红，有花冠尖，种子卵圆形、深褐色，蒴果长卵圆形，株高101.90cm，茎围8.30cm，节距5.27cm，叶数10.80片，腰叶长58.40cm，腰叶宽27.80cm，无叶柄，主侧脉夹角中，茎叶角度中，花冠长度5.37cm，花冠直径1.64cm，花萼长度0.51cm，千粒重0.089 9g，移栽至现蕾天数31.0d，移栽至中心花开放天数39.0d，全生育期137.0d。

化学成分： 总糖6.13%，还原糖4.37%，两糖差1.76%，两糖比0.71，总氮2.87%，蛋白质12.53%，烟碱5.02%，钾3.16%，氯0.41%，钾氯比7.71，施木克值0.49，糖碱比1.22，氮碱比0.57。

金县大柳叶

全国统一编号00000574

金县大柳叶是辽宁省抚顺市新宾满族自治县地方晒烟品种。

特征特性：株型筒形，叶形椭圆，叶尖急尖，叶面平，叶缘平滑，叶色深绿，叶耳大，叶片主脉粗细中，叶片厚，花序松散、菱形，花色红，有花冠尖，种子肾形、浅褐色，蒴果卵圆形，株高102.00cm，茎围7.90cm，节距4.21cm，叶数15.20片，腰叶长60.00cm，腰叶宽27.50cm，无叶柄，主侧脉夹角大，茎叶角度中，花冠长度4.29cm，花冠直径1.96cm，花萼长度1.56cm，千粒重0.081 6g，移栽至现蕾天数35.0d，移栽至中心花开放天数41.0d，全生育期144.0d。

化学成分：总糖7.69%，还原糖5.56%，两糖差2.13%，两糖比0.72，总氮3.28%，蛋白质14.44%，烟碱5.61%，钾3.30%，氯0.19%，钾氯比17.37，施木克值0.53，糖碱比1.37，氮碱比0.58。

凤城大柳叶

全国统一编号00000575

凤城大柳叶是辽宁省丹东市凤城市地方晒烟品种。

特征特性：株型筒形，叶形长椭圆，叶尖渐尖，叶面平，叶缘平滑，叶色深绿，叶耳大，叶片主脉粗细中，叶片厚薄中等，花序松散、扁球形，花色淡红，有花冠尖，种子卵圆形、褐色，蒴果卵圆形，株高144.00cm，茎围8.80cm，节距5.33cm，叶数19.80片，腰叶长54.30cm，腰叶宽22.10cm，无叶柄，主侧脉夹角大，茎叶角度中，花冠长度4.14cm，花冠直径1.56cm，花萼长度1.53cm，千粒重0.087 9g，移栽至现蕾天数30.0d，移栽至中心花开放天数39.0d，全生育期132.0d。

抗病虫性：中感TMV和PVY，感黑胫病和CMV。

外观质量：原烟棕色，色度弱，油分少，身份稍薄，结构疏松。

化学成分：总糖7.48%，还原糖6.99%，两糖差0.49%，两糖比0.93，总氮2.02%，蛋白质8.64%，烟碱0.86%，钾0.61%，氯0.30%，钾氯比2.01，施木克值0.87，糖碱比8.70，氮碱比2.35。

评吸质量：香气质较差，香气量较少，余味尚舒适，杂气有，刺激性有，劲头小，燃烧性熄火，灰色灰白。

经济性状：产量59.45kg/亩。

凤城柳叶尖-2

全国统一编号00000585

凤城柳叶尖-2是辽宁省丹东市凤城市地方晒烟品种。

特征特性：株型筒形，叶形长椭圆，叶尖渐尖，叶面平，叶缘平滑，叶色绿，叶耳中，叶片主脉粗细中，叶片厚薄中等，花序密集、球形，花色红，有花冠尖，株高119.20cm，茎围6.30cm，节距5.78cm，叶数13.00片，腰叶长37.70cm，腰叶宽17.50cm，无叶柄，主侧脉夹角中，茎叶角度中，移栽至现蕾天数33.0d，移栽至中心花开放天数39.0d，全生育期160.0d。

抗病虫性：中抗CMV，感TMV和PVY，高感黑胫病。

新宾黄金叶

全国统一编号00000588

新宾黄金叶是辽宁省抚顺市新宾满族自治县地方晒烟品种。

特征特性：株型筒形，叶形椭圆，叶尖渐尖，叶面较平，叶缘平滑，叶色绿，叶耳大，叶片主脉粗细中，叶片厚薄中等，花序密集、球形，花色淡红，有花冠尖，株高85.40cm，茎围3.80cm，节距4.24cm，叶数10.00片，腰叶长33.20cm，腰叶宽14.30cm，无叶柄，主侧脉夹角中，茎叶角度中，移栽至现蕾天数33.0d，移栽至中心花开放天数40.0d。

抗病虫性：抗CMV，中感PVY，感TMV，高感黑胫病。

护脖香

全国统一编号00000707

护脖香是辽宁省丹东市凤城市地方晒烟品种。

特征特性：株型筒形，叶形宽椭圆，叶尖钝尖，叶面平，叶缘波浪，叶色绿，叶耳中，叶片主脉粗细中，叶片厚薄中等，花序密集、球形，花色淡红，有花冠尖，种子椭圆形、褐色，蒴果卵圆形，株高146.70cm，茎围9.40cm，节距4.33cm，叶数22.00片，腰叶长46.80cm，腰叶宽26.70cm，无叶柄，主侧脉夹角中，茎叶角度中，花冠长度3.65cm，花冠直径1.83cm，花萼长度0.73cm，千粒重0.109 3g，移栽至中心花开放天数66.0d。

抗病虫性：中抗根结线虫病、CMV，感黑胫病、青枯病。

化学成分：总糖14.39%，还原糖11.29%，两糖差3.10%，两糖比0.78，总氮2.30%，蛋白质11.59%，烟碱2.58%，施木克值1.24，糖碱比5.58，氮碱比0.89。

大肉香

全国统一编号00000708

大肉香是辽宁省丹东市凤城市地方晒烟品种。

特征特性：株型筒形，叶形宽椭圆，叶尖钝尖，叶面平，叶缘波浪，叶色绿，叶耳中，叶片主脉粗细中，叶片厚薄中等，花序密集、球形，花色淡红，有花冠尖，种子卵圆形、深褐色，蒴果长卵圆形，株高161.40cm，茎围8.60cm，节距3.92cm，叶数31.00片，腰叶长47.10cm，腰叶宽25.20cm，无叶柄，主侧脉夹角中，茎叶角度中，花冠长度3.69cm，花冠直径2.37cm，花萼长度1.65cm，千粒重0.089 5g，移栽至中心花开放天数72.0d。

抗病虫性：抗PVY，中抗根结线虫病，感黑胫病、青枯病和CMV。

外观质量：原烟红棕色，色度中，油分有，身份中等，结构尚疏松，得分8.26，综合评价中+。

化学成分：总糖15.63%，还原糖14.55%，两糖差1.08%，两糖比0.93，总氮1.63%，蛋白质8.71%，烟碱1.34%，钾1.79%，氯0.21%，钾氯比8.52，施木克值1.79，糖碱比11.66，氮碱比1.22。

经济性状：产量150.76kg/亩，中等烟比例88.78%。

自来黄

全国统一编号00000709

自来黄是辽宁省丹东市凤城市地方晒烟品种。

特征特性：株型筒形，叶形宽椭圆，叶尖渐尖，叶面平，叶缘波浪，叶色绿，叶耳中，叶片主脉粗细中，叶片较薄，花序密集、球形，花色红，有花冠尖，种子椭圆形、褐色，蒴果卵圆形，株高167.80cm，茎围8.60cm，节距4.26cm，叶数30.00片，腰叶长47.80cm，腰叶宽26.30cm，无叶柄，主侧脉夹角中，茎叶角度中，花冠长度4.58cm，花冠直径2.40cm，花萼长度1.49cm，千粒重0.105 6g，移栽至中心花开放天数73.0d。

抗病虫性：中感根结线虫病、感黑胫病、青枯病和CMV。

化学成分：总糖17.72%，还原糖13.84%，两糖差3.88%，两糖比0.78，总氮1.80%，蛋白质9.01%，烟碱2.07%，施木克值1.97，糖碱比8.56，氮碱比0.87。

评吸质量：香气量较少，余味欠适，杂气略重，刺激性有，劲头较大，燃烧性熄火，灰色黑灰。

柳叶尖2142

全国统一编号00000712

柳叶尖2142是辽宁省丹东市凤城市地方晒烟品种。

特征特性：株型筒形，叶形宽椭圆，叶尖钝尖，叶面平，叶缘波浪，叶色深绿，叶耳中，叶片主脉粗细中，叶片较厚，花序密集、球形，花色淡红，有花冠尖，种子椭圆形、褐色，蒴果卵圆形，株高152.20cm，茎围9.80cm，节距4.49cm，叶数25.00片，腰叶长46.30cm，腰叶宽26.70cm，无叶柄，主侧脉夹角中，茎叶角度中，花冠长度4.12cm，花冠直径2.19cm，花萼长度1.54cm，千粒重0.094 3g，移栽至中心花开放天数74.0d。

抗病虫性：中抗烟蚜，感黑胫病、青枯病、根结线虫病和CMV。

化学成分：总糖12.24%，还原糖11.56%，两糖差0.68%，两糖比0.94，总氮2.15%，蛋白质11.29%，烟碱1.99%，施木克值1.08，糖碱比6.15，氮碱比1.08。

十里香

全国统一编号00001619

十里香是辽宁省铁岭市开原市地方晒烟品种。

特征特性：株型塔形，叶形宽椭圆，叶尖渐尖，叶面平，叶缘平滑，叶色深绿，叶耳中，叶片主脉粗，叶片厚，花序松散、倒圆锥形，花色深红，有花冠尖，种子卵圆形、褐色，蒴果长卵圆形，株高128.40cm，茎围6.60cm，节距6.91cm，叶数12.80片，腰叶长46.80cm，腰叶宽24.90cm，无叶柄，主侧脉夹角中，茎叶角度大，花冠长度5.83cm，花冠直径1.24cm，花萼长度1.43cm，千粒重0.105 7g，移栽至现蕾天数50.0d，移栽至中心花开放天数56.0d，全生育期138.0d。

抗病虫性：中抗根结线虫病，感黑胫病和青枯病。

棵四两

全国统一编号00001620

棵四两是辽宁省丹东市凤城市地方晒烟品种。

特征特性：株型塔形，叶形椭圆，叶尖渐尖，叶面平，叶缘微波，叶色深绿，叶耳大，叶片主脉粗细中，叶片厚，花序密集、扁球形，花色深红，有花冠尖，种子椭圆形、褐色，蒴果长卵圆形，株高115.40cm，茎围7.90cm，节距7.44cm，叶数10.40片，腰叶长60.90cm，腰叶宽31.40cm，无叶柄，主侧脉夹角中，茎叶角度中，花冠长度4.45cm，花冠直径1.36cm，花萼长度0.82cm，千粒重0.096 0g，移栽至现蕾天数36.0d，移栽至中心花开放天数46.0d，全生育期126.0d。

抗病虫性：感黑胫病、青枯病和根结线虫病。

长岭大柳叶

全国统一编号00001621

长岭大柳叶是辽宁省鞍山市海城市地方晒烟品种。

特征特性：株型塔形，叶形宽椭圆，叶尖钝尖，叶面平，叶缘微波，叶色深绿，叶耳中，叶片主脉粗细中，叶片厚，花序密集、扁球形，花色深红，有花冠尖，种子椭圆形、褐色，蒴果长卵圆形，株高118.40cm，茎围8.60cm，节距7.88cm，叶数10.20片，腰叶长61.50cm，腰叶宽33.40cm，无叶柄，主侧脉夹角中，茎叶角度中，花冠长度4.25cm，花冠直径2.03cm，花萼长度1.22cm，千粒重0.090 7g，移栽至现蕾天数36.0d，移栽至中心花开放天数46.0d，全生育期133.0d。

抗病虫性：感黑胫病、青枯病和根结线虫病。

化学成分：总糖3.48%，还原糖2.38%，两糖差1.10%，两糖比0.68，总氮3.29%，蛋白质14.20%，烟碱5.89%，钾2.24%，氯0.24%，钾氯比9.33，施木克值0.25，糖碱比0.59，氮碱比0.56。

大红花烟

全国统一编号00001622

大红花烟是辽宁省朝阳市建平县地方晒烟品种。

特征特性：株型塔形，叶形宽椭圆，叶尖渐尖，叶面平，叶缘平滑，叶色深绿，叶耳大，叶片主脉粗细中，叶片厚，花序密集、扁球形，花色深红，有花冠尖，种子椭圆形、褐色，蒴果长卵圆形，株高98.60cm，茎围7.40cm，节距5.25cm，叶数10.20片，腰叶长47.94cm，腰叶宽26.12cm，无叶柄，主侧脉夹角中，茎叶角度中，花冠长度3.15cm，花冠直径2.22cm，花萼长度0.61cm，千粒重0.084 9g，移栽至现蕾天数36.0d，移栽至中心花开放天数46.0d，全生育期127.0d。

抗病虫性：中感根结线虫病、CMV和PVY，感黑胫病、青枯病和TMV。

外观质量：原烟褐色，色度弱，油分稍有，身份中等，结构稍密。

化学成分：总糖7.22%，还原糖6.43%，两糖差0.79%，两糖比0.89，总氮3.26%，蛋白质16.33%，烟碱3.77%，钾2.42%，氯0.23%，钾氯比10.34，施木克值0.44，糖碱比1.92，氮碱比0.86。

评吸质量：香型风格晒红香型，香型程度有，香气质中等，香气量有，浓度浓，余味尚舒适，杂气有，刺激性有，劲头大，燃烧性中等，灰色灰白，质量档次中等。

经济性状：产量85.46kg/亩。

岫岩大柳叶

全国统一编号00001623

岫岩大柳叶是辽宁省鞍山市岫岩满族自治县地方晒烟品种。

特征特性：株型塔形，叶形长椭圆，叶尖急尖，叶面平，叶缘平滑，叶色深绿，叶耳中，叶片主脉粗细中，叶片厚，花序密集、扁球形，花色深红，有花冠尖，种子椭圆形、褐色，蒴果长卵圆形，株高79.60cm，茎围8.00cm，节距3.96cm，叶数10.00片，腰叶长43.10cm，腰叶宽18.56cm，无叶柄，主侧脉夹角大，茎叶角度中，花冠长度4.05cm，花冠直径2.07cm，花萼长度0.69cm，千粒重0.109 9g，移栽至现蕾天数35.0d，移栽至中心花开放天数47.0d，全生育期126.0d。

抗病虫性：中抗赤星病，中感根结线虫病，感黑胫病和青枯病。

化学成分：总糖7.18%，还原糖6.15%，两糖差1.03%，两糖比0.86，总氮3.31%，蛋白质14.83%，烟碱5.43%，钾1.85%，氯0.06%，钾氯比30.83，施木克值0.48，糖碱比1.32，氮碱比0.61。

凤凰晒红烟

全国统一编号00001837

凤凰晒红烟是辽宁省丹东市凤城市地方晒烟品种。

特征特性：株型筒形，叶形椭圆，叶尖尾状，叶面平，叶缘平滑，叶色绿，叶耳中，叶片主脉粗细中，叶片厚薄中等，花序密集、菱形，花色淡红，有花冠尖，株高126.00cm，茎围7.56cm，节距6.44cm，叶数13.00片，腰叶长48.30cm，腰叶宽24.06cm，无叶柄，主侧脉夹角中，茎叶角度中，移栽至现蕾天数39.0d，移栽至中心花开放天数45.0d。

晒5

全国统一编号00002141

晒5是丹东农业科学院烟草研究所选育的晒烟品种，系谱为凤城大柳叶×大红花。

特征特性：株型筒形，叶形长椭圆，叶尖渐尖，叶面平，叶缘平滑，叶色深绿，叶耳大，叶片主脉粗细中，叶片厚，花序密集、菱形，花色淡红，有花冠尖，种子椭圆形、浅褐色，蒴果卵圆形，株高117.20cm，茎围9.40cm，节距6.00cm，叶数13.20片，腰叶长62.80cm，腰叶宽28.20cm，无叶柄，主侧脉夹角中，茎叶角度中，花冠长度4.71cm，花冠直径2.04cm，花萼长度0.66cm，千粒重0.082 9g，移栽至现蕾天数35.0d，移栽至中心花开放天数47.0d，全生育期132.0d。

凤城黑叶籽

全国统一编号00002472

凤城黑叶籽是辽宁省丹东市凤城市地方晒烟品种。

特征特性：株型塔形，叶形长椭圆，叶尖渐尖，叶面较平，叶缘平滑，叶色绿，叶耳大，叶片主脉粗细中，叶片厚，花序密集、球形，花色淡红，有花冠尖，种子椭圆形、浅褐色，蒴果卵圆形，株高97.40cm，茎围7.00cm，节距5.36cm，叶数15.40片，腰叶长48.80cm，腰叶宽21.00cm，无叶柄，主侧脉夹角中，茎叶角度中，移栽至现蕾天数45.0d，移栽至中心花开放天数52.0d，全生育期152.0d。

凤城柳叶尖-1

全国统一编号00002583

凤城柳叶尖-1是辽宁省丹东市凤城市地方晒烟品种。

特征特性：株型筒形，叶形长椭圆，叶尖渐尖，叶面平，叶缘平滑，叶色绿，叶耳中，叶片主脉粗细中，叶片厚薄中等，花序密集、球形，花色红，有花冠尖，株高103.40cm，茎围7.70cm，节距5.24cm，叶数12.60片，腰叶长60.40cm，腰叶宽25.20cm，无叶柄，主侧脉夹角中，茎叶角度中，移栽至现蕾天数40.0d，移栽至中心花开放天数48.0d，全生育期160.0d。

抗病虫性：中抗CMV，中感PVY，感TMV，高感黑胫病。

密叶香

全国统一编号00002626

密叶香是辽宁省朝阳市喀喇沁左翼蒙古族自治县地方晒烟品种。

特征特性：株型筒形，叶形宽椭圆，叶尖渐尖，叶面较平，叶缘微波，叶色绿，叶耳中，叶片主脉粗细中，叶片厚，花序密集、扁球形，花色深红，有花冠尖，种子椭圆形、褐色，蒴果卵圆形，株高88.40cm，茎围8.00cm，节距5.04cm，叶数9.60片，腰叶长48.80cm，腰叶宽27.50cm，无叶柄，主侧脉夹角中，茎叶角度甚大，花冠长度4.27cm，花冠直径2.26cm，花萼长度1.63cm，千粒重0.086 5g，移栽至现蕾天数45.0d，移栽至中心花开放天数51.0d，全生育期151.0d。

外观质量：原烟深黄色，色度中。

化学成分：总糖8.71%，还原糖8.14%，两糖差0.57%，两糖比0.93，总氮3.83%，蛋白质18.12%，烟碱5.40%，施木克值0.48，糖碱比1.61，氮碱比0.71。

评吸质量：香型风格晒红香型，香型程度较显，香气量有，浓度浓，余味尚舒适，杂气有，刺激性有，劲头大，燃烧性强，灰色灰白，质量档次中等。

开晒一号

全国统一编号00002627

开晒一号是辽宁省铁岭市开原市地方晒烟品种。

特征特性：株型塔形，叶形宽椭圆，叶尖急尖，叶面较平，叶缘锯齿，叶色绿，叶耳大，叶片主脉粗细中，叶片厚薄中等，花序松散、菱形，花色深红，无花冠尖，种子椭圆形、褐色，蒴果卵圆形，株高152.00cm，茎围10.00cm，节距8.36cm，叶数13.40片，腰叶长54.40cm，腰叶宽31.20cm，无叶柄，主侧脉夹角大，茎叶角度中，花冠长度5.20cm，花冠直径2.13cm，花萼长度1.40cm，千粒重0.075 5g，移栽至现蕾天数44.0d，移栽至中心花开放天数54.0d，全生育期151.0d。

化学成分：总糖6.11%，还原糖4.78%，两糖差1.33%，两糖比0.78，总氮3.53%，蛋白质16.90%，烟碱4.79%，钾1.65%，氯0.47%，钾氯比3.53，施木克值0.36，糖碱比1.28，氮碱比0.74。

柳叶香

全国统一编号00002628

柳叶香是辽宁省朝阳市喀喇沁左翼蒙古族自治县地方晒烟品种。

特征特性：株型筒形，叶形长椭圆，叶尖渐尖，叶面较皱，叶缘微波，叶色深绿，叶耳大，叶片主脉粗细中，叶片厚，花序密集、球形，花色淡红，有花冠尖，种子卵圆形、深褐色，蒴果长卵圆形，株高103.20cm，茎围8.00cm，节距5.18cm，叶数12.20片，腰叶长54.10cm，腰叶宽22.30cm，无叶柄，主侧脉夹角小，茎叶角度中，花冠长度3.97cm，花冠直径1.54cm，花萼长度0.51cm，千粒重0.086 1g，移栽至现蕾天数53.0d，移栽至中心花开放天数58.0d，全生育期151.0d。

化学成分：总糖10.75%，还原糖9.00%，两糖差1.75%，两糖比0.84，总氮2.99%，蛋白质14.12%，烟碱4.23%，施木克值0.76，糖碱比2.54，氮碱比0.71。

评吸质量：香型风格晒红香型，香型程度有，香气量有，浓度中等，余味尚舒适，杂气有，刺激性有，劲头适中，燃烧性中等，灰色灰白，质量档次中等。

铁岭晒烟

全国统一编号00002971

铁岭晒烟是辽宁省铁岭市地方晒烟品种。

特征特性：株型筒形，叶形长椭圆，叶尖渐尖，叶面较平，叶缘微波，叶色绿，叶耳中，叶片主脉粗，叶片厚薄中等，花序密集、球形，花色红，有花冠尖，株高124.60cm，茎围10.19cm，节距5.38cm，叶数15.30片，腰叶长69.20cm，腰叶宽32.95cm，无叶柄，主侧脉夹角小，茎叶角度中，移栽至现蕾天数42.0d，移栽至中心花开放天数48.0d，全生育期170.0d。

辽宁草烟

全国统一编号00002974

辽宁草烟是辽宁省地方晒烟品种。

特征特性：株型筒形，叶形宽椭圆，叶尖钝尖，叶面较平，叶缘波浪，叶色浅绿，叶耳中，叶片主脉粗细中，叶片较薄，花序松散、球形，花色淡红，有花冠尖，株高171.00cm，茎围8.37cm，节距6.60cm，叶数20.90片，腰叶长46.25cm，腰叶宽32.00cm，无叶柄，主侧脉夹角中，茎叶角度中，移栽至现蕾天数59.0d，移栽至中心花开放天数66.0d，全生育期170.0d。

宽甸晒红烟

全国统一编号00002985

宽甸晒红烟是辽宁省丹东市宽甸县地方晒烟品种。

特征特性： 株型塔形，叶形椭圆，叶尖渐尖，叶面较平，叶缘微波，叶色绿，叶耳中，叶片主脉粗，叶片厚薄中等，花序密集、扁球形，花色红，有花冠尖，株高133.20cm，茎围9.10cm，节距6.04cm，叶数14.60片，腰叶长66.40cm，腰叶宽29.60cm，无叶柄，主侧脉夹角中，茎叶角度中，移栽至现蕾天数47.0d，移栽至中心花开放天数53.0d。

朝阳晒红烟

全国统一编号00003432

朝阳晒红烟是辽宁省朝阳市地方晒烟品种。

特征特性：株型筒形，叶形长椭圆，叶尖渐尖，叶面较平，叶缘平滑，叶色绿，叶耳大，叶片主脉粗细中，叶片厚薄中等，花序密集、球形，花色红，有花冠尖，株高121.40cm，茎围8.40cm，节距3.76cm，叶数22.40片，腰叶长55.60cm，腰叶宽19.40cm，无叶柄，主侧脉夹角中，茎叶角度中，移栽至现蕾天数52.0d，移栽至中心花开放天数61.0d，全生育期225.0d。

抗病虫性：感黑胫病、TMV、CMV和PVY。

北票晒红烟

全国统一编号00003433

北票晒红烟是辽宁省朝阳市北票市地方晒烟品种。

特征特性：株型筒形，叶形长椭圆，叶尖渐尖，叶面较皱，叶缘微波，叶色绿，叶耳大，叶片主脉粗细中，叶片厚薄中等，花序密集、球形，花色淡红，有花冠尖，株高112.40cm，茎围8.20cm，节距4.16cm，叶数18.80片，腰叶长52.40cm，腰叶宽26.40cm，无叶柄，主侧脉夹角中，茎叶角度中，移栽至现蕾天数63.0d，移栽至中心花开放天数73.0d，全生育期169.0d。

抗病虫性：抗黑胫病，中抗CMV，中感PVY，感TMV。

凤晒二号

全国统一编号00003434

凤晒二号是丹东农业科学院烟草研究所选育的晒烟品种，系谱为金县大柳叶×八大香。

特征特性：株型筒形，叶形椭圆，叶尖急尖，叶面较平，叶缘平滑，叶色深绿，叶耳大，叶片主脉粗，叶片较厚，花序密集、扁球形，花色深红，有花冠尖，种子椭圆形、褐色，蒴果卵圆形，株高149.00cm，茎围9.10cm，节距6.81cm，叶数16.00片，腰叶长61.50cm，腰叶宽30.20cm，无叶柄，主侧脉夹角中，茎叶角度大，花冠长度3.37cm，花冠直径1.92cm，花萼长度0.87cm，千粒重0.076 5g，移栽至现蕾天数42.0d，移栽至中心花开放天数49.0d，全生育期151.0d。

凤晒三号

全国统一编号00003435

凤晒三号是丹东农业科学院烟草研究所选育的晒烟品种，系谱为凤城大柳叶×八里香。

特征特性：株型塔形，叶形椭圆，叶尖渐尖，叶面平，叶缘平滑，叶色深绿，叶耳中，叶片主脉粗细中，叶片厚薄中等，花序松散、菱形，花色深红，有花冠尖，种子卵圆形、浅褐色，蒴果卵圆形，株高169.80cm，茎围9.70cm，节距5.85cm，叶数22.20片，腰叶长59.60cm，腰叶宽27.90cm，无叶柄，主侧脉夹角中，茎叶角度大，花冠长度4.52cm，花冠直径1.81cm，花萼长度1.63cm，千粒重0.071 5g，移栽至现蕾天数45.0d，移栽至中心花开放天数50.0d，全生育期151.0d。

凤晒四号

全国统一编号00003436

凤晒四号是丹东农业科学院烟草研究所选育的晒烟品种，系谱为雪茄×八里香。

特征特性：株型塔形，叶形宽椭圆，叶尖渐尖，叶面平，叶缘平滑，叶色深绿，叶耳小，叶片主脉粗细中，叶片较厚，花序松散、扁球形，花色深红，有花冠尖，种子椭圆形、褐色，蒴果长卵圆形，株高129.20cm，茎围6.80cm，节距6.76cm，叶数13.20片，腰叶长45.00cm，腰叶宽23.70cm，无叶柄，主侧脉夹角中，茎叶角度大，花冠长度3.85cm，花冠直径1.45cm，花萼长度1.57cm，千粒重0.079 0g，移栽至现蕾天数50.0d，移栽至中心花开放天数56.0d，全生育期140.0d。

凤晒六号

全国统一编号00003437

凤晒六号是丹东农业科学院烟草研究所选育的晒烟品种，系谱为雪茄×十里香。

特征特性：株型筒形，叶形椭圆，叶尖渐尖，叶面较平，叶缘微波，叶色深绿，叶耳中，叶片主脉粗细中，叶片厚，花序密集、球形，花色深红，有花冠尖，种子卵圆形、深褐色，蒴果长卵圆形，株高147.00cm，茎围8.30cm，节距10.70cm，叶数10.00片，腰叶长62.00cm，腰叶宽30.70cm，无叶柄，主侧脉夹角中，茎叶角度大，花冠长度5.18cm，花冠直径1.63cm，花萼长度0.81cm，千粒重0.078 6g，移栽至现蕾天数43.0d，移栽至中心花开放天数49.0d，全生育期151.0d。

凤晒七号

全国统一编号00003438

凤晒七号是丹东农业科学院烟草研究所选育的晒烟品种，系谱为大红花×八里香。

特征特性：株型筒形，叶形宽椭圆，叶尖钝尖，叶面较皱，叶缘波浪，叶色绿，叶耳中，叶片主脉粗细中，叶片较厚，花序密集、球形，花色红，有花冠尖，种子椭圆形、褐色，蒴果卵圆形，株高125.60cm，茎围8.90cm，节距5.71cm，叶数15.00片，腰叶长50.60cm，腰叶宽28.20cm，无叶柄，主侧脉夹角中，茎叶角度中，花冠长度4.21cm，花冠直径2.45cm，花萼长度1.03cm，千粒重0.092 7g，移栽至中心花开放天数49.0d。

抗病虫性：中感黑胫病，感青枯病。

外观质量：原烟淡棕色，色度弱，油分少，身份中等，结构尚疏松。

经济性状：产量88.69kg/亩，中等烟比例61.25%。

凤晒八号

全国统一编号00003439

凤晒八号是丹东农业科学院烟草研究所选育的晒烟品种，系谱为（凤城大柳叶×大红花）×八大香。

特征特性：株型橄榄形，叶形长椭圆，叶尖渐尖，叶面平，叶缘平滑，叶色深绿，叶耳大，叶片主脉粗细中，叶片厚薄中等，花序松散、扁球形，花色深红，有花冠尖，种子肾形、浅褐色，蒴果卵圆形，株高145.40cm，茎围9.00cm，节距6.67cm，叶数15.80片，腰叶长62.00cm，腰叶宽27.90cm，无叶柄，主侧脉夹角中，茎叶角度大，花冠长度4.10cm，花冠直径2.29cm，花萼长度0.74cm，千粒重0.076 7g，移栽至现蕾天数42.0d，移栽至中心花开放天数48.0d，全生育期151.0d。

外观质量：原烟红棕色，色度强，油分有，身份中等，结构尚疏松。

化学成分：总糖2.45%，还原糖1.89%，两糖差0.56%，两糖比0.77，总氮1.05%，蛋白质13.25%，烟碱3.89%，钾2.12%，氯0.23%，钾氯比9.22，施木克值0.18，糖碱比0.63，氮碱比0.27。

经济性状：产量98.40kg/亩，上等烟比例9.80%，上中等烟比例75.41%。

凤晒九号

全国统一编号00003440

凤晒九号是丹东农业科学院烟草研究所选育的晒烟品种，系谱为金县大柳叶×7915。

特征特性：株型筒形，叶形宽椭圆，叶尖钝尖，叶面较皱，叶缘波浪，叶色绿，叶耳中，叶片主脉粗细中，叶片厚薄中等，花序密集、球形，花色红，有花冠尖，种子卵圆形、浅褐色，蒴果卵圆形，株高144.80cm，茎围9.20cm，节距3.88cm，叶数27.00片，腰叶长49.60cm，腰叶宽28.60cm，无叶柄，主侧脉夹角大，茎叶角度大，花冠长度3.93cm，花冠直径2.36cm，花萼长度0.89cm，千粒重0.071 9g，移栽至现蕾天数76.0d，移栽至中心花开放天数86.0d，全生育期182.0d。

金县柳叶

全国统一编号00004109

金县柳叶是辽宁省金县地方晒烟品种。

特征特性：株型橄榄形，叶形长卵圆，叶尖渐尖，叶面较平，叶缘波浪，叶色黄绿，叶耳无，叶片主脉粗细中，叶片厚薄中等，花序松散、菱形，花色淡红，有花冠尖，种子肾形、褐色，蒴果卵圆形，株高159.10cm，茎围9.04cm，节距5.30cm，叶数20.50片，腰叶长61.90cm，腰叶宽26.10cm，叶柄7.80cm，主侧脉夹角大，茎叶角度中，花冠长度4.58cm，花冠直径2.01cm，花萼长度1.55cm，千粒重0.120 0g，移栽至现蕾天数66.0d，移栽至中心花开放天数74.0d，全生育期154.0d。

丹引晒烟二号

全国统一编号00005147

丹引晒烟二号是丹东农业科学院烟草研究所选育的晒烟品种。

特征特性：株型塔形，叶形长卵圆，叶尖渐尖，叶面较平，叶缘微波，叶色绿，叶耳中，叶片主脉粗，叶片较厚，花序松散、菱形，花色红，有花冠尖，种子卵圆形、褐色，蒴果长卵圆形，株高142.60cm，茎围10.80cm，节距5.07cm，叶数19.00片，腰叶长57.66cm，腰叶宽24.88cm，叶柄3.94cm，主侧脉夹角大，茎叶角度大，花冠长度4.36cm，花冠直径2.32cm，花萼长度1.44cm，千粒重0.190 0g，移栽至现蕾天数51.0d，移栽至中心花开放天数68.0d，全生育期164.0d。

丹引晒烟一号

全国统一编号00005153

丹引晒烟一号是丹东农业科学院烟草研究所选育的晒烟品种。

特征特性： 株型塔形，叶形椭圆，叶尖渐尖，叶面较皱，叶缘波浪，叶色绿，叶耳大，叶片主脉粗细中，叶片较薄，花序密集、球形，花色深红，有花冠尖，种子卵圆形、褐色，蒴果卵圆形，株高128.80cm，茎围9.48cm，节距8.19cm，叶数11.20片，腰叶长59.50cm，腰叶宽29.04cm，无叶柄，主侧脉夹角大，茎叶角度中，花冠长度4.94cm，花冠直径1.92cm，花萼长度1.40cm，千粒重0.130 0g，移栽至现蕾天数41.0d，移栽至中心花开放天数51.0d，全生育期150.0d。

杨木晒黄

全国统一编号00005336

杨木晒黄是辽宁省丹东市宽甸满族自治县杨木川镇地方晒烟品种。

特征特性：株型塔形，叶形卵圆，叶尖急尖，叶面平，叶缘平滑，叶色绿，叶耳大，叶片主脉粗细中，叶片厚薄中等，花序密集、菱形，花色淡红，有花冠尖，种子卵圆形，株高104.00cm，茎围7.08cm，节距4.06cm，叶数16.30片，腰叶长48.65cm，腰叶宽25.45cm，无叶柄，主侧脉夹角中，茎叶角度小，花冠长度5.56cm，花冠直径2.93cm，花萼长度2.50cm，移栽至现蕾天数51.0d，移栽至中心花开放天数58.0d。

评吸质量：香型风格晒黄香型。

晒五

全国统一编号00005346

晒五是辽宁省凤城市地方晒烟品种。

特征特性：株型塔形，叶形卵圆，叶尖急尖，叶面较皱，叶缘平滑，叶色绿，叶耳中，叶片主脉粗，叶片厚薄中等，花序密集、菱形，花色淡红，有花冠尖，种子卵圆形，株高148.64cm，茎围5.91cm，节距5.60cm，叶数19.40片，腰叶长39.50cm，腰叶宽20.15cm，无叶柄，主侧脉夹角中，茎叶角度中，花冠长度5.25cm，花冠直径2.83cm，花萼长度1.94cm，移栽至现蕾天数44.0d，移栽至中心花开放天数53.0d。

凤凰城柳叶尖

全国统一编号00005348

凤凰城柳叶尖是辽宁省凤城市地方晒烟品种。

特征特性： 株型塔形，叶形宽卵圆，叶尖急尖，叶面平，叶缘平滑，叶色浅绿，叶耳中，叶片主脉粗，叶片厚，花序密集、球形，花色深红，有花冠尖，种子卵圆形，株高141.70cm，茎围5.24cm，节距4.87cm，叶数20.10片，腰叶长29.00cm，腰叶宽18.90cm，无叶柄，主侧脉夹角大，茎叶角度大，花冠长度5.10cm，花冠直径2.94cm，花萼长度2.01cm，移栽至现蕾天数32.0d，移栽至中心花开放天数43.0d。

评吸质量： 香型风格晒红香型。

新宾大团叶

全国统一编号00005350

新宾大团叶是辽宁省抚顺市新宾满族自治县地方晒烟品种。

特征特性：株型塔形，叶形椭圆，叶尖急尖，叶面较平，叶缘微波，叶色浅绿，叶耳中，叶片主脉粗细中，叶片较厚，花序密集、球形，花色淡红，有花冠尖，种子卵圆形，株高108.10cm，茎围5.71cm，节距4.18cm，叶数16.80片，腰叶长41.20cm，腰叶宽21.45cm，无叶柄，主侧脉夹角中，茎叶角度中，花冠长度5.19cm，花冠直径3.02cm，花萼长度2.17cm，移栽至现蕾天数38.0d，移栽至中心花开放天数46.0d。

新宾小团叶

全国统一编号00005352

新宾小团叶是辽宁省抚顺市新宾满族自治县地方晒烟品种。

特征特性：株型塔形，叶形卵圆，叶尖渐尖，叶面较皱，叶缘微波，叶色浅绿，叶耳中，叶片主脉粗细中，叶片厚薄中等，花序密集、球形，花色淡红，有花冠尖，种子卵圆形，株高119.70cm，茎围8.04cm，节距4.95cm，叶数16.00片，腰叶长47.55cm，腰叶宽25.40cm，无叶柄，主侧脉夹角大，茎叶角度中，花冠长度4.90cm，花冠直径2.99cm，花萼长度1.99cm，移栽至现蕾天数53.0d，移栽至中心花开放天数61.0d。

第二节　辽宁省黄花烟种质资源

蛤蟆烟1452

全国统一编号00000870

蛤蟆烟1452是辽宁省鞍山市岫岩满族自治县地方黄花烟品种。

特征特性：株型塔形，叶形卵圆，叶尖钝尖，叶面较皱，叶缘微波，叶色深绿，叶耳无，叶片主脉细，叶片厚，花序密集、球形，花色黄，无花冠尖，种子肾形、深褐色，蒴果圆形，株高67.00cm，茎围4.40cm，节距3.80cm，叶数11.20片，腰叶长17.30cm，腰叶宽10.40cm，叶柄4.40cm，主侧脉夹角中，茎叶角度甚大，花冠长度2.50cm，花冠直径1.00cm，花萼长度0.71cm，千粒重0.235 0g，移栽至现蕾天数31.0d，移栽至中心花开放天数39.0d，全生育期132.0d。

抗病虫性：免疫TMV，抗PVY，中抗黑胫病，感青枯病和赤星病。

外观质量：原烟淡棕色，色度中，油分稍有，身份中等，结构尚疏松。

经济性状：产量75.99kg/亩，中等烟比例55.09%。

蛤蟆烟1488

全国统一编号00000871

蛤蟆烟1488是辽宁省沈阳市辽中区地方黄花烟品种。

特征特性：株型塔形，叶形心脏形，叶尖钝尖，叶面较皱，叶缘波浪，叶色绿，叶耳无，叶片主脉粗细中，叶片厚，花序密集、球形，花色黄，有花冠尖，种子卵圆形、浅褐色，蒴果卵圆形，株高71.60cm，茎围3.90cm，节距2.74cm，叶数17.00片，腰叶长21.50cm，腰叶宽14.00cm，叶柄3.50cm，主侧脉夹角中，茎叶角度中，花冠长度2.79cm，花冠直径1.28cm，花萼长度0.62cm，千粒重0.128 6g，移栽至中心花开放天数67.0d。

抗病虫性：免疫TMV，中抗PVY，中感CMV和感青枯病。

外观质量：原烟淡棕色，色度中，油分稍有，身份中等，结构尚疏松。

化学成分：总糖3.04%，还原糖2.48%，两糖差0.56%，两糖比0.82，总氮3.34%，蛋白质14.18%，烟碱1.46%，钾2.34%，氯0.25%，钾氯比9.36，施木克值0.21，糖碱比2.08，氮碱比2.29。

经济性状：产量85.25kg/亩，中等烟比例58.21%。

蛤蟆烟1496

全国统一编号00000872

蛤蟆烟1496是辽宁省盘锦市盘山县地方黄花烟品种。

特征特性：株型塔形，叶形心脏形，叶尖钝尖，叶面平，叶缘平滑，叶色深绿，叶耳无，叶片主脉细，叶片厚，花序密集、球形，花色黄，无花冠尖，种子肾形、深褐色，蒴果圆形，株高64.00cm，茎围3.90cm，节距3.55cm，叶数12.40片，腰叶长17.80cm，腰叶宽11.90cm，叶柄6.74cm，主侧脉夹角大，茎叶角度大，花冠长度2.49cm，花冠直径1.36cm，花萼长度0.93cm，千粒重0.199 2g，移栽至现蕾天数35.0d，移栽至中心花开放天数44.0d，全生育期123.0d。

抗病虫性：免疫TMV，中抗PVY，感青枯病、赤星病。

外观质量：原烟淡棕色，色度中，油分稍有，身份中等，结构尚疏松。

经济性状：产量75.75kg/亩，中等烟比例62.57%。

蛤蟆烟1482

全国统一编号00000873

蛤蟆烟1482是辽宁省葫芦岛市兴城市地方黄花烟品种。

特征特性：株型塔形，叶形宽卵圆，叶尖钝尖，叶面平，叶缘平滑，叶色深绿，叶耳无，叶片主脉细，叶片厚，花序密集、球形，花色黄，无花冠尖，种子肾形、深褐色，蒴果圆形，株高67.60cm，茎围3.60cm，节距4.96cm，叶数9.60片，腰叶长25.80cm，腰叶宽18.50cm，叶柄4.50cm，主侧脉夹角中，茎叶角度大，花冠长度2.64cm，花冠直径1.28cm，花萼长度0.66cm，千粒重0.229 5g，移栽至现蕾天数30.0d，移栽至中心花开放天数39.0d，全生育期132.0d。

抗病虫性：免疫TMV，抗黑胫病，中抗PVY，中感赤星病，感青枯病。

外观质量：原烟淡棕色，色度中，油分稍有，身份中等，结构尚疏松。

经济性状：产量90.45kg/亩，中等烟比例64.64%。

蛤蟆烟1466

全国统一编号00000874

蛤蟆烟1466是辽宁省铁岭市开原市地方黄花烟品种。

特征特性：株型塔形，叶形卵圆，叶尖钝尖，叶面平，叶缘平滑，叶色深绿，叶耳无，叶片主脉细，叶片厚，花序密集、球形，花色黄，无花冠尖，种子肾形、深褐色，蒴果圆形，株高59.20cm，茎围3.10cm，节距3.44cm，叶数11.40片，腰叶长15.20cm，腰叶宽8.70cm，叶柄5.60cm，主侧脉夹角大，茎叶角度大，花冠长度2.37cm，花冠直径1.61cm，花萼长度0.64cm，千粒重0.216 0g，移栽至现蕾天数36.0d，移栽至中心花开放天数70.0d。

抗病虫性：免疫TMV，中抗黑胫病，中感PVY，感青枯病、赤星病。

外观质量：原烟淡棕色，色度中，油分稍有，身份中等，结构尚疏松。

经济性状：产量73.28kg/亩，中等烟比例55.22%。

蛤蟆烟1504

全国统一编号00000875

蛤蟆烟1504是辽宁省葫芦岛市建昌县地方黄花烟品种。

特征特性：株型塔形，叶形心脏形，叶尖钝尖，叶面平，叶缘平滑，叶色深绿，叶耳无，叶片主脉细，叶片厚，花序密集、球形，花色黄，无花冠尖，种子肾形、深褐色，蒴果圆形，株高61.80cm，茎围3.60cm，节距4.98cm，叶数9.40片，腰叶长25.00cm，腰叶宽17.80cm，叶柄7.10cm，主侧脉夹角大，茎叶角度大，花冠长度2.67cm，花冠直径1.01cm，花萼长度0.91cm，千粒重0.214 5g，移栽至现蕾天数36.0d，移栽至中心花开放天数81.0d。

抗病虫性：免疫TMV，中抗PVY，感青枯病和赤星病。

外观质量：原烟淡棕色，色度中，油分稍有，身份中等，结构尚疏松。

经济性状：产量90.42kg/亩，中等烟比例60.58%。

达子烟

全国统一编号00000876

达子烟是辽宁省营口市盖县地方黄花烟品种。

特征特性：株型塔形，叶形心脏形，叶尖钝尖，叶面平，叶缘波浪，叶色绿，叶耳无，叶片主脉粗细中，叶片厚，花序密集、球形，花色黄，有花冠尖，种子卵圆形、浅褐色，蒴果卵圆形，株高90.20cm，茎围4.10cm，节距4.25cm，叶数15.00片，腰叶长29.40cm，腰叶宽21.70cm，叶柄5.00，主侧脉夹角中，茎叶角度中，花冠长度3.29cm，花冠直径1.27cm，花萼长度0.96cm，千粒重0.202 3g，移栽至现蕾天数30.0d，移栽至中心花开放天数40.0d。

抗病虫性：免疫TMV，中感CMV和PVY，感青枯病。

外观质量：原烟淡棕色，色度强，油分有，身份稍厚，结构稍密。

化学成分：总糖2.58%，还原糖2.40%，两糖差0.18%，两糖比0.93，总氮3.30%，蛋白质10.88%，烟碱1.20%，钾3.67%，氯0.50%，钾氯比7.34，施木克值0.24，糖碱比2.15，氮碱比2.75。

经济性状：产量87.28kg/亩，中等烟比例61.87%。

老青烟

全国统一编号00000877

老青烟是辽宁省沈阳市辽中区地方黄花烟品种。

特征特性： 株型塔形，叶形卵圆，叶尖钝尖，叶面平，叶缘波浪，叶色绿，叶耳无，叶片主脉粗细中，叶片厚，花序密集、球形，花色黄，有花冠尖，种子椭圆形、褐色，蒴果卵圆形，株高91.00cm，茎围3.60cm，节距6.15cm，叶数10.00片，腰叶长18.20cm，腰叶宽10.00cm，叶柄4.50cm，主侧脉夹角中，茎叶角度中，花冠长度2.46cm，花冠直径1.49cm，花萼长度0.80cm，千粒重0.213 6g，移栽至现蕾天数24.0d，移栽至中心花开放天数32.0d。

抗病虫性： 免疫TMV，中感PVY，感青枯病、CMV。

外观质量： 原烟淡棕色，色度强，油分有，身份稍厚，结构疏松，得分7.96，综合评价中。

化学成分： 总糖1.24%，还原糖0.96%，两糖差0.28%，两糖比0.77，总氮3.41%，蛋白质10.55%，烟碱4.53%，钾4.59%，氯0.96%，钾氯比4.78，施木克值0.12，糖碱比0.27，氮碱比0.75。

评吸质量： 香型风格皮丝香型，香型程度有，香气质较好，香气量较足，浓度较浓，余味较舒适，杂气较轻，刺激性微有，劲头适中，燃烧性中等，灰色灰白，得分75.2，质量档次中等+。

经济性状： 产量86.76kg/亩，中等烟比例68.05%。

鬼子烟1470

全国统一编号00000878

鬼子烟1470是辽宁省朝阳市地方黄花烟品种。

特征特性：株型塔形，叶形卵圆，叶尖钝尖，叶面平，叶缘平滑，叶色深绿，叶耳无，叶片主脉细，叶片厚，花序密集、球形，花色黄，无花冠尖，种子肾形、深褐色，蒴果圆形，株高58.90cm，茎围5.20cm，节距3.59cm，叶数9.60片，腰叶长31.70cm，腰叶宽19.50cm，叶柄4.50cm，主侧脉夹角中，茎叶角度大，花冠长度2.31cm，花冠直径1.59cm，花萼长度0.73cm，千粒重0.244 0g，移栽至现蕾天数28.0d，移栽至中心花开放天数34.0d，全生育期132.0d。

鬼子烟1471

全国统一编号00000879

鬼子烟1471是辽宁省朝阳市地方黄花烟品种。

特征特性：株型橄榄形，叶形心脏形，叶尖钝尖，叶面较平，叶缘微波，叶色深绿，叶耳无，叶片主脉细，叶片厚，花序密集、球形，花色黄，无花冠尖，种子肾形、深褐色，蒴果圆形，株高73.40cm，茎围3.90cm，节距5.03cm，叶数11.60片，腰叶长25.00cm，腰叶宽18.00cm，叶柄6.70cm，主侧脉夹角中，茎叶角度大，花冠长度2.33cm，花冠直径1.17cm，花萼长度0.74cm，千粒重0.227 5g，移栽至现蕾天数28.0d，移栽至中心花开放天数34.0d，全生育期132.0d。

抗病虫性：免疫TMV，中感青枯病、PVY，感赤星病。

外观质量：原烟淡棕色，色度中，油分稍有，身份中等，结构尚疏松。

经济性状：产量90.57kg/亩，中等烟比例66.66%。

抱杆红

全国统一编号00000880

抱杆红是辽宁省鞍山市台安县新台镇地方黄花烟品种。

特征特性：株型塔形，叶形心脏形，叶尖钝尖，叶面较平，叶缘微波，叶色深绿，叶耳无，叶片主脉细，叶片厚，花序密集、球形，花色黄，无花冠尖，种子肾形、深褐色，蒴果圆形，株高51.40cm，茎围4.80cm，节距3.14cm，叶数10.00片，腰叶长34.20cm，腰叶宽25.20cm，叶柄6.90cm，主侧脉夹角中，茎叶角度大，花冠长度2.61cm，花冠直径0.98cm，花萼长度0.59cm，千粒重0.231 0g，移栽至现蕾天数31.0d，移栽至中心花开放天数39.0d，全生育期132.0d。

自来红

全国统一编号00000881

自来红是辽宁省沈阳市康平县地方黄花烟品种。

特征特性：株型塔形，叶形宽卵圆，叶尖钝尖，叶面较皱，叶缘波浪，叶色绿，叶耳无，叶片主脉粗细中，叶片较厚，花序密集、球形，花色黄，无花冠尖，种子卵圆形、浅褐色，蒴果卵圆形，株高68.60cm，茎围3.50cm，节距4.87cm，叶数10.00片，腰叶长23.80cm，腰叶宽18.80cm，叶柄4.40cm，主侧脉夹角中，茎叶角度中，花冠长度2.28cm，花冠直径1.05cm，花萼长度0.73cm，千粒重0.215 0g，移栽至中心花开放天数68.0d。

抗病虫性：免疫TMV，中感CMV和PVY，感青枯病。

外观质量：原烟淡棕色，色度中，油分稍有，身份中等，结构尚疏松。

化学成分：总糖0.98%，还原糖0.71%，两糖差0.27%，两糖比0.72，总氮1.68%，蛋白质9.78%，烟碱1.23%，钾1.72%，氯0.22%，钾氯比7.82，施木克值0.10，糖碱比0.80，氮碱比1.37。

经济性状：产量78.33kg/亩，中等烟比例65.83%。

护脖香1468

全国统一编号00000882

护脖香1468是辽宁省铁岭市开原市地方黄花烟品种。

特征特性：株型筒形，叶形长卵圆，叶尖钝尖，叶面平，叶缘平滑，叶色深绿，叶耳无，叶片主脉粗，叶片厚，花序密集、球形，花色黄，无花冠尖，种子椭圆形、褐色，蒴果卵圆形，株高108.60cm，茎围8.40cm，节距6.58cm，叶数13.40片，腰叶长40.20cm，腰叶宽27.10cm，叶柄7.00cm，主侧脉夹角小，茎叶角度大，花冠长度2.29cm，花冠直径1.42cm，花萼长度0.72cm，千粒重0.152 5g，移栽至现蕾天数43.0d，移栽至中心花开放天数50.0d，全生育期138.0d。

黄花烟1481

全国统一编号00000883

黄花烟1481是辽宁省地方黄花烟品种。

特征特性：株型塔形，叶形心脏形，叶尖钝尖，叶面较皱，叶缘微波，叶色深绿，叶耳无，叶片主脉细，叶片厚，花序密集、球形，花色黄，有花冠尖，种子肾形、深褐色，蒴果圆形，株高59.80cm，茎围5.40cm，节距3.22cm，叶数10.80片，腰叶长34.50cm，腰叶宽24.00cm，叶柄7.20cm，主侧脉夹角中，茎叶角度大，花冠长度3.47cm，花冠直径1.33cm，花萼长度1.09cm，千粒重0.240 5g，移栽至现蕾天数30.0d，移栽至中心花开放天数39.0d，全生育期132.0d。

黄花烟1508

全国统一编号00000884

黄花烟1508是辽宁省地方黄花烟品种。

特征特性：株型塔形，叶形心脏形，叶尖钝尖，叶面较皱，叶缘微波，叶色深绿，叶耳无，叶片主脉细，叶片厚，花序密集、球形，花色黄，无花冠尖，种子肾形、深褐色，蒴果圆形，株高56.99cm，茎围5.60cm，节距3.49cm，叶数10.60片，腰叶长34.10cm，腰叶宽26.00cm，叶柄7.20cm，主侧脉夹角中，茎叶角度大，花冠长度2.24cm，花冠直径1.36cm，花萼长度0.55cm，千粒重0.247 0g，移栽至现蕾天数30.0d，移栽至中心花开放天数35.0d，全生育期132.0d。

黄烟（1）

全国统一编号00000926

黄烟（1）是辽宁省丹东农业科学院烟草研究所收集的地方黄花烟品种。

特征特性：株型筒形，叶形宽卵圆，叶尖钝尖，叶面较皱，叶缘波浪，叶色深绿，叶耳无，叶片主脉粗细中，叶片较厚，花序松散、菱形，花色黄，有花冠尖，种子卵圆形、浅褐色，蒴果卵圆形，株高53.60cm，茎围4.60cm，节距4.29cm，叶数9.00片，腰叶长15.20cm，腰叶宽11.50cm，叶柄4.5cm，主侧脉夹角中，茎叶角度中，花冠长度2.64cm，花冠直径1.62cm，花萼长度0.82cm，千粒重0.240 8g，移栽至中心花开放天数20.0d。

黄烟（2）

全国统一编号00000927

黄烟（2）是辽宁省朝阳市北票市地方黄花烟品种。

特征特性：株型筒形，叶形宽卵圆，叶尖钝尖，叶面较皱，叶缘波浪，叶色深绿，叶耳无，叶片主脉粗细中，叶片较厚，花序松散、菱形，花色黄，有花冠尖，种子卵圆形、浅褐色，蒴果卵圆形，株高48.00cm，茎围3.57cm，节距3.67cm，叶数9.00片，腰叶长13.80cm，腰叶宽9.70cm，叶柄4.50cm，主侧脉夹角中，茎叶角度中，花冠长度3.09cm，花冠直径1.15cm，花萼长度0.68cm，千粒重0.235 1g，移栽至中心花开放天数18.0d。

小金黄

全国统一编号00000928

小金黄是辽宁省锦州市北镇市地方黄花烟品种。

特征特性：株型筒形，叶形椭圆形，叶尖钝尖，叶面较皱，叶缘波浪，叶色深绿，叶耳无，叶片主脉粗细中，叶片较厚，花序密集、球形，花色黄，无花冠尖，种子卵圆形、浅褐色，蒴果长卵圆形，株高69.50cm，茎围4.99cm，节距3.88cm，叶数13.00片，腰叶长14.50cm，腰叶宽12.70cm，叶柄4.00cm，主侧脉夹角中，茎叶角度中，花冠长度3.09cm，花冠直径1.31cm，花萼长度0.97cm，千粒重0.270 4g，移栽至中心花开放天数20.0d。

蛤蟆烟（1）

全国统一编号00000929

蛤蟆烟（1）是辽宁省丹东农业科学院烟草研究所收集的地方黄花烟品种。

特征特性：株型筒形，叶形椭圆形，叶尖钝尖，叶面较皱，叶缘波浪，叶色深绿，叶耳无，叶片主脉粗细中，叶片较厚，花序松散、菱形，花色黄，无花冠尖，种子卵圆形、浅褐色，蒴果长卵圆形，株高40.00cm，茎围4.99cm，节距3.13cm，叶数8.00片，腰叶长11.60cm，腰叶宽10.10cm，叶柄3.10cm，主侧脉夹角中，茎叶角度中，花冠长度3.47cm，花冠直径1.40cm，花萼长度1.00cm，千粒重0.126 8g，移栽至中心花开放天数18.0d。

蛤蟆烟（2）

全国统一编号00000930

蛤蟆烟（2）是辽宁省丹东农业科学院烟草研究所收集的地方黄花烟品种。

特征特性：株型筒形，叶形心脏形，叶尖钝尖，叶面较皱，叶缘波浪，叶色深绿，叶耳无，叶片主脉粗细中，叶片较厚，花序松散、菱形，花色黄，无花冠尖，种子卵圆形、浅褐色，蒴果长卵圆形，株高35.60cm，茎围4.40cm，节距2.94cm，叶数7.00片，腰叶长11.80cm，腰叶宽10.00cm，叶柄3.10cm，主侧脉夹角中，茎叶角度中，花冠长度2.83cm，花冠直径1.35cm，花萼长度0.88cm，千粒重0.209 2g，移栽至中心花开放天数15.0d。

蛤蟆烟（3）

全国统一编号00000931

蛤蟆烟（3）是辽宁省丹东农业科学院烟草研究所收集的地方黄花烟品种。

特征特性：株型筒形，叶形宽卵圆，叶尖钝尖，叶面较皱，叶缘波浪，叶色绿，叶耳无，叶片主脉粗细中，叶片较厚，花序密集、球形，花色黄，无花冠尖，种子卵圆形、浅褐色，蒴果卵圆形，株高43.00cm，茎围3.74cm，节距3.50cm，叶数8.00片，腰叶长14.80cm，腰叶宽10.60cm，叶柄4.00cm，主侧脉夹角中，茎叶角度中，花冠长度2.86cm，花冠直径1.03cm，花萼长度1.04cm，千粒重0.142 2g，移栽至中心花开放天数24.0d。

达子烟（1）

全国统一编号00000932

达子烟（1）是辽宁省丹东农业科学院烟草研究所收集的地方黄花烟品种。

特征特性：株型筒形，叶形宽卵圆，叶尖钝尖，叶面较皱，叶缘波浪，叶色绿，叶耳无，叶片主脉粗细中，叶片较厚，花序密集、球形，花色黄，无花冠尖，种子卵圆形、浅褐色，蒴果卵圆形，株高45.00cm，茎围4.49cm，节距3.75cm，叶数8.00片，腰叶长13.50cm，腰叶宽9.80cm，叶柄4.30cm，主侧脉夹角中，茎叶角度中，花冠长度2.66cm，花冠直径1.41cm，花萼长度0.73cm，千粒重0.150 3g，移栽至中心花开放天数15.0d。

达子烟（2）

全国统一编号00000933

达子烟（2）是辽宁省丹东农业科学院烟草研究所收集的地方黄花烟品种。

特征特性：株型筒形，叶形宽卵圆，叶尖钝尖，叶面较皱，叶缘波浪，叶色绿，叶耳无，叶片主脉粗细中，叶片较厚，花序密集、球形，花色黄，有花冠尖，种子卵圆形、浅褐色，蒴果卵圆形，株高55.00cm，茎围3.34cm，节距3.64cm，叶数11.00片，腰叶长14.70cm，腰叶宽11.60cm，叶柄4.50cm，主侧脉夹角中，茎叶角度中，花冠长度2.61cm，花冠直径1.09cm，花萼长度0.70cm，千粒重0.204 6g，移栽至中心花开放天数18.0d。

老达子烟

全国统一编号00000934

老达子烟是辽宁省沈阳市新民市地方黄花烟品种。

特征特性：株型筒形，叶形宽卵圆，叶尖钝尖，叶面较皱，叶缘波浪，叶色绿，叶耳无，叶片主脉粗细中，叶片较厚，花序密集、球形，花色黄，有花冠尖，种子卵圆形、浅褐色，蒴果卵圆形，株高58.60cm，茎围4.20cm，节距4.36cm，叶数10.00片，腰叶长19.50cm，腰叶宽14.90cm，叶柄5.00cm，主侧脉夹角中，茎叶角度中，花冠长度2.81cm，花冠直径1.15cm，花萼长度1.11cm，千粒重0.240 3g，移栽至中心花开放天数20.0d，全生育期167.0d。

外观质量：原烟淡棕色，色度中等，油分稍有，身份中等，结构尚疏松。

化学成分：总糖1.32%，还原糖0.97%，两糖差0.35%，两糖比0.73，总氮2.64%，蛋白质8.64%，烟碱2.89%，钾2.30%，氯0.22%，钾氯比10.45，施木克值0.15，糖碱比0.46，氮碱比0.91。

经济性状：产量64.90kg/亩，上中等烟比例55.59%。

黄达子烟

全国统一编号00000935

黄达子烟是辽宁省朝阳市地方黄花烟品种。

特征特性：株型筒形，叶形宽卵圆，叶尖钝尖，叶面较皱，叶缘波浪，叶色绿，叶耳无，叶片主脉粗细中，叶片较厚，花序松散、菱形，花色黄，无花冠尖，种子卵圆形、浅褐色，蒴果卵圆形，株高54.60cm，茎围3.60cm，节距3.84cm，叶数9.00片，腰叶长12.80cm，腰叶宽9.30cm，叶柄3.60cm，主侧脉夹角中，茎叶角度中，花冠长度3.34cm，花冠直径1.01cm，花萼长度1.02cm，千粒重0.157 6g，移栽至中心花开放天数18.0d。

抗病虫性：感青枯病。

外观质量：原烟淡棕色，色度中等，油分有，身份中等，结构尚疏松。

化学成分：总糖1.56%，还原糖0.98%，两糖差0.58%，两糖比0.63，总氮2.65%，蛋白质12.45%，烟碱6.01%，钾3.08%，氯0.86%，钾氯比3.58，施木克值0.13，糖碱比0.26，氮碱比0.44。

评吸质量：香型风格皮丝香型，香型程度有，香气质较好，香气量较足，浓度较浓，余味较舒适，杂气较轻，刺激性微有，劲头较大，燃烧性中等，灰色灰白，得分75.2，质量档次中等+。

经济性状：产量74.54kg/亩，上中等烟比例65.92%。

青烟（1）

全国统一编号00000936

青烟（1）是辽宁省鞍山市台安县地方黄花烟品种。

特征特性：株型筒形，叶形宽卵圆，叶尖钝尖，叶面较皱，叶缘波浪，叶色绿，叶耳无，叶片主脉粗细中，叶片较厚，花序密集、球形，花色黄，无花冠尖，种子卵圆形、浅褐色，蒴果卵圆形，株高39.30cm，茎围4.90cm，节距2.21cm，叶数11.00片，腰叶长13.70cm，腰叶宽10.60cm，叶柄3.30cm，主侧脉夹角中，茎叶角度中，花冠长度2.79cm，花冠直径1.05cm，花萼长度0.59cm，千粒重0.159 4g，移栽至中心花开放天数15.0d。

抗病虫性：感青枯病。

外观质量：原烟淡棕色，色度弱，油分少，身份中等，结构尚疏松。

经济性状：产量74.73kg/亩，上中等烟比例62.14%。

青烟（2）

全国统一编号00000937

青烟（2）是辽宁省辽阳市地方黄花烟品种。

特征特性：株型筒形，叶形宽卵圆，叶尖钝尖，叶面较皱，叶缘波浪，叶色绿，叶耳无，叶片主脉粗细中，叶片较厚，花序密集、菱形，花色黄，无花冠尖，种子卵圆形、浅褐色，蒴果卵圆形，株高38.60cm，茎围4.57cm，节距3.37cm，叶数7.00片，腰叶长14.10cm，腰叶宽9.60cm，叶柄3.50cm，主侧脉夹角中，茎叶角度中，花冠长度2.47cm，花冠直径1.43cm，花萼长度0.75cm，千粒重0.114 8g，移栽至中心花开放天数17.0d。

老青烟（1）

全国统一编号00000938

老青烟（1）是辽宁省丹东农业科学院烟草研究所收集的地方黄花烟品种。

特征特性： 株型筒形，叶形宽卵圆，叶尖钝尖，叶面较皱，叶缘波浪，叶色绿，叶耳无，叶片主脉粗细中，叶片较厚，花序密集、菱形，花色黄，有花冠尖，种子卵圆形、浅褐色，蒴果卵圆形，株高45.00cm，茎围4.29cm，节距3.75cm，叶数8.00片，腰叶长18.90cm，腰叶宽14.00cm，叶柄5.30cm，主侧脉夹角中，茎叶角度中，花冠长度2.80cm，花冠直径1.38cm，花萼长度1.11cm，千粒重0.198 4g，移栽至中心花开放天数15.0d。

老青烟（2）

全国统一编号00000939

老青烟（2）是辽宁省丹东农业科学院烟草研究所收集的地方黄花烟品种。

特征特性：株型筒形，叶形宽卵圆，叶尖钝尖，叶面较皱，叶缘波浪，叶色绿，叶耳无，叶片主脉粗细中，叶片较厚，花序松散、菱形，花色黄，无花冠尖，种子卵圆形、浅褐色，蒴果卵圆形，株高56.60cm，茎围4.20cm，节距3.70cm，叶数8.00片，腰叶长17.90cm，腰叶宽13.00cm，叶柄5.00cm，主侧脉夹角中，茎叶角度中，花冠长度3.33cm，花冠直径1.45cm，花萼长度0.85cm，千粒重0.210 3g，移栽至中心花开放天数15.0d。

抗病虫性：感青枯病。

外观质量：原烟淡棕色，色度弱，油分少，身份中等，结构尚疏松。

经济性状：产量65.45kg/亩，上中等烟比例58.69%。

劳青烟

全国统一编号00000940

劳青烟是辽宁省丹东农业科学院烟草研究所收集的地方黄花烟品种。

特征特性：株型筒形，叶形宽卵圆，叶尖钝尖，叶面较皱，叶缘波浪，叶色绿，叶耳无，叶片主脉粗细中，叶片较厚，花序密集、菱形，花色黄，无花冠尖，种子卵圆形、浅褐色，蒴果卵圆形，株高62.60cm，茎围4.80cm，节距3.87cm，叶数11.00片，腰叶长15.10cm，腰叶宽10.10cm，叶柄4.5cm，主侧脉夹角中，茎叶角度中，花冠长度3.01cm，花冠直径1.18cm，花萼长度0.83cm，千粒重0.145 4g，移栽至中心花开放天数18.0d。

抗病虫性：感青枯病。

外观质量：原烟棕色，色度中，油分稍有，身份中等，结构尚疏松。

经济性状：产量73.28kg/亩，上中等烟比例63.88%。

一朵红

全国统一编号00000941

一朵红是辽宁省丹东农业科学院烟草研究所收集的地方黄花烟品种。

特征特性：株型筒形，叶形宽卵圆，叶尖钝尖，叶面较皱，叶缘波浪，叶色绿，叶耳无，叶片主脉粗细中，叶片较厚，花序密集、球形，花色黄，无花冠尖，种子卵圆形、浅褐色，蒴果卵圆形，株高38.00cm，茎围4.35cm，节距2.88cm，叶数8.00片，腰叶长12.10cm，腰叶宽9.20cm，叶柄2.80cm，主侧脉夹角中，茎叶角度中，花冠长度3.36cm，花冠直径1.27cm，花萼长度0.91cm，千粒重0.198 1g，移栽至中心花开放天数18.0d。

抱杆红

全国统一编号00000942

抱杆红是辽宁省丹东农业科学院烟草研究所收集的地方黄花烟品种。

特征特性：株型筒形，叶形宽卵圆，叶尖钝尖，叶面较皱，叶缘波浪，叶色绿，叶耳无，叶片主脉粗细中，叶片较厚，花序密集、球形，花色黄，无花冠尖，种子卵圆形、浅褐色，蒴果长卵圆形，株高44.30cm，茎围4.22cm，节距3.26cm，叶数9.00片，腰叶长12.60cm，腰叶宽11.00cm，叶柄3.30cm，主侧脉夹角中，茎叶角度中，花冠长度2.93cm，花冠直径1.03cm，花萼长度0.66cm，千粒重0.111 5g，移栽至中心花开放天数18.0d。

抗病虫性：高抗烟蚜。

本地烟

全国统一编号00000943

本地烟是辽宁省丹东农业科学院烟草研究所收集的地方黄花烟品种。

特征特性：株型筒形，叶形宽卵圆，叶尖钝尖，叶面较皱，叶缘波浪，叶色绿，叶耳无，叶片主脉粗细中，叶片较厚，花序松散、菱形，花色黄，无花冠尖，种子卵圆形、浅褐色，蒴果卵圆形，株高35.00cm，茎围4.37cm，节距2.50cm，叶数8.00片，腰叶长13.00cm，腰叶宽8.60cm，叶柄3.80cm，主侧脉夹角中，茎叶角度中，花冠长度2.32cm，花冠直径1.37cm，花萼长度0.57cm，千粒重0.207 6g，移栽至中心花开放天数20.0d。

抗病虫性：高抗烟蚜。

护脖香

全国统一编号00000944

护脖香是辽宁省丹东农业科学院烟草研究所收集的地方黄花烟品种。

特征特性：株型筒形，叶形宽卵圆，叶尖钝尖，叶面较皱，叶缘波浪，叶色绿，叶耳无，叶片主脉粗细中，叶片较厚，花序密集、球形，花色黄，无花冠尖，种子卵圆形、浅褐色，蒴果卵圆形，株高55.60cm，茎围4.02cm，节距4.51cm，叶数9.00片，腰叶长14.70cm，腰叶宽11.80cm，叶柄3.00cm，主侧脉夹角中，茎叶角度中，花冠长度3.04cm，花冠直径1.17cm，花萼长度1.02cm，千粒重0.279 0g，移栽至中心花开放天数15.0d。

烟顾

全国统一编号00000945

烟顾是辽宁省丹东农业科学院烟草研究所收集的地方黄花烟品种。

特征特性：株型筒形，叶形卵圆，叶尖钝尖，叶面较皱，叶缘波浪，叶色绿，叶耳无，叶片主脉粗细中，叶片较厚，花序密集、球形，花色黄，无花冠尖，种子椭圆形、褐色，蒴果卵圆形，株高66.00cm，茎围3.76cm，节距4.60cm，叶数10.00片，腰叶长14.50cm，腰叶宽8.70cm，叶柄3.10cm，主侧脉夹角中，茎叶角度中，花冠长度2.31cm，花冠直径1.22cm，花萼长度0.59cm，千粒重0.227 9g，移栽至中心花开放天数18.0d。

抗病虫性：高抗烟蚜。

鬼子烟

全国统一编号00000946

鬼子烟是辽宁省丹东市地方黄花烟品种。

特征特性：株型筒形，叶形宽卵圆，叶尖钝尖，叶面平，叶缘波浪，叶色绿，叶耳无，叶片主脉粗细中，叶片较厚，花序松散、菱形，花色黄，无花冠尖，种子卵圆形、浅褐色，蒴果卵圆形，株高84.30cm，茎围6.07cm，节距5.37cm，叶数10.00片，腰叶长18.00cm，腰叶宽12.00cm，叶柄4.00cm，主侧脉夹角中，茎叶角度中，花冠长度3.16cm，花冠直径1.19cm，花萼长度0.62cm，千粒重0.210 8g，移栽至现蕾天数20.0d，移栽至中心花开放天数27.0d。

外观质量：原烟青黄色，色度强，油分有，身份稍厚，结构稍密。

化学成分：总糖1.19%，还原糖1.06%，两糖差0.13%，两糖比0.89，总氮3.60%，蛋白质12.15%，烟碱1.73%，钾4.47%，氯0.80%，钾氯比5.59，施木克值0.10，糖碱比0.69，氮碱比2.08。

经济性状：产量100.00kg/亩。

烟龙

全国统一编号00000947

烟龙是辽宁省丹东农业科学院烟草研究所收集的地方黄花烟品种。

特征特性：株型筒形，叶形宽卵圆，叶尖钝尖，叶面较皱，叶缘波浪，叶色绿，叶耳无，叶片主脉粗细中，叶片较厚，花序松散、菱形，花色黄，无花冠尖，种子椭圆形、褐色，蒴果卵圆形，株高69.00cm，茎围3.80cm，节距4.90cm，叶数10.00片，腰叶长22.40cm，腰叶宽14.20cm，叶柄5.90cm，主侧脉夹角中，茎叶角度中，花冠长度2.44cm，花冠直径1.24cm，花萼长度0.81cm，千粒重0.145 7g，移栽至中心花开放天数24.0d。

抗病虫性：高抗烟蚜，感青枯病。

外观质量：原烟淡棕色，色度中，油分稍有，身份中等，结构尚疏松。

经济性状：产量66.51kg/亩，上中等烟比例60.93%。

骆蹄黄烟

全国统一编号00000948

骆蹄黄烟是辽宁省丹东农业科学院烟草研究所收集的地方黄花烟品种。

特征特性：株型筒形，叶形宽卵圆，叶尖钝尖，叶面较皱，叶缘波浪，叶色绿，叶耳无，叶片主脉粗细中，叶片较厚，花序松散、菱形，花色黄，无花冠尖，种子卵圆形、浅褐色，蒴果卵圆形，株高62.00cm，茎围4.28cm，节距3.91cm，叶数11.00片，腰叶长17.20cm，腰叶宽13.50cm，无叶柄4.00cm，主侧脉夹角中，茎叶角度中，花冠长度3.05cm，花冠直径1.12cm，花萼长度0.53cm，千粒重0.279 4g，移栽至中心花开放天数18.0d。

抗病虫性：高抗烟蚜。

鬼子烟

全国统一编号00002185

鬼子烟是辽宁省丹东市地方黄花烟品种。

特征特性：株型塔形，叶形心脏形，叶尖渐尖，叶面较皱，叶缘波浪，叶色浅绿，叶耳无，叶片主脉粗细中，叶片厚，花序密集、球形，花色黄，无花冠尖，种子卵圆形、浅褐色，蒴果卵圆形，株高68.80cm，茎围5.10cm，节距3.32cm，叶数15.00片，腰叶长26.70cm，腰叶宽18.40cm，叶柄6.30cm，主侧脉夹角中，茎叶角度中，花冠长度3.19cm，花冠直径1.11cm，花萼长度0.76cm，千粒重0.277 4g，移栽至中心花开放天数40.0d。

附录1　各类烟草种质资源检索目录

一、黑龙江省晾晒烟种质资源

编号	种质名称	编目单位	全国统一编号	类型	种质类型	页码
1	81-26	中国烟草东北农业试验站	00005066	晒烟	品系	230
2	安达蛤蟆头	黑龙江省农业科学院牡丹江分院	00002177	黄花烟	地方	269
3	白花大叶子	黑龙江省农业科学院牡丹江分院	00001540	晒烟	地方	95
4	佰海烟	黑龙江省农业科学院牡丹江分院	00002584	晒烟	地方	165
5	拜泉大红花	黑龙江省农业科学院牡丹江分院	00001557	晒烟	地方	112
6	拜泉大葵花	黑龙江省农业科学院牡丹江分院	00001559	晒烟	地方	114
7	拜泉大叶烟	黑龙江省农业科学院牡丹江分院	00001560	晒烟	地方	115
8	拜泉护脖香	黑龙江省农业科学院牡丹江分院	00001556	晒烟	地方	111
9	拜泉柳叶尖	黑龙江省农业科学院牡丹江分院	00001558	晒烟	地方	113
10	半铁泡烟	黑龙江省农业科学院牡丹江分院	00002581	晒烟	地方	163
11	宝清护脖香	黑龙江省农业科学院牡丹江分院	00001532	晒烟	地方	87
12	宝清柳叶尖	黑龙江省农业科学院牡丹江分院	00001533	晒烟	地方	88
13	宝清无名烟	黑龙江省农业科学院牡丹江分院	00001536	晒烟	地方	91
14	宝清小护脖香	黑龙江省农业科学院牡丹江分院	00001534	晒烟	地方	89
15	宾县白花烟	黑龙江省农业科学院牡丹江分院	00001592	晒烟	地方	147
16	宾县大红花	黑龙江省农业科学院牡丹江分院	00001551	晒烟	地方	106
17	宾县大青筋	黑龙江省农业科学院牡丹江分院	00001549	晒烟	地方	104
18	宾县葵花烟	黑龙江省农业科学院牡丹江分院	00001519	晒烟	地方	74
19	宾县柳叶尖	黑龙江省农业科学院牡丹江分院	00001550	晒烟	地方	105
20	宾县晒烟	黑龙江省农业科学院牡丹江分院	00001552	晒烟	地方	107
21	勃利千层塔	黑龙江省农业科学院牡丹江分院	00001530	晒烟	地方	85
22	勃利洋烟	黑龙江省农业科学院牡丹江分院	00001529	晒烟	地方	84
23	达呼店大红花	黑龙江省农业科学院牡丹江分院	00001563	晒烟	地方	118
24	大黄叶	黑龙江省农业科学院牡丹江分院	00001507	晒烟	地方	62
25	大青筋洋烟	黑龙江省农业科学院牡丹江分院	00001509	晒烟	地方	64
26	大叶护脖香-1	黑龙江省农业科学院牡丹江分院	00001512	晒烟	地方	67
27	大叶护脖香-2	黑龙江省农业科学院牡丹江分院	00001513	晒烟	地方	68
28	大叶烟	黑龙江省农业科学院牡丹江分院	00002578	晒烟	地方	160
29	大寨山1号	黑龙江省农业科学院牡丹江分院	00001467	晒烟	地方	22
30	大寨山2号	黑龙江省农业科学院牡丹江分院	00001468	晒烟	地方	23

（续表）

编号	种质名称	编目单位	全国统一编号	类型	种质类型	页码
31	大寨山3号	黑龙江省农业科学院牡丹江分院	00001469	晒烟	地方	24
32	地里础	黑龙江省农业科学院牡丹江分院	00001477	晒烟	地方	32
33	刁翎大叶子	黑龙江省农业科学院牡丹江分院	00001520	晒烟	地方	75
34	刁翎懒汉烟	黑龙江省农业科学院牡丹江分院	00001522	晒烟	地方	77
35	刁翎晒红烟	中国农业科学院烟草研究所	00005360	晒烟	地方	259
36	刁翎镇半方地村引	黑龙江省农业科学院牡丹江分院	00004250	晒烟	地方	225
37	刁翎镇河心村引	黑龙江省农业科学院牡丹江分院	00004253	晒烟	地方	227
38	顶心红	黑龙江省农业科学院牡丹江分院	00001585	晒烟	地方	140
39	东风一号	黑龙江省农业科学院牡丹江分院	00004200	晒烟	地方	219
40	东宁大虎耳	黑龙江省农业科学院牡丹江分院	00001503	晒烟	地方	58
41	对口	黑龙江省农业科学院牡丹江分院	00001473	晒烟	地方	28
42	富锦大叶	黑龙江省农业科学院牡丹江分院	00001531	晒烟	地方	86
43	富锦护脖香	黑龙江省农业科学院牡丹江分院	00001539	晒烟	地方	94
44	富强村引	黑龙江省农业科学院牡丹江分院	00004251	晒烟	地方	226
45	蛤蟆头烟	黑龙江省农业科学院牡丹江分院	00002183	黄花烟	地方	275
46	海林大红花	黑龙江省农业科学院牡丹江分院	00001488	晒烟	地方	43
47	海林大护脖香	黑龙江省农业科学院牡丹江分院	00001489	晒烟	地方	44
48	海林红	黑龙江省农业科学院牡丹江分院	00001487	晒烟	地方	42
49	海林小护脖香	黑龙江省农业科学院牡丹江分院	00001490	晒烟	地方	45
50	海林中早熟	黑龙江省农业科学院牡丹江分院	00001543	晒烟	地方	98
51	和平	黑龙江省农业科学院牡丹江分院	00001562	晒烟	地方	117
52	黑河柳叶尖	中国农业科学院烟草研究所	00004269	晒烟	地方	228
53	黑河引	黑龙江省农业科学院牡丹江分院	00004112	晒烟	地方	213
54	红花大叶子	黑龙江省农业科学院牡丹江分院	00001542	晒烟	地方	97
55	红岩晒黄烟	中国农业科学院烟草研究所	00002979	晒烟	地方	171
56	呼兰大黑头	黑龙江省农业科学院牡丹江分院	00001571	晒烟	地方	126
57	呼兰大红花	黑龙江省农业科学院牡丹江分院	00001569	晒烟	地方	124
58	呼兰大青筋	黑龙江省农业科学院牡丹江分院	00001570	晒烟	地方	125
59	护耳	黑龙江省农业科学院牡丹江分院	00001474	晒烟	地方	29
60	桦川葵花烟	黑龙江省农业科学院牡丹江分院	00001524	晒烟	地方	79
61	桦川小叶子	黑龙江省农业科学院牡丹江分院	00001525	晒烟	地方	80
62	桦南大虎耳	黑龙江省农业科学院牡丹江分院	00001528	晒烟	地方	83
63	桦南大护脖香	黑龙江省农业科学院牡丹江分院	00001527	晒烟	地方	82
64	桦南大葵花	黑龙江省农业科学院牡丹江分院	00001526	晒烟	地方	81
65	黄金塔	黑龙江省农业科学院牡丹江分院	00001591	晒烟	地方	146
66	佳木斯晒红烟	中国农业科学院烟草研究所	00005361	晒烟	地方	260
67	夹信护脖香	黑龙江省农业科学院牡丹江分院	00001538	晒烟	地方	93
68	夹信雪茄	黑龙江省农业科学院牡丹江分院	00001537	晒烟	地方	92

（续表）

编号	种质名称	编目单位	全国统一编号	类型	种质类型	页码
69	建堂大叶	黑龙江省农业科学院牡丹江分院	00001484	晒烟	地方	39
70	建堂大叶子	黑龙江省农业科学院牡丹江分院	00001521	晒烟	地方	76
71	金家晒红烟	中国农业科学院烟草研究所	00002983	晒烟	地方	174
72	金山乡旱烟	中国农业科学院烟草研究所	00004273	晒烟	地方	229
73	宽叶密码	中国农业科学院烟草研究所	00002665	晒烟	地方	169
74	宽叶小护脖香	中国农业科学院烟草研究所	00005356	晒烟	地方	256
75	葵花错	黑龙江省农业科学院牡丹江分院	00001565	晒烟	地方	120
76	老米黄	黑龙江省农业科学院牡丹江分院	00002180	黄花烟	地方	272
77	老老黄	黑龙江省农业科学院牡丹江分院	00002182	黄花烟	地方	274
78	林口大青筋	黑龙江省农业科学院牡丹江分院	00001523	晒烟	地方	78
79	林口大叶	黑龙江省农业科学院牡丹江分院	00001485	晒烟	地方	40
80	林口多叶	黑龙江省农业科学院牡丹江分院	00001486	晒烟	地方	41
81	林口一枝花	黑龙江省农业科学院牡丹江分院	00001482	晒烟	地方	37
82	柳树烟	黑龙江省农业科学院牡丹江分院	00001587	晒烟	地方	142
83	柳叶塔	黑龙江省农业科学院牡丹江分院	00001590	晒烟	地方	145
84	六团千层塔	黑龙江省农业科学院牡丹江分院	00001495	晒烟	地方	50
85	龙浜二号	黑龙江省农业科学院牡丹江分院	00002580	晒烟	地方	162
86	龙浜一号	黑龙江省农业科学院牡丹江分院	00002579	晒烟	地方	161
87	龙烟2号	黑龙江省农业科学院牡丹江分院	00002130	晒烟	选育	152
88	龙烟六号	黑龙江省农业科学院牡丹江分院	00005173	晒烟	选育	250
89	龙烟三号	黑龙江省农业科学院牡丹江分院	00002131	晒烟	选育	153
90	龙烟四号	黑龙江省农业科学院牡丹江分院	00003415	晒烟	选育	176
91	马家护脖香	黑龙江省农业科学院牡丹江分院	00001541	晒烟	地方	96
92	马桥河	中国烟草东北农业试验站	00004219	晒烟	地方	221
93	毛柳烟	中国农业科学院烟草研究所	00002664	晒烟	地方	168
94	密码	黑龙江省农业科学院牡丹江分院	00001572	晒烟	地方	127
95	密山烟草	黑龙江省农业科学院牡丹江分院	00001517	晒烟	地方	72
96	磨刀石晒红	中国烟草东北农业试验站	00004094	晒烟	地方	212
97	牡单82-13-5	黑龙江省农业科学院牡丹江分院	00002134	晒烟	品系	156
98	牡晒05-1	中国农业科学院烟草研究所	00002468	晒烟	品系	158
99	牡晒2000-10-6	黑龙江省农业科学院牡丹江分院	00005149	晒烟	品系	241
100	牡晒2000-10-7	黑龙江省农业科学院牡丹江分院	00005143	晒烟	品系	240
101	牡晒2000-13-13	黑龙江省农业科学院牡丹江分院	00005126	晒烟	品系	235
102	牡晒2000-13-14	黑龙江省农业科学院牡丹江分院	00005136	晒烟	品系	236
103	牡晒2000-14-15	黑龙江省农业科学院牡丹江分院	00005168	晒烟	品系	246
104	牡晒2001-10-11	黑龙江省农业科学院牡丹江分院	00005158	晒烟	品系	244
105	牡晒2001-1-1	黑龙江省农业科学院牡丹江分院	00005122	晒烟	品系	233
106	牡晒2001-4-5	黑龙江省农业科学院牡丹江分院	00005140	晒烟	品系	238

（续表）

编号	种质名称	编目单位	全国统一编号	类型	种质类型	页码
107	牡晒80-98-3	黑龙江省农业科学院牡丹江分院	00002132	晒烟	品系	154
108	牡晒80-130-1	中国农业科学院烟草研究所	00001838	晒烟	品系	151
109	牡晒81-21-2	黑龙江省农业科学院牡丹江分院	00003416	晒烟	品系	177
110	牡晒81-7-2	黑龙江省农业科学院牡丹江分院	00003417	晒烟	品系	178
111	牡晒81-8-3	黑龙江省农业科学院牡丹江分院	00003418	晒烟	品系	179
112	牡晒82-13-1	黑龙江省农业科学院牡丹江分院	00002133	晒烟	品系	155
113	牡晒82-13-1	黑龙江省农业科学院牡丹江分院	00003419	晒烟	品系	180
114	牡晒82-38-2	黑龙江省农业科学院牡丹江分院	00003420	晒烟	品系	181
115	牡晒82-38-3	黑龙江省农业科学院牡丹江分院	00002156	白肋烟	品系	264
116	牡晒82-38-4	中国农业科学院烟草研究所	00005405	晒烟	品系	261
117	牡晒82-38-5	黑龙江省农业科学院牡丹江分院	00002157	白肋烟	品系	265
118	牡晒82-38-6	黑龙江省农业科学院牡丹江分院	00003422	晒烟	品系	183
119	牡晒82-38-7	黑龙江省农业科学院牡丹江分院	00003421	晒烟	品系	182
120	牡晒82-40-1	黑龙江省农业科学院牡丹江分院	00002158	白肋烟	品系	266
121	牡晒82-6-2	黑龙江省农业科学院牡丹江分院	00002135	晒烟	品系	157
122	牡晒83-11-2	黑龙江省农业科学院牡丹江分院	00003430	晒烟	品系	189
123	牡晒83-12-1	黑龙江省农业科学院牡丹江分院	00003427	晒烟	品系	186
124	牡晒83-12-3	黑龙江省农业科学院牡丹江分院	00003429	晒烟	品系	188
125	牡晒83-12-4	黑龙江省农业科学院牡丹江分院	00003431	晒烟	品系	190
126	牡晒83-12-5	黑龙江省农业科学院牡丹江分院	00003428	晒烟	品系	187
127	牡晒83-15-2	黑龙江省农业科学院牡丹江分院	00003426	晒烟	品系	185
128	牡晒83-5-1	黑龙江省农业科学院牡丹江分院	00003425	晒烟	品系	184
129	牡晒84-1	中国农业科学院烟草研究所	00004090	晒烟	地方	211
130	牡晒84-1-1	黑龙江省农业科学院牡丹江分院	00003920	晒烟	品系	205
131	牡晒84-1-2	黑龙江省农业科学院牡丹江分院	00003921	晒烟	品系	206
132	牡晒84-1-5	黑龙江省农业科学院牡丹江分院	00003922	晒烟	品系	207
133	牡晒84-1新	中国农业科学院烟草研究所	00005409	晒烟	品系	262
134	牡晒84-5-2	黑龙江省农业科学院牡丹江分院	00003923	晒烟	品系	208
135	牡晒89-11-1	黑龙江省农业科学院牡丹江分院	00003913	晒烟	品系	198
136	牡晒89-23-1	黑龙江省农业科学院牡丹江分院	00003914	晒烟	品系	199
137	牡晒89-23-4	黑龙江省农业科学院牡丹江分院	00003917	晒烟	品系	202
138	牡晒89-24-2	黑龙江省农业科学院牡丹江分院	00003915	晒烟	品系	200
139	牡晒89-25-1	黑龙江省农业科学院牡丹江分院	00003912	晒烟	品系	197
140	牡晒89-26-3	黑龙江省农业科学院牡丹江分院	00003919	晒烟	品系	204
141	牡晒89-26-5	黑龙江省农业科学院牡丹江分院	00003918	晒烟	品系	203
142	牡晒89-30-1	黑龙江省农业科学院牡丹江分院	00003916	晒烟	品系	201
143	牡晒90-4-1	黑龙江省农业科学院牡丹江分院	00003924	晒烟	品系	209
144	牡晒92-11-37	黑龙江省农业科学院牡丹江分院	00005155	晒烟	品系	243

（续表）

编号	种质名称	编目单位	全国统一编号	类型	种质类型	页码
145	牡晒94-1-6	黑龙江省农业科学院牡丹江分院	00005124	晒烟	品系	234
146	牡晒95-6-1	黑龙江省农业科学院牡丹江分院	00005171	晒烟	品系	248
147	牡晒95-6-1新	黑龙江省农业科学院牡丹江分院	00005172	晒烟	品系	249
148	牡晒97-1-1-1	黑龙江省农业科学院牡丹江分院	00005175	晒烟	品系	252
149	牡晒97-1-2	黑龙江省农业科学院牡丹江分院	00005118	晒烟	品系	232
150	牡晒97-9-11-2	黑龙江省农业科学院牡丹江分院	00005141	晒烟	品系	239
151	牡晒97-9-11-2新	黑龙江省农业科学院牡丹江分院	00005174	晒烟	品系	251
152	牡晒98-1-1	黑龙江省农业科学院牡丹江分院	00005150	晒烟	品系	242
153	牡晒98-6-5-2	黑龙江省农业科学院牡丹江分院	00005115	晒烟	品系	231
154	牡晒99-12-25	黑龙江省农业科学院牡丹江分院	00005169	晒烟	品系	247
155	牡晒99-4-6	黑龙江省农业科学院牡丹江分院	00005167	晒烟	品系	245
156	牡晒99-8-17	黑龙江省农业科学院牡丹江分院	00005139	晒烟	品系	237
157	牡引二号	黑龙江省农业科学院牡丹江分院	00004227	晒烟	地方	222
158	牡引三号	黑龙江省农业科学院牡丹江分院	00004194	晒烟	地方	218
159	牡引四号	黑龙江省农业科学院牡丹江分院	00004231	晒烟	地方	223
160	牡引一号	黑龙江省农业科学院牡丹江分院	00004176	晒烟	地方	215
161	木兰大红花	黑龙江省农业科学院牡丹江分院	00001548	晒烟	地方	103
162	木兰蛤蟆头	黑龙江省农业科学院牡丹江分院	00002186	黄花烟	地方	277
163	木兰护脖香	黑龙江省农业科学院牡丹江分院	00001547	晒烟	地方	102
164	木兰金星烟	黑龙江省农业科学院牡丹江分院	00001546	晒烟	地方	101
165	木兰无名烟	黑龙江省农业科学院牡丹江分院	00001545	晒烟	地方	100
166	穆棱1号	黑龙江省农业科学院牡丹江分院	00001470	晒烟	地方	25
167	穆棱大护脖香	中国农业科学院烟草研究所	00005355	晒烟	地方	255
168	穆棱大青筋	黑龙江省农业科学院牡丹江分院	00001586	晒烟	地方	141
169	穆棱蛤蟆头	黑龙江省农业科学院牡丹江分院	00002176	黄花烟	地方	268
170	穆棱红	黑龙江省农业科学院牡丹江分院	00001475	晒烟	地方	30
171	穆棱护脖香	黑龙江省农业科学院牡丹江分院	00001471	晒烟	地方	26
172	穆棱金边	中国农业科学院烟草研究所	00004087	晒烟	地方	210
173	穆棱柳毛烟	黑龙江省农业科学院牡丹江分院	00003906	晒烟	地方	191
174	穆棱密叶香	中国农业科学院烟草研究所	00005353	晒烟	地方	254
175	穆棱千层塔	中国烟草东北农业试验站	00004191	晒烟	地方	217
176	穆棱日本烟	黑龙江省农业科学院牡丹江分院	00001593	晒烟	地方	148
177	穆棱晒红	中国农业科学院烟草研究所	00005359	晒烟	地方	258
178	穆棱小红花	黑龙江省农业科学院牡丹江分院	00001472	晒烟	地方	27
179	穆棱小葵花	黑龙江省农业科学院牡丹江分院	00001476	晒烟	地方	31
180	穆棱镇大护脖香	黑龙江省农业科学院牡丹江分院	00004180	晒烟	地方	216
181	讷河大红花	黑龙江省农业科学院牡丹江分院	00001582	晒烟	地方	137
182	讷河大护脖香	中国农业科学院烟草研究所	00002981	晒烟	地方	172

（续表）

编号	种质名称	编目单位	全国统一编号	类型	种质类型	页码
183	讷河大护脖香-1	黑龙江省农业科学院牡丹江分院	00001577	晒烟	地方	132
184	讷河大护脖香-2	黑龙江省农业科学院牡丹江分院	00001578	晒烟	地方	133
185	讷河无名烟	黑龙江省农业科学院牡丹江分院	00001581	晒烟	地方	136
186	讷河小护脖香	黑龙江省农业科学院牡丹江分院	00001576	晒烟	地方	131
187	讷河一朵花	黑龙江省农业科学院牡丹江分院	00001580	晒烟	地方	135
188	讷河中护脖香	黑龙江省农业科学院牡丹江分院	00001579	晒烟	地方	134
189	宁安大青筋	黑龙江省农业科学院牡丹江分院	00001515	晒烟	地方	70
190	宁安人参烟	黑龙江省农业科学院牡丹江分院	00001491	晒烟	地方	46
191	宁安小护脖香	黑龙江省农业科学院牡丹江分院	00001511	晒烟	地方	66
192	七星护脖香	黑龙江省农业科学院牡丹江分院	00001535	晒烟	地方	90
193	齐市大红花	黑龙江省农业科学院牡丹江分院	00001494	晒烟	地方	49
194	齐市大叶	黑龙江省农业科学院牡丹江分院	00001492	晒烟	地方	47
195	齐市汉烟	黑龙江省农业科学院牡丹江分院	00001561	晒烟	地方	116
196	齐市红蛤蟆	黑龙江省农业科学院牡丹江分院	00002178	黄花烟	地方	270
197	齐市护脖香	黑龙江省农业科学院牡丹江分院	00001493	晒烟	地方	48
198	齐市晒烟	黑龙江省农业科学院牡丹江分院	00001595	晒烟	地方	150
199	青川柳叶尖	黑龙江省农业科学院牡丹江分院	00001498	晒烟	地方	53
200	青山小护脖香	黑龙江省农业科学院牡丹江分院	00001544	晒烟	地方	99
201	庆丰烟	黑龙江省农业科学院牡丹江分院	00001583	晒烟	地方	138
202	仁里小北沟晒红烟	中国农业科学院烟草研究所	00002984	晒烟	地方	175
203	山沟烟	黑龙江省农业科学院牡丹江分院	00001555	晒烟	地方	110
204	尚志大红花	黑龙江省农业科学院牡丹江分院	00001480	晒烟	地方	35
205	尚志大青筋	黑龙江省农业科学院牡丹江分院	00001481	晒烟	地方	36
206	尚志柳叶尖	黑龙江省农业科学院牡丹江分院	00001479	晒烟	地方	34
207	尚志一朵花	黑龙江省农业科学院牡丹江分院	00001478	晒烟	地方	33
208	似黑台	黑龙江省农业科学院牡丹江分院	00001518	晒烟	地方	73
209	手掌烟	黑龙江省农业科学院牡丹江分院	00001502	晒烟	地方	57
210	松江蛤蟆头	黑龙江省农业科学院牡丹江分院	00002184	黄花烟	地方	276
211	太康大红花	黑龙江省农业科学院牡丹江分院	00001567	晒烟	地方	122
212	太康蛤蟆头	黑龙江省农业科学院牡丹江分院	00002187	黄花烟	地方	278
213	太康晒烟	黑龙江省农业科学院牡丹江分院	00001564	晒烟	地方	119
214	太康小叶子烟	黑龙江省农业科学院牡丹江分院	00001568	晒烟	地方	123
215	太康雪茄	黑龙江省农业科学院牡丹江分院	00001573	晒烟	地方	128
216	太康叶子烟	黑龙江省农业科学院牡丹江分院	00001566	晒烟	地方	121
217	太来大青筋	黑龙江省农业科学院牡丹江分院	00001574	晒烟	地方	129
218	太来护脖香	黑龙江省农业科学院牡丹江分院	00001575	晒烟	地方	130
219	太平大叶	黑龙江省农业科学院牡丹江分院	00002582	晒烟	地方	164
220	土耳其B型	中国烟草东北农业试验站	00005186	香料烟	引进	281

（续表）

编号	种质名称	编目单位	全国统一编号	类型	种质类型	页码
221	土耳其M型	中国烟草东北农业试验站	00005185	香料烟	引进	280
222	望奎1号	黑龙江省农业科学院牡丹江分院	00003907	晒烟	地方	192
223	望奎2号	黑龙江省农业科学院牡丹江分院	00003908	晒烟	地方	193
224	望奎3号	黑龙江省农业科学院牡丹江分院	00003909	晒烟	地方	194
225	望奎4号	黑龙江省农业科学院牡丹江分院	00003910	晒烟	地方	195
226	望奎5号	黑龙江省农业科学院牡丹江分院	00003911	晒烟	地方	196
227	五常大叶	黑龙江省农业科学院牡丹江分院	00001553	晒烟	地方	108
228	下城子晒烟-1	中国农业科学院烟草研究所	00000662	晒烟	地方	20
229	下城子晒烟-2	中国农业科学院烟草研究所	00000778	晒烟	地方	21
230	小花青（东北）	中国烟草东北农业试验站	00004208	晒烟	地方	220
231	小山子大叶	黑龙江省农业科学院牡丹江分院	00001554	晒烟	地方	109
232	兴隆大护脖香	黑龙江省农业科学院牡丹江分院	00001516	晒烟	地方	71
233	兴隆小护脖香	黑龙江省农业科学院牡丹江分院	00001514	晒烟	地方	69
234	雪茄多叶	黑龙江省农业科学院牡丹江分院	00001483	晒烟	地方	38
235	逊克晒烟	黑龙江省农业科学院牡丹江分院	00001594	晒烟	地方	149
236	延寿大叶烟	黑龙江省农业科学院牡丹江分院	00001504	晒烟	地方	59
237	延寿蛤蟆头	黑龙江省农业科学院牡丹江分院	00002181	黄花烟	地方	273
238	延寿护脖香	黑龙江省农业科学院牡丹江分院	00001499	晒烟	地方	54
239	延寿护脖烟	黑龙江省农业科学院牡丹江分院	00001505	晒烟	地方	60
240	延寿懒汉烟	黑龙江省农业科学院牡丹江分院	00001501	晒烟	地方	56
241	延寿千层叶	黑龙江省农业科学院牡丹江分院	00001506	晒烟	地方	61
242	延寿一枝花	黑龙江省农业科学院牡丹江分院	00001500	晒烟	地方	55
243	洋烟	黑龙江省农业科学院牡丹江分院	00001508	晒烟	地方	63
244	洋烟籽	黑龙江省农业科学院牡丹江分院	00001510	晒烟	地方	65
245	腰岭子	黑龙江省农业科学院牡丹江分院	00001584	晒烟	地方	139
246	腰岭子	中国烟草东北农业试验站	00004167	晒烟	地方	214
247	腰岭子大护脖香	中国农业科学院烟草研究所	00002982	晒烟	地方	173
248	腰岭子晒黄	中国农业科学院烟草研究所	00005335	晒烟	地方	253
249	一棵筋	黑龙江省农业科学院牡丹江分院	00001589	晒烟	地方	144
250	永兴护脖香	中国农业科学院烟草研究所	00002663	晒烟	地方	167
251	玉山烟	黑龙江省农业科学院牡丹江分院	00002585	晒烟	地方	166
252	窄叶密码	中国农业科学院烟草研究所	00002666	晒烟	地方	170
253	窄叶小护脖香	中国农业科学院烟草研究所	00005357	晒烟	地方	257
254	褶烟	黑龙江省农业科学院牡丹江分院	00001588	晒烟	地方	143
255	褶叶烟	黑龙江省农业科学院牡丹江分院	00002577	晒烟	地方	159
256	中和柳叶尖	黑龙江省农业科学院牡丹江分院	00001497	晒烟	地方	52
257	中和千层塔	黑龙江省农业科学院牡丹江分院	00001496	晒烟	地方	51
258	子拾河大叶	中国烟草东北农业试验站	00004241	晒烟	地方	224
259	自来红	黑龙江省农业科学院牡丹江分院	00002179	黄花烟	地方	271

二、吉林省晾晒烟种质资源

编号	种质名称	编目单位	全国统一编号	类型	种质类型	页码
1	7805	延边朝鲜族自治州农业科学院	00002137	晒烟	品系	320
2	7806	延边朝鲜族自治州农业科学院	00002138	晒烟	品系	321
3	8107	延边朝鲜族自治州农业科学院	00002136	晒烟	品系	319
4	KP-2001	延边朝鲜族自治州农业科学院	00005109	晒烟	品系	373
5	KP-2002	延边朝鲜族自治州农业科学院	00005146	晒烟	品系	374
6	八朵香	延边朝鲜族自治州农业科学院	00001611	晒烟	地方	311
7	白城护脖香	延边朝鲜族自治州农业科学院	00001614	晒烟	地方	314
8	白城柳叶尖	延边朝鲜族自治州农业科学院	00001613	晒烟	地方	313
9	白河烟	延边朝鲜族自治州农业科学院	00002617	晒烟	地方	351
10	白花矮子	延边朝鲜族自治州农业科学院	00001596	晒烟	地方	296
11	朝阳一号	延边朝鲜族自治州农业科学院	00002593	晒烟	地方	331
12	朝阳早熟	延边朝鲜族自治州农业科学院	00000576	晒烟	地方	284
13	大虎耳	延边朝鲜族自治州农业科学院	00000587	晒烟	地方	294
14	大虎耳柳叶尖	延边朝鲜族自治州农业科学院	00001618	晒烟	地方	318
15	大琥珀香	延边朝鲜族自治州农业科学院	00002605	晒烟	地方	341
16	大码稀	延边朝鲜族自治州农业科学院	00002587	晒烟	地方	325
17	大青筋	延边朝鲜族自治州农业科学院	00000586	晒烟	地方	293
18	大青筋	延边朝鲜族自治州农业科学院	00002604	晒烟	地方	340
19	大沙河烟	延边朝鲜族自治州农业科学院	00002615	晒烟	地方	349
20	大蒜柳叶尖	延边朝鲜族自治州农业科学院	00000582	晒烟	地方	290
21	德新烟	延边朝鲜族自治州农业科学院	00001605	晒烟	地方	305
22	东城烟	延边朝鲜族自治州农业科学院	00001603	晒烟	地方	303
23	敦化烟	延边朝鲜族自治州农业科学院	00002624	晒烟	地方	358
24	风林一号	延边朝鲜族自治州农业科学院	00002586	晒烟	地方	324
25	风林晒烟	中国农业科学院烟草研究所	00005347	晒烟	地方	381
26	高粱叶	延边朝鲜族自治州农业科学院	00001612	晒烟	地方	312
27	光兴烟	延边朝鲜族自治州农业科学院	00001601	晒烟	地方	301
28	哈达门烟	延边朝鲜族自治州农业科学院	00002620	晒烟	地方	354
29	蛤蟆烟	延边朝鲜族自治州农业科学院	00002188	黄花烟	地方	385
30	红花矮子	延边朝鲜族自治州农业科学院	00001615	晒烟	地方	315
31	红花铁矮子	延边朝鲜族自治州农业科学院	00000584	晒烟	地方	292
32	桦甸柳叶尖	延边朝鲜族自治州农业科学院	00002621	晒烟	地方	355
33	桦甸晒红烟	中国农业科学院烟草研究所	00005365	晒烟	地方	383
34	桦甸晒黄	中国农业科学院烟草研究所	00005337	晒烟	地方	377
35	吉林大白花	中国农业科学院烟草研究所	00005343	晒烟	地方	378
36	吉林琥珀香	延边朝鲜族自治州农业科学院	00001607	晒烟	地方	307
37	吉林农安晒黄烟（宽叶）	黑龙江省农业科学院牡丹江分院	00004183	晒烟	地方	364
38	吉林农安晒黄烟（窄叶）	黑龙江省农业科学院牡丹江分院	00004243	晒烟	地方	369

（续表）

编号	种质名称	编目单位	全国统一编号	类型	种质类型	页码
39	吉林晒黄烟（矮）	黑龙江省农业科学院牡丹江分院	00004261	晒烟	地方	371
40	吉林小白花	黑龙江省农业科学院牡丹江分院	00004248	晒烟	地方	370
41	蛟河柳叶尖	延边朝鲜族自治州农业科学院	00001617	晒烟	地方	317
42	蛟河烟	中国农业科学院烟草研究所	00002630	晒烟	地方	360
43	杰满烟	延边朝鲜族自治州农业科学院	00002603	晒烟	地方	339
44	梨树早熟	中国农业科学院烟草研究所	00005358	晒烟	地方	382
45	柳叶尖（延边）	延边朝鲜族自治州农业科学院	00000589	晒烟	地方	295
46	龙海八大香	延边朝鲜族自治州农业科学院	00000583	晒烟	地方	291
47	龙井黄叶子	延边朝鲜族自治州农业科学院	00001598	晒烟	地方	298
48	龙井香叶子	延边朝鲜族自治州农业科学院	00001599	晒烟	地方	299
49	龙山烟	延边朝鲜族自治州农业科学院	00002591	晒烟	地方	329
50	龙水烟	延边朝鲜族自治州农业科学院	00001606	晒烟	地方	306
51	孟山草	延边朝鲜族自治州农业科学院	00000581	晒烟	地方	289
52	孟山草二号	延边朝鲜族自治州农业科学院	00002619	晒烟	地方	353
53	牡丹池烟	延边朝鲜族自治州农业科学院	00001608	晒烟	地方	308
54	牡丹一号	延边朝鲜族自治州农业科学院	00002625	晒烟	地方	359
55	南道烟	延边朝鲜族自治州农业科学院	00002618	晒烟	地方	352
56	农安矮株大叶黄	中国农业科学院烟草研究所	00002980	晒烟	地方	363
57	农安晒黄	中国烟草东北农业试验站	00004211	晒烟	地方	365
58	漂河晒烟	黑龙江省农业科学院牡丹江分院	00004229	晒烟	地方	367
59	漂河一号	中国农业科学院烟草研究所	00005344	晒烟	地方	379
60	青湖晚熟	延边朝鲜族自治州农业科学院	00000577	晒烟	地方	285
61	三道二号	延边朝鲜族自治州农业科学院	00002596	晒烟	地方	334
62	三道一号	延边朝鲜族自治州农业科学院	00002595	晒烟	地方	333
63	三合烟	延边朝鲜族自治州农业科学院	00002599	晒烟	地方	335
64	十里坪烟	延边朝鲜族自治州农业科学院	00002607	晒烟	地方	343
65	石井抗斑烟	延边朝鲜族自治州农业科学院	00001602	晒烟	地方	302
66	舒兰光把	延边朝鲜族自治州农业科学院	00001616	晒烟	地方	316
67	松江二号	延边朝鲜族自治州农业科学院	00002614	晒烟	地方	348
68	松江一号	延边朝鲜族自治州农业科学院	00002613	晒烟	地方	347
69	太兴烟	延边朝鲜族自治州农业科学院	00002601	晒烟	地方	337
70	天桥岭烟	延边朝鲜族自治州农业科学院	00002590	晒烟	地方	328
71	万宝二号	延边朝鲜族自治州农业科学院	00002610	晒烟	地方	345
72	万宝三号	延边朝鲜族自治州农业科学院	00002611	晒烟	地方	346
73	万宝一号	延边朝鲜族自治州农业科学院	00002609	晒烟	地方	344
74	五十叶	延边朝鲜族自治州农业科学院	00000580	晒烟	地方	288
75	小琥珀香	延边朝鲜族自治州农业科学院	00002606	晒烟	地方	342
76	小黄烟二号	延边朝鲜族自治州农业科学院	00002623	晒烟	地方	357

（续表）

编号	种质名称	编目单位	全国统一编号	类型	种质类型	页码
77	小黄烟一号	延边朝鲜族自治州农业科学院	00002622	晒烟	地方	356
78	小码稀	延边朝鲜族自治州农业科学院	00002588	晒烟	地方	326
79	小沙河烟	延边朝鲜族自治州农业科学院	00002616	晒烟	地方	350
80	延边红	延边朝鲜族自治州农业科学院	00001600	晒烟	地方	300
81	延边青旱烟	延边朝鲜族自治州农业科学院	00004224	晒烟	地方	366
82	延边青九密	延边朝鲜族自治州农业科学院	00004230	晒烟	地方	368
83	延边依世草	山东农业大学	00005315	晒烟	地方	376
84	延吉朝阳晚熟	山东农业大学	00005314	晒烟	地方	375
85	延吉千层塔	延边朝鲜族自治州农业科学院	00001610	晒烟	地方	310
86	延吉自来红	延边朝鲜族自治州农业科学院	00001609	晒烟	地方	309
87	延晒二号	延边朝鲜族自治州农业科学院	00002140	晒烟	选育	323
88	延晒七号	延边朝鲜族自治州农业科学院	00004327	晒烟	选育	372
89	延晒三号	中国农业科学院烟草研究所	00005345	晒烟	品系	380
90	延晒四号	延边朝鲜族自治州农业科学院	00002977	晒烟	选育	361
91	延晒五号	延边朝鲜族自治州农业科学院	00002978	晒烟	选育	362
92	延晒一号	延边朝鲜族自治州农业科学院	00002139	晒烟	选育	322
93	依兰草	延边朝鲜族自治州农业科学院	00000579	晒烟	地方	287
94	元峰烟	延边朝鲜族自治州农业科学院	00002600	晒烟	地方	336
95	原和烟	延边朝鲜族自治州农业科学院	00002602	晒烟	地方	338
96	长东烟	延边朝鲜族自治州农业科学院	00002594	晒烟	地方	332
97	智新二号	延边朝鲜族自治州农业科学院	00002592	晒烟	地方	330
98	智新晚熟	延边朝鲜族自治州农业科学院	00001604	晒烟	地方	304
99	中耦草	延边朝鲜族自治州农业科学院	00002589	晒烟	地方	327
100	仲城五十叶	延边朝鲜族自治州农业科学院	00001597	晒烟	地方	297
101	自由中草	延边朝鲜族自治州农业科学院	00000578	晒烟	地方	286

三、辽宁省晾晒烟种质资源

编号	种质名称	编目单位	全国统一编号	类型	种质类型	页码
1	八里香	丹东农业科学院烟草研究所	00000572	晒烟	地方	404
2	百花香	丹东农业科学院烟草研究所	00000573	晒烟	地方	405
3	抱杆红	丹东农业科学院烟草研究所	00000880	黄花烟	地方	457
4	抱杆红	中国农业科学院烟草研究所	00000942	黄花烟	地方	478
5	北票晒红烟	中国农业科学院烟草研究所	00003433	晒烟	地方	430
6	本地烟	中国农业科学院烟草研究所	00000943	黄花烟	地方	479
7	朝阳晒红烟	中国农业科学院烟草研究所	00003432	晒烟	地方	429
8	达子烟	丹东农业科学院烟草研究所	00000876	黄花烟	地方	453
9	达子烟（1）	中国农业科学院烟草研究所	00000932	黄花烟	地方	468

（续表）

编号	种质名称	编目单位	全国统一编号	类型	种质类型	页码
10	达子烟（2）	中国农业科学院烟草研究所	00000933	黄花烟	地方	469
11	大红花烟	丹东农业科学院烟草研究所	00001622	晒烟	地方	417
12	大护脖香	丹东农业科学院烟草研究所	00000562	晒烟	地方	394
13	大柳叶（岫岩）	丹东农业科学院烟草研究所	00000569	晒烟	地方	401
14	大肉香	中国农业科学院烟草研究所	00000708	晒烟	地方	411
15	丹引晒烟二号	黑龙江省农业科学院牡丹江分院	00005147	晒烟	品系	439
16	丹引晒烟一号	黑龙江省农业科学院牡丹江分院	00005153	晒烟	品系	440
17	凤城大柳叶	丹东农业科学院烟草研究所	00000575	晒烟	地方	407
18	凤城黑叶籽	丹东农业科学院烟草研究所	00002472	晒烟	地方	421
19	凤城柳叶尖-1	中国农业科学院烟草研究所	00002583	晒烟	地方	422
20	凤城柳叶尖-2	中国农业科学院烟草研究所	00000585	晒烟	地方	408
21	凤凰城柳叶尖	中国农业科学院烟草研究所	00005348	晒烟	地方	443
22	凤凰晒红烟	中国农业科学院烟草研究所	00001837	晒烟	地方	419
23	凤晒八号	丹东农业科学院烟草研究所	00003439	晒烟	选育	436
24	凤晒二号	丹东农业科学院烟草研究所	00003434	晒烟	选育	431
25	凤晒九号	丹东农业科学院烟草研究所	00003440	晒烟	选育	437
26	凤晒六号	丹东农业科学院烟草研究所	00003437	晒烟	选育	434
27	凤晒七号	丹东农业科学院烟草研究所	00003438	晒烟	选育	435
28	凤晒三号	丹东农业科学院烟草研究所	00003435	晒烟	选育	432
29	凤晒四号	丹东农业科学院烟草研究所	00003436	晒烟	选育	433
30	鬼子烟	黑龙江省农业科学院牡丹江分院	00002185	黄花烟	地方	482
31	鬼子烟	中国农业科学院烟草研究所	00000946	黄花烟	地方	485
32	鬼子烟1470	丹东农业科学院烟草研究所	00000878	黄花烟	地方	455
33	鬼子烟1471	丹东农业科学院烟草研究所	00000879	黄花烟	地方	456
34	蛤蟆烟（1）	中国农业科学院烟草研究所	00000929	黄花烟	地方	465
35	蛤蟆烟（2）	中国农业科学院烟草研究所	00000930	黄花烟	地方	466
36	蛤蟆烟（3）	中国农业科学院烟草研究所	00000931	黄花烟	地方	467
37	蛤蟆烟1452	丹东农业科学院烟草研究所	00000870	黄花烟	地方	447
38	蛤蟆烟1466	丹东农业科学院烟草研究所	00000874	黄花烟	地方	451
39	蛤蟆烟1482	丹东农业科学院烟草研究所	00000873	黄花烟	地方	450
40	蛤蟆烟1488	丹东农业科学院烟草研究所	00000871	黄花烟	地方	448
41	蛤蟆烟1496	丹东农业科学院烟草研究所	00000872	黄花烟	地方	449
42	蛤蟆烟1504	丹东农业科学院烟草研究所	00000875	黄花烟	地方	452
43	护脖香	中国农业科学院烟草研究所	00000707	晒烟	地方	410
44	护脖香	中国农业科学院烟草研究所	00000944	黄花烟	地方	480
45	护脖香1359	丹东农业科学院烟草研究所	00000557	晒烟	地方	389
46	护脖香1365	丹东农业科学院烟草研究所	00000556	晒烟	地方	388
47	护脖香1368	丹东农业科学院烟草研究所	00000558	晒烟	地方	390

（续表）

编号	种质名称	编目单位	全国统一编号	类型	种质类型	页码
48	护脖香1370	丹东农业科学院烟草研究所	00000559	晒烟	地方	391
49	护脖香1382	丹东农业科学院烟草研究所	00000560	晒烟	地方	392
50	护脖香1468	丹东农业科学院烟草研究所	00000882	黄花烟	地方	459
51	黄达子烟	中国农业科学院烟草研究所	00000935	黄花烟	地方	471
52	黄花烟1481	丹东农业科学院烟草研究所	00000883	黄花烟	地方	460
53	黄花烟1508	丹东农业科学院烟草研究所	00000884	黄花烟	地方	461
54	黄烟（1）	中国农业科学院烟草研究所	00000926	黄花烟	地方	462
55	黄烟（2）	中国农业科学院烟草研究所	00000927	黄花烟	地方	463
56	金县大柳叶	丹东农业科学院烟草研究所	00000574	晒烟	地方	406
57	金县柳叶	广东省农业科学院作物研究所	00004109	晒烟	地方	438
58	开晒一号	丹东农业科学院烟草研究所	00002627	晒烟	地方	424
59	棵四两	丹东农业科学院烟草研究所	00001620	晒烟	地方	415
60	宽甸晒红烟	中国农业科学院烟草研究所	00002985	晒烟	地方	428
61	葵花烟	丹东农业科学院烟草研究所	00000563	晒烟	地方	395
62	劳青烟	中国农业科学院烟草研究所	00000940	黄花烟	地方	476
63	老达子烟	中国农业科学院烟草研究所	00000934	黄花烟	地方	470
64	老青烟	丹东农业科学院烟草研究所	00000877	黄花烟	地方	454
65	老青烟（1）	中国农业科学院烟草研究所	00000938	黄花烟	地方	474
66	老青烟（2）	中国农业科学院烟草研究所	00000939	黄花烟	地方	475
67	辽宁草烟	云南省烟草农业科学研究院	00002974	晒烟	地方	427
68	柳叶尖1324	丹东农业科学院烟草研究所	00000564	晒烟	地方	396
69	柳叶尖1383	丹东农业科学院烟草研究所	00000565	晒烟	地方	397
70	柳叶尖1399	丹东农业科学院烟草研究所	00000566	晒烟	地方	398
71	柳叶尖2142	中国农业科学院烟草研究所	00000712	晒烟	地方	413
72	柳叶香	丹东农业科学院烟草研究所	00002628	晒烟	地方	425
73	骆蹄黄烟	中国农业科学院烟草研究所	00000948	黄花烟	地方	484
74	密叶香	丹东农业科学院烟草研究所	00002626	晒烟	地方	423
75	千层塔	丹东农业科学院烟草研究所	00000567	晒烟	地方	399
76	青烟（1）	中国农业科学院烟草研究所	00000936	黄花烟	地方	472
77	青烟（2）	中国农业科学院烟草研究所	00000937	黄花烟	地方	473
78	晒5	丹东农业科学院烟草研究所	00002141	晒烟	选育	420
79	晒五	中国农业科学院烟草研究所	00005346	晒烟	地方	442
80	十里香	丹东农业科学院烟草研究所	00001619	晒烟	地方	414
81	铁岭晒烟	丹东农业科学院烟草研究所	00002971	晒烟	地方	426
82	小护脖香	丹东农业科学院烟草研究所	00000561	晒烟	地方	393
83	小黄金	中国农业科学院烟草研究所	00000928	黄花烟	地方	402
84	小尖烟	丹东农业科学院烟草研究所	00000570	晒烟	地方	464
85	新宾大团叶	中国农业科学院烟草研究所	00005350	晒烟	地方	444

（续表）

编号	种质名称	编目单位	全国统一编号	类型	种质类型	页码
86	新宾黄金叶	中国农业科学院烟草研究所	00000588	晒烟	地方	409
87	新宾小团叶	中国农业科学院烟草研究所	00005352	晒烟	地方	445
88	岫岩大柳叶	丹东农业科学院烟草研究所	00001623	晒烟	地方	418
89	烟顾	中国农业科学院烟草研究所	00000945	黄花烟	地方	481
90	烟龙	中国农业科学院烟草研究所	00000947	黄花烟	地方	483
91	烟籽	丹东农业科学院烟草研究所	00000568	晒烟	地方	400
92	杨木晒黄	中国农业科学院烟草研究所	00005336	晒烟	地方	441
93	一朵红	中国农业科学院烟草研究所	00000941	黄花烟	地方	477
94	圆叶子	丹东农业科学院烟草研究所	00000571	晒烟	地方	403
95	长岭大柳叶	丹东农业科学院烟草研究所	00001621	晒烟	地方	416
96	自来红	丹东农业科学院烟草研究所	00000881	黄花烟	地方	458
97	自来黄	中国农业科学院烟草研究所	00000709	晒烟	地方	412

附录2　优异种质名录

一、抗黑胫病种质

种质名称	全国统一编号	类型	种质类型	页码
拜泉大红花	00001557	晒烟	地方	112
宾县柳叶尖	00001550	晒烟	地方	105
大青筋	00000586	晒烟	地方	293
青湖晚熟	00000577	晒烟	地方	285
北票晒红烟	00003433	晒烟	地方	430
大护脖香	00000562	晒烟	地方	394
木兰护脖香	00001547	晒烟	地方	102
蛤蟆烟1482	00000873	黄花烟	地方	450
柳叶尖1324	00000564	晒烟	地方	396

二、抗青枯病种质

种质名称	全国统一编号	类型	种质类型	页码
舒兰光把	00001616	晒烟	地方	316

三、抗根结线虫病种质

种质名称	全国统一编号	类型	种质类型	页码
宾县白花烟	00001592	晒烟	地方	147
讷河无名烟	00001581	晒烟	地方	136
柳叶塔	00001590	晒烟	地方	145
大蒜柳叶尖	00000582	晒烟	地方	290

四、抗赤星病种质

种质名称	全国统一编号	类型	种质类型	页码
龙烟六号	00005173	晒烟	选育	250
延晒七号	00004327	晒烟	选育	372

五、抗TMV种质

种质名称	全国统一编号	类型	种质类型	页码
8107	00002136	晒烟	品系	319
达子烟	00000876	黄花烟	地方	453
鬼子烟1471	00000879	黄花烟	地方	456
蛤蟆烟1452	00000870	黄花烟	地方	447
蛤蟆烟1466	00000874	黄花烟	地方	451
蛤蟆烟1482	00000873	黄花烟	地方	450
蛤蟆烟1488	00000871	黄花烟	地方	448
蛤蟆烟1496	00000872	黄花烟	地方	449
蛤蟆烟1504	00000875	黄花烟	地方	452
老青烟	00000877	黄花烟	地方	454
自来红	00000881	黄花烟	地方	458
自来红	00002179	黄花烟	地方	271

六、抗CMV种质

种质名称	全国统一编号	类型	种质类型	页码
大寨山2号	00001468	晒烟	地方	23
吉林琥珀香	00001607	晒烟	地方	307
新宾黄金叶	00000588	晒烟	地方	409

七、抗PVY种质

种质名称	全国统一编号	类型	种质类型	页码
金山乡旱烟	00004273	晒烟	地方	229
大护脖香	00000562	晒烟	地方	394
大肉香	00000708	晒烟	地方	411
蛤蟆烟1452	00000870	黄花烟	地方	447
穆棱柳毛烟	00003906	晒烟	地方	191
尚志一朵花	00001478	晒烟	地方	33

八、抗烟蚜种质

种质名称	全国统一编号	类型	种质类型	页码
大黄叶	00001507	晒烟	地方	62
刁翎懒汉烟	00001522	晒烟	地方	77
龙浜一号	00002579	晒烟	地方	161
8107	00002136	晒烟	品系	319

（续表）

种质名称	全国统一编号	类型	种质类型	页码
抱杆红	00000942	黄花烟	地方	478
大青筋	00000586	晒烟	地方	293
高粱叶	00001612	晒烟	地方	312
万宝二号	00002610	晒烟	地方	345
本地烟	00000943	黄花烟	地方	479
木兰大红花	00001548	晒烟	地方	103
骆蹄黄烟	00000948	黄花烟	地方	484
烟顾	00000945	黄花烟	地方	481
讷河大护脖香-2	00001578	晒烟	地方	133
烟龙	00000947	黄花烟	地方	483
太平大叶	00002582	晒烟	地方	164
雪茄多叶	00001483	晒烟	地方	38
延寿护脖香	00001499	晒烟	地方	54

九、抗烟青虫种质

种质名称	全国统一编号	类型	种质类型	页码
白城护脖香	00001614	晒烟	地方	314
木兰大红花	00001548	晒烟	地方	103

十、特异烟草种质

种质名称	全国统一编号	种质类型	特异性	页码
老来黄	00002180	黄花烟	高烟碱/低焦油	272
牡晒82-38-5	00002157	白肋烟	高钾/低焦油	265
8107	00002136	晒烟	低焦油	319
大码稀	00002587	晒烟	低焦油	325
风林一号	00002586	晒烟	低焦油	324
大蒜柳叶尖	00000582	晒烟	高烟碱	290
龙井香叶子	00001599	晒烟	高烟碱	299
护脖香1368	00000558	晒烟	高烟碱	390
依兰草	00000579	晒烟	高烟碱	287

十一、品质优异种质

种质名称	全国统一编号	类型	页码
护耳	00001474	晒烟	29
龙烟2号	00002130	晒烟	152

（续表）

种质名称	全国统一编号	类型	页码
密山烟草	00001517	晒烟	72
牡晒82-6-2	00002135	晒烟	157
牡晒89-24-2	00003915	晒烟	200
8107	00002136	晒烟	319
八朵香	00001611	晒烟	311
大码稀	00002587	晒烟	325
大蒜柳叶尖	00000582	晒烟	290
柳叶尖（延边）	00000589	晒烟	295
孟山草	00000581	晒烟	289
青湖晚熟	00000577	晒烟	285
凤晒八号	00003439	晒烟	436
蛤蟆烟1504	00000875	黄花烟	452
护脖香1368	00000558	晒烟	390
穆棱日本烟	00001593	晒烟	148
护脖香1382	00000560	晒烟	392
老青烟	00000877	黄花烟	454
柳叶尖1324	00000564	晒烟	396
小护脖香	00000561	晒烟	393
齐市汉烟	00001561	晒烟	116
齐市护脖香	00001493	晒烟	48
齐市晒烟	00001595	晒烟	150

附录3　烟草种质资源调查记载标准

一、植株

1. 株型

于现蕾期上午10时前观察，一般分塔形、筒形、橄榄形3种。

（1）塔形（叶片自下而上逐渐缩小）。

（2）筒形（上、中、下三部分叶片大小近似）。

（3）橄榄形（上下部叶片较小，中部较大）。

2. 株高

于第一青果期调查，采用杆尺，自垄背量至第一青果柄基部的长度。单位为cm。

3. 茎围

于第一青果期调查，采用软（皮）尺，测量株高1/3处茎的周长。单位为cm。

4. 节距

于第一青果期调查，采用钢卷尺，测量株高1/3处上下各5个叶位（共10个节距）的平均长度。单位为cm。

5. 茎叶角度

在现蕾期于上午10时前，用量角器测量中部叶片在茎上的着生角度，分小、中、大及甚大4级。

（1）小（30°以内）。

（2）中（30°～60°）。

（3）大（60°～90°）。

（4）甚大（90°以上）。

二、叶片

1. 叶数

于中部叶工艺成熟期调查，计数植株基部至中心花以下第5花枝处的着生叶片数。

2. 叶片大小

包括叶长和叶宽，于中部叶工艺成熟期，采用钢卷（直）尺，分别测量茎叶连接处至叶尖的直线长度及与主脉垂直的叶面最宽处的长度。单位为cm。

3. 叶形

根据叶片最宽处的位置和长宽比例而定，一般以成熟叶为准。

（1）宽椭圆（叶片最宽处在中部，长宽比1.6～1.9：1）。

（2）椭圆（叶片最宽处在中部，长宽比1.9～2.2：1）。

（3）长椭圆（叶片最宽处在中部，长宽比2.2～3.0：1）。

（4）宽卵圆（叶片最宽处在基部，长宽比1.2～1.6：1）。

（5）卵圆（叶片最宽处在基部，长宽比1.6～2.0：1）。

（6）长卵圆（叶片最宽处在基部，长宽比2.0～3.0：1）。

（7）心脏形（叶片最宽处在基部，叶基近中脉处呈凹陷状，长宽比1～1.5：1）。

（8）披针形（叶片最宽处在基部，长宽比3倍以上）。

4. 叶片性状描述

（1）叶柄。分有、无2种，有柄的加注叶柄长度。单位为cm。

（2）叶尖。分钝尖、渐尖、急尖及尾状4种。

（3）叶面。分平、较平、较皱及皱4种。

（4）叶缘。分平滑、微波、波浪、皱褶及锯齿5种。

（5）叶色。分浅绿、黄绿、绿及深绿4种。

（6）叶耳。分无、小、中及大4种。

（7）主脉粗细。分细、中、粗3种。

（8）叶片厚薄。分薄、较薄、中等、较厚及厚5种。

（9）主侧脉夹角。分小、中、大3种。

三、花与蒴果

1. 花序密度

于群体50%植株盛花时期，记载花序的松散或密集程度。

2. 花序形状

分球形、扁球形、倒圆锥形及菱形4种。

3. 花色

分白、黄、淡红、红及深红5种。

4. 花冠尖

分无、有2种。

5. 花冠长度

测量第一中心花的花冠基部至花冠口的长度。单位为cm。

6. 花冠直径

测量第一中心花的花冠口外圈最大处的距离。单位为cm。

7. 花萼长度

测量第一中心花的萼片着生的基部到萼片尖端距离。单位为cm。

8. 蒴果形状

在蒴果收获时观察，分圆形、卵圆形及长卵圆形3种。

9. 种子形状

在种子收获时观察，分卵圆形、椭圆形及肾形3种。

10. 种子颜色

在种子收获时观察，分浅褐色、褐色及深褐色3种。

四、生育期

1. 移栽至现蕾天数

大田移栽期至现蕾期的天数。单位为d。

2. 移栽至中心花开放天数

大田移栽期至中心花开放的天数。单位为d。

3. 全生育期

播种期至蒴果成熟期的总天数。单位为d。

五、抗病虫性

1. 黑胫病

分高抗、抗病、中抗、中感、感病5级。

2. 青枯病

分高抗、抗病、中抗、中感、感病5级。

3. 根结线虫病

分高抗、抗病、中抗、中感、感病5级。

4. 赤星病

分高抗、抗病、中抗、中感、感病5级。

5. TMV

分免疫、高抗、抗病、中抗、中感、感病6级。

6. CMV

分高抗、抗病、中抗、中感、感病5级。

7. PVY

分高抗、抗病、中抗、中感、感病5级。

8. 烟蚜

分高抗、抗虫、中抗、感虫、高感5级。

9. 烟青虫

分高抗、抗虫、中抗、感虫、高感5级。

六、产量

以每亩生产调制后干烟叶的重量计算，一般用kg/亩表示。

七、质量

1. 原烟外观质量鉴定

（1）原烟颜色。分柠檬黄、青黄、橘黄、微带青、淡棕、棕色、红棕及褐色。

（2）原烟色度。分浓、强、中、弱、淡。

（3）原烟结构。分疏松、尚疏松、稍密、紧密。

（4）原烟身份。分薄、稍薄、中等、稍厚、厚。

（5）原烟油分。分少、稍有、有、多。

2. 化验分析

包括分析总糖、还原糖、蛋白质、总氮、烟碱、焦油、钾、氯等，计算施木克值、钾氯比、总糖烟碱比、总氮烟碱比、焦油烟碱比等。

3. 评吸鉴定

（1）香型风格。卷烟烟气所具有的香型风格，分清、清偏中、中偏清、中间香、中偏浓、浓偏中、浓香、特香型、皮丝香型（即莫合烟）、雪茄香型（雪茄烟）、香料香型（香料烟）、白肋香型（白肋烟）、晒黄香型（晒黄烟）、似烤烟香型（晒黄烟）、调味香型（晒黄烟）、晒红香型（晒红烟）、调味香型（晒红烟）、亚雪茄香型（晒红烟）、半香料香型（晒红烟）、似白肋香型（晒红烟）、马里兰香型（马里兰烟）。

（2）香型程度。香型风格的显露程度，分显著、较显著、有、微有、缺乏。

（3）劲头。烟气入喉时刺激喉部收缩的反应，同时使吸烟者在生理上感到兴奋，分小、较小、适中、较大、大。

（4）浓度。卷烟烟气的香气程度，分浓、较浓、中等、较淡、淡。

（5）香气质。卷烟烟气的香气质量，分好、较好、中等、较差。

（6）香气量。卷烟烟气中香气量的程度，分充足、足、较足、尚足、有、较少。

（7）余味。烟气从口腔、鼻腔呼出后，遗留下来的味觉感受，分舒适、较舒适、尚舒适、欠适、差。

（8）杂气。不具有卷烟本身气味的、轻微的和明显的不良气息，分微有、较轻、有、略重、重。

（9）刺激性。烟气对感官所造成的、轻微和明显的不适感受，分轻、微有、有、略大、大。

（10）燃烧性。烟支均匀点燃后，在自由燃烧状态下烟支燃烧性能的好坏，分强、较强、中等、较差、熄火。

（11）灰色。烟支自由燃烧后烟灰的颜色，分白色、灰白、黑灰。

（12）评吸得分。各感官质量单项计分的总和，最大值为100。

（13）质量档次。依据评吸得分结合单项指标综合评价确定质量档次，分好、较好、中偏上、中等、中偏下、较差、差。

附录4　晾晒烟育苗技术

晾晒烟自种子萌发，根、茎、叶生长，花序分化，到现蕾、开花、结实，完成生长发育过程，这一过程包括营养生长和生殖生长两个生育阶段，在栽培上可以划分为苗床和大田两个生育期。从播种到成苗移栽称为苗床期，苗床期一般为50～60d，可分为4个生育期：出苗期、十字期、生根期和成苗期。晾晒烟生产育苗是基础，大田管理是条件，晾晒是关键。

一、概念

1. 主栽品种

指通过国家审定的适合当地生态特点，种植面积大，烟叶品质好、适产、抗病、性状稳定的优良品种。

2. 种子催芽

播种前在人工控温、控湿的条件下，使种子吐白发芽。

3. 出苗期

催芽种子播种后到幼苗出土，展现两片幼嫩子叶的时间。

4. 十字期

烟苗出现第1、2片真叶，当这两片真叶大小近似并与子叶交叉成“十”字形的时间。

5. 假植

在烟苗大“十字”期，由母床移植到子床的过程。

6. 生根期

烟苗从第3片真叶生出到第7片真叶出现，即侧根陆续发生，到幼苗已基本形成完整的根系。

7. 成苗期

烟苗从第7片真叶生出到烟苗达到适于当地移栽的标准时间称为成苗期。

8. 炼苗

在移栽前5～7d，烟苗采取控水、控肥、通风、晒床等方法适应外界环境。

9. 托盘育苗

采用母床播种，一定苗龄时期将烟苗假植于塑料托盘内，完成成苗过程的烟草育苗方式。

10. 苗龄

指幼苗出土，展现两片子叶到被移栽至田间生长的天数。

成苗标准：苗龄50～60d，叶数6～8片，茎高4～6cm，地上与地下鲜重比5～8：1，颜色绿至浅绿，茎部纤维多，有韧性，根系发达，无病害。

二、苗棚

1. 苗棚选址及周边设施

选择建棚场地时，根据种烟面积建造大棚。棚址选在避风向阳，小气候利于保温，地势平坦，靠近洁净水源（井水、自来水），交通方便的地方。禁止在马铃薯地、蔬菜地（特别是番茄、辣椒等）、油菜地建棚；禁止在风口处、地下水位较高的地方建棚。苗棚应远离烟草生产场所。

2. 周边设施

苗床周围设隔离带，除管理人员外，严禁闲杂人员及畜禽进入。在育苗区域设立严禁吸烟的警示牌。入口处设消毒洗手处。在育苗区域外建造病残体等苗床垃圾集中处理设施。

3. 育苗棚室建造

育苗棚室有日光节能温室、暖窖式温室和拱形式塑料大棚等形式。日光节能温室、暖窖式温室在上年秋季做完，播种7d前扣膜提温，为及时播种做好准备。拱形式大棚在假植前5～7d建造完。

（1）日光节能式温室建造。

规格：按有效面积计算，每1.5m^{2}温室面积育1hm^{2}烟田的母床苗，集中统一育苗分户假植。一般温室的规格长30～50m，宽7m（指外径），脊高3～3.2m。

结构：温室坐北朝南，东西走向，呈半拱形，北面与东西两面为保温墙，南面地平面以下为保温墙，地平面以上为拱形支架，支架上覆盖塑料膜。

（2）拱形式大棚建造。

每公顷烟田育假植苗需建一座长10m，宽6m，脊高1.7m的塑料大棚，覆盖农膜126m^2（14m×9m），大棚南北走向，支架呈拱形，木杆做主梁，竹片或木条做拱架，南北两端设门供棚内作业和通风作用，棚外顺拱架用铁线或绳拉紧。

（3）拱形塑料小棚建造。

母床育苗，在日光节能温室内，苗盘架上顺苗床方向做带有拱形的塑料小棚。若苗盘采用平面式摆放，拱形小棚长5～30m，宽2m；若苗盘采用台阶式摆放，苗盘架上做成半拱形塑料小棚，每个小棚长4.6m，宽2m。

假植育苗，在拱形式塑料大棚内，苗床上顺苗床方向做两个大小相同带有拱形的塑料小棚，每个小棚长9m，宽2.2m。

三、苗床准备

母床苗盘规格：母床育苗，1hm^{2}烟田需要木质或塑料盘3个，每个长100cm，宽50cm，高8cm。

假植床苗盘规格：假植床育苗，1hm²烟田需要育苗塑料盘240个，每个长60cm，宽30cm，100个苗孔，孔直径5cm，孔深6cm。

母床苗盘架制作：母床苗盘采用平面式摆放，苗盘架可用木材、砖等原料做成长5～30m，宽2m，每间隔1m放一道支撑物的格式状支架，在苗盘架上整齐的摆放苗盘。每相邻两个苗盘架之间间隔60cm，做为苗床管理作业道。

1. 假植床苗床

在拱形式塑料大棚内，离地面10cm以上做两个大小相等，长9m、宽2.2m的床框，在其上用土垫平，上铺10cm厚干草做隔凉层，再铺3cm厚的粗砂，把装好营养土的苗盘摆放在苗床上。每个苗床摆放100个塑料苗盘，可供1hm²烟地用苗。

2. 营养土配制

质量要求：营养土要腐熟、疏松、营养丰富、质地均匀，pH6～7，容重0.5～0.9g/cm³。1hm²烟田育母床苗需配制0.15m³的营养土，育子床苗需配制2m³营养土。母床营养土防止过于疏松不保水肥，或过分黏重通透性太差，影响烟苗生长。

3. 配制方法

根据当地资源情况可在以下配方中选择。（50%～70%）山坡腐殖土+（30%～50%）腐熟陈年的猪圈粪。30%草碳土+40%山坡腐殖土+30%腐熟陈年的猪圈粪。70%山坡腐殖土+30%腐熟陈年的猪圈粪。不能用作营养土有以下几种：一是前茬是瓜菜和同科作物的土壤；二是前茬是大豆、水稻、玉米施用过除草剂的土；三是腐质层下面的生土；四是没有发酵好的农家肥和人粪尿，鸡粪；五是池塘或鱼塘的土（附表1）。

营养土必须通透性好，有机质含量高，营养丰富，在配制时可以加入少量的复合肥，育苗是晾晒烟生产的基础，要求烟苗根系发达，一团根，栽到地里不缓苗，地上部分叶绿无病害就可以了。

附表1 营养土的成分

成分	有机质（%）	pH	碱解氮（mg/kg）	速效磷（mg/kg）	速效钾（mg/kg）
陈年腐熟的猪粪	8.9	7.7	285	750	285
山坡土（腐殖土）	4.9	7.8	91	192	91
草炭土	50～70	5.5～6.5	150以上	0.1%～0.3%	0.2%～0.3%

四、大棚卫生和育苗盘、营养土消毒

1. 甲醛液棚内消毒

用配制好的4%浓度的甲醛溶液，喷雾消毒。喷药后封闭2～3d。

2. 高锰酸钾与甲醛反应气体熏蒸灭菌

根据温室或大棚面积，按每30m²用50g高锰酸钾试剂，加入36%甲醛100mL，反应后产生气体灭菌。在每个温室或大棚内，分处放置瓷碗中，立刻产生气体。封闭24d后，通风把气体放出，以不刺眼睛为宜。

3. 育苗盘消毒

使用前用1%～2%的福尔马淋溶液或0.05%～0.1%的高锰酸钾喷洒育苗盘，然后再用清水冲洗干净。

4. 营养土消毒

蒸汽消毒法是将熏蒸大锅装上适量的水，锅内铺上帘子、麻袋片，水烧开后将配制、筛好的营养土往冒白气的地方分层撒，撒满后用塑料布捂严，插上温度计，加热到94℃以上，维持0.5h以上。可以杀死包括TMV在内所有病菌、虫卵及杂草种子是预防苗期及大田期病害有效措施之一。营养土熏蒸灭菌后，有益的微生物同时也被高温杀死，但基本的养分并没有损失，对有机肥料的分解产生了抑制，土壤中氮的转化主要受土壤微生物的控制，氮素的释放和积累都在土壤微生物的作用下进行。

溴甲烷杀灭苗床土、营养土，基质中的越冬虫卵，病原物和杂草种子，是培育无病壮苗的重要措施。20世纪90年代以来，化学熏蒸剂在烟草生产中逐步推广，常用的熏蒸剂有溴甲烷、斯美地、棉隆等。

5. 斯美地土壤消毒

将配制、筛好的营养土以5cm厚度铺好，用32.7%的斯美地药液50mL和4L水稀释成80倍液均匀喷洒，需湿透3cm以上，然后覆盖5cm度的营养土，再喷洒药液，重复成堆，最后用塑料膜覆盖。处理10d后揭掉塑料膜，将熏蒸过的营养土充分翻松一次，2d后再翻松一次，使药气充分散去，即可装盘使用。斯美地消毒法处理土壤温度为15～25℃。

五、种子消毒

1. 硝酸银溶液种子消毒法

将精选后的种子装入新布袋内，封口后放入0.1%硝酸银溶液中，浸泡30min，然后用清水将种子冲洗干净进行催芽。

2. 磷酸三钠种子脱胶消毒法

若种子的种皮角质层较厚，不易脱胶，可采用此法边脱胶边消毒。将精选后的种子装入新布袋中，封口后放入8%浓度的磷酸三钠溶液中，揉搓不超过20min，边揉搓边看种子脱胶程度，如脱胶结束，没有达到20min，可在水中浸泡到20min，取出后用清水洗净种子上的药物，进行催芽。

六、种子催芽

种子有休眠后熟过程，因后熟的程度不同，而有不同的反应，休眠0.5～1.5年，前1年留的种子发芽困难，必须用赤霉素进行种子处理，解除休眠。10年内的种子有相当好的发芽率，一般的种子可保存3～5年。25～28℃的最适温度种子生长最快，不能低于11～12℃，高于30℃则种子萌发和幼苗生长较慢。超过35℃种子失去活力。种子萌发的环境条件是，充足的水分，适宜的温度，足够的氧气和光照。

1. 催芽种子量

播种前5d开始催芽，1hm^{2}烟田的催芽种子量7～8g。

2. 赤霉素浸泡

若种子不易发芽（休眠期较长的种子），可采用赤霉素浸种。将种子用浓度10 000倍液的赤霉素溶液（1g赤霉素用25mL白酒溶解后对水10kg）浸泡24～72h，溶液温度为20℃，以溶液面超过种子为宜，浸泡过程中经常翻动种子，其间换溶液一次，继续浸泡至规定时间。浸泡后甩净药液，然后再消毒催芽。

3. 种子催芽方法

将消毒后的种子放在25～30℃的水中浸泡15～20h，然后搓种，搓至水色加深换一次水，继续揉搓，直至水的颜色变为淡黄色为止，然后再用洗衣机甩净水，放入干净的器皿内催芽。

4. 催芽技术要求

尽量增加光照时间，每天不得少于4h（阳光、灯光均可）。种子搓好后甩净水，每天早晚用25～30℃的清水冲洗一次。催芽种子的温度保持在25～28℃。催芽种子用新白毛巾包上，放在器皿内，每天翻动种子3～5次。催芽器具要经过消毒，器具和水不要沾污油、醋、酒之类的溶液。待60%～80%种子露白即可播种。

七、播种

1. 播种时间

3月25日—4月5日。

2. 方法

水播法：将发芽种子放在孔径3mm喷壶里，加水后边摇边喷播。

砂播法：将发芽种子与消毒后筛过的细砂或细土拌匀后撒播。

3. 播种技术要求

播种前将苗床浇足水，使营养土处于湿润状态，播种时要喷撒均匀，播种后苗床表面覆盖1mm厚经过消毒处理的细土，然后再覆盖上一层地膜，以利于保水、保温。待2～3d出苗后，立即把地膜揭去。播完种后立即把拱形塑料小棚盖上，下午太阳西下时，在温室外的棚膜上加盖草帘或棉被，以利保温。

八、假植

假植前的准备：假植前按要求做好苗床，按数量准备好塑料育苗盘。把营养土装填在塑料盘苗孔内，装填时不要用手压，松紧适度，装好后整齐地摆放在假植苗床上，假植前2d浇足水，使营养土处于湿润状态。

1. 时间

母床烟苗进入大十字期时开始假植。在4月25日前假植结束。

2. 方法

假植前将母床托盘运至子床，假植时先在苗盘孔穴的营养土中心扎与烟苗根大小相同的孔，烟苗植入后封土、喷少量水。

3. 技术要求

时间要集中，每户在1～2d内结束；起苗时不伤根、封土时防止过松把苗“吊空”，防止压得紧把苗四周压成“砣”或窝根；假植时剔除大苗、小苗、弱苗和病苗；刚假植完的烟苗防止风吹和太阳直接暴晒；假植后的烟苗要用遮阳物覆盖，避免暴晒。上午10时前，下午4时后，撤去遮阳物。遮阳物在缓苗后根据棚内温度高低灵活使用。

九、苗期管理

1. 温度

烟苗生长适宜温度是25～28℃，苗床温度控制在10～28℃。育母床苗时，母床温度控制在13～25℃，为使温室蓄热，下午15时太阳西下时，温室外的棚膜上要加盖棉被或草帘，早晨8时，及时揭掉棚外的覆盖物。育假植苗时，温度控制在20～28℃。为防止低温，夜间在拱形塑料大棚内的小棚上加盖棉被或草帘。白天棚内温度超过30℃（温度计要挂在离苗5～10cm的地方），要及时打开大棚两个对门或塑料膜通风降温，通风时应注意防止冷风直接吹入苗床。安装通风换气扇的温室或大棚，可采用排气方式通风降温。

2. 水分

出苗期保持苗床表面湿润，发现局部干旱要及时补水。烟苗出齐后视苗床湿度浇水，要做到小水勤浇，防止苗床水分过大。假植缓苗后要控制浇水，使苗床土表面处于干湿交替状态，促进烟苗生根。若苗床湿度过大，可采用通风晾床等方法降低苗床水分。烟苗进入成苗期，生长速度加快，加之气温较高，需水量增加，要及时浇水，一般晴好天气每天要浇水1～2次，满足烟苗生长需要。浇水时间应在上午9—10时，下午14时后不宜浇水。苗床用水应放在容器里“困”1～2d，然后再用。存水容器应设在大棚内或阳光直射处，确保水温适宜，水质无污染。

3. 光照

苗期注意充分利用阳光增温，制棚用的塑料布要清洗干净，增加透光度。上午要早揭棚外覆盖物，特别注意阴雨天更要早揭，增加光照，降低棚内湿度，促进烟苗生长。

4. 病虫害防治

注意苗期卫生，对大棚及工具和营养土要严格消毒，在进行各项农事操作之前，要用肥皂水洗手消毒，喷施25倍液脱脂奶粉钝化隔断病毒。不用脏水浇苗，杜绝棚内吸烟，发现花叶病苗及时拔除深埋。在假植、剪叶、移栽前先后各喷洒一次400倍液金叶宝和600倍液波尔多粉或1：1：160波尔多液预防病害。防治猝倒病喷施1 000～1 500倍液甲霜灵，或甲霜灵锰锌。防治炭疽病喷施50%甲基托布津800～1 000倍液。

5. 追肥

根据烟苗长势确定是否追肥，对色淡的弱小烟苗追施150倍液的烟草专用肥（先溶化），可结合苗床浇水施用，防止烧苗，或追施200倍液“壮苗剂”，喷肥后不必用水冲洗叶面。

6. 剪叶

在烟苗达到5片真叶时开始剪叶。剪叶工具必须严格消毒。正常条件下剪2~3次，每次剪去最大叶的30%~50%。注意不要剪掉生长点。剪叶应在上午叶表面干燥时进行，要及时清理剪下的烟叶碎片，集中在病残体处理池中处理。每次剪叶后苗床应用600倍液波尔多粉或1：1：160波尔多液处理。同一苗期（或苗棚群）内烟苗剪叶处理（时间、次数、部位）要一致。

7. 炼苗

在移栽前5~7d烟苗达到成苗标准即开始练苗。采取控水、控肥、通风晒床等方法。开始练苗时逐步控温控水。适当减少浇水，但以烟苗不发生永久性萎蔫为度。同时逐步加大大棚通风量和通风时间，不要在中午暴晒，使烟苗逐步适应外界条件，同时要防止夜间发生低温冻害。移栽前2d把棚膜完全揭去。如遇雨应及时盖膜。

8. 调控烟苗生长

当接近预定移栽期而烟苗接近成苗时，应采取措施控制烟苗生长。

具体措施：适当控水控肥；增加通风时间，降低棚内温度；适当增加烟苗剪叶量和次数；适当移动苗盘位置。

附录5　晾晒烟大田移栽技术

从移栽到采收结束称为大田期，一般为90～100d。根据大田期烟株生育特点划分为4个生育期：缓苗期、团棵期、旺长期、成熟期。应注意避免与烟草有同源病害的作物在同一地块或相邻地块栽烟，另外前茬为玉米茬，在栽培过程中往往会大量施用尿素和二铵，会造成氮元素的大量残留量。

一、移栽前准备

使用烟用小型刨埯机，于栽烟前将埯刨好。每埯长30cm，深20cm。

准备好移栽时计划施入的穴肥，同时准备好农药，并于移栽前2～3d，在苗床上喷施一次杀虫剂，移栽前1d在苗床喷施一次1：600倍液波尔多粉，为带药栽烟做准备。

二、移栽时间

移栽时间要依据气候条件、品种特性和播种期综合考虑。一般为5月15—30日，地膜烟5月10日移栽，不栽6月烟。

三、移栽密度

在同样的密度下，加大行距，缩小株距，比均匀配置的方式，透光量大，斜射光多。推行宽行窄株栽培种植方式，使行间的光照充足，而株间的光照得以控制，从而使烟株的个体得以控制，群体的优势得以发挥，使叶片的厚度适中，中下部叶片的光照增强，干物质积累多，叶片适当增厚，便于田间管理，南北行向种植晒烟好于东西行向，因此建议南北行向种植晒烟。增大行距可以改善光照条件，行距80～100cm烟叶不搭在一起，便于通风透光。株距50cm，烟叶交错在一起，栽烟密度为1 200～1 600株/亩，产量质量无明显差异。种烟地块以玉米茬最好，不要在施用豆黄隆（除草剂）的水稻茬和大豆茬、马铃薯茬地和公路边种烟。

确定种植密度要考虑品种的特性。创造良好的群体结构，确保植株分布得当，能充分扩大受光面积，改善田间小气候，达到有效利用光能和叶多、叶重、增产、增质的目的。比如茎叶角度小的品种，群体的透光量大，适合密植。

四、移栽方法

1. 浇水

栽烟前苗床内浇适量的水，再将烟苗盘运至烟田备用。浇足底水，每埯3kg以上，1hm^{2}烟地浇底水带硝态氮肥30kg以上。

2. 栽苗

浇完水随水下渗把烟苗插入埯内正中间。

3. 施肥

穴内两侧距烟苗5cm施入计划好的40%的烟草专用肥以及50%的硝酸钾肥。

4. 封埯

埯内无明水后先用埴土盖好肥，再用细土培正烟苗（捧心培土）。垄顶两苗之间留土档，以便覆膜。

5. 施药

栽后覆膜前在垄面上喷施防治地下害虫药物。

6. 覆膜

栽后及时覆膜。使用覆膜机作业，膜要展平拉紧，与垄面紧密相接，膜两侧压土10cm，封严压实。

7. 移栽注意事项

选择壮苗和大小均匀一致的烟苗移栽，不栽病弱苗、老化苗和高脚苗。选择在气温较高的晴天移栽，一般以清晨和傍晚为最好。雨后不宜栽烟。成苗期要与大田移栽期相吻合，不要苗等地也不要地等苗。预留总株数5%以备补苗。

附录6　晾晒烟的营养特性

一、烟草的矿质营养

烟叶质量的好坏与烟株生长发育过程的营养平衡与否密切相关。烟草生长发育过程所必需的营养有碳（C）、氢（H）、氧（O）、氮（N）、磷（P）、钾（K）、钙（Ca）、镁（Mg）、硫（S）、铁（Fe）、锰（Mn）、铜（Cu）、锌（Zn）、硼（B）、钼（Mo）、氯（Cl）等16种。在这16种营养元素中，除C、H、O来自空气和水外，其他元素主要靠根系从土壤中吸收，因而称为矿质营养元素。另外，烟叶具有一定的吸收能力，叶面吸收也是烟草吸收养分的一种有益的补充。根据在烟株体内含量的多少，可以分为大量元素和微量元素两大类。大量元素又称常量元素，包括C、H、O、N、P、K、Ca、Mg、S等9种，其中N、P、K三种元素，由于烟株需要量较多，而土壤中可提供的有效量较少，需要通过施肥才能满足烟株正常生长的要求。微量元素有Fe、Mn、B、Zn、Cu、Mo、Cl等7种，其中Cl比较特殊，它是烟草生长发育所必需的，但吸收多了会影响烟叶品质。

1. N

N素是影响烟叶产量和品质最重要的营养元素。N素营养促进叶面积扩大，有利于干物质积累，提高产量，特别是在烟株生长前期供应充足的N素营养，对提高烟叶产量的效果尤为突出。可以被直接吸收利用的是硝态氮，而氨态氮要转化为硝态氮才能被烟株吸收。一般烟田施用的是硝态氮肥，硝态氮肥促使烟株形成较多有机酸，提高烟叶的燃烧性，但适量的氨态氮也是必要的，氨态氮能促使烟叶形成芳香族挥发油增加香味。N素吸收过多或过少对烟株生长、烟叶品质都会带来不良影响。N素吸收过多，烟株生长旺盛，茎高叶大，叶色浓绿，成熟迟缓，甚至不能落黄成熟，形成黑暴烟。调制后叶色暗淡，油分差，香气淡、吃味辛辣，杂气重，刺激性大，烟碱含量高。N素吸收不足，烟株生长瘦小，叶色黄绿、上部叶窄小，落黄成熟早而快，调制后叶色淡，叶片薄，油分差，香气淡，劲头小。所以要严格控制N肥施用量。

2. P

P素营养能增强烟草的抗寒、抗旱和抗病性，使烟株根系发达。适当的P素供应，能提早烟株成熟且种子饱满。大田前期P素不足，烟株生长矮小，抗病性和抗逆力明显降低；成熟期P素不足，则成熟迟缓，调制后油分少，香气吃味平淡，品质差。一般P素吸收过多，对烟叶品质无明显不良影响。

3. K

K素营养能增强烟株的抗旱性、抗寒性和抗病力，是烟草吸收量最大的一种营养元素。K素营养不足的叶片，调制后颜色淡，油分少、易破碎、香气吃味平淡，产量和品质降低。烟叶含K量的多少，也成为判别烟叶品质高低的因素之一。大田前期缺K，则烟株生长严重不良，即使中期和后期追施K肥，也难以弥补对产量和品质上造成的不良影响。若大田前期、中期烟株已吸收足够数量的K素，生育后期即使不再有K素供应，对中上部叶片的生长虽不会有太大的影响，但会使烟株叶片含钾量低，品质降低，因此要重视大田前、中期K肥的施用。烟株吸收钾素过多，不会对产量和品质有不良的影响。

根系合成烟碱的数量与烟株吸收的总N量呈正相关。N肥的施用量和烟碱的积累呈正相关，K促进N的代谢，P肥促进根系的生长，并对烟碱的形成和积累有一定的促进作用。施用前应做好土壤化验，合理控制用量，缺多少补多少。

二、测土施肥

标准化生产中应施用晾晒烟专用肥来提高晾晒烟品质。中等肥力的地块亩施一袋专用肥（50kg），含量44%，N、P、K含量13：10：21。70%做基肥，30%做口肥腌施，同时施入饼肥。13%纯氮要有50%的氨态氮和50%硝态氮，晒黄烟要比晒红烟多施纯氮1kg。饼肥能改善叶片的内在品质，对油分、弹性、香气有好处，亩施饼肥15kg，含量氮7%，磷1.32%，钾2.13%，施用前沤制发酵，栽烟时穴施（附表2）。

附表2　晾晒烟测土施肥计算

有机质（%）	碱解氮（mg/kg）	施氮量（kg）	速效磷（mg/kg）	施磷量（kg）	速效钾	施钾量（kg）
3.0以上	>150	4.0	>40	3.0	200～250	6
	125～150	4.5				
1.5～3.0	100～120	5.0	20～40	4.5	100～200	9
	80～100	5.5				
1.5以下	60～80	5.6	<20	6.0	<100	12

三、叶面施肥

叶面施肥是一种经济速效的施肥方法，可在缓苗期、旺长期、成熟期喷施，适当补充营养元素的不足。喷施后叶片中叶绿素增加，叶片增大，茎增粗，烟株根系增多，烟叶落黄好，成熟可提前7～15d，烟叶在调制后上等烟比例、内外观质量明显得到改善。在晴天傍晚用喷雾器喷洒于叶片正反两面，可与中性、微酸性农药混合施用，可同时减轻气候斑点病和赤星病的危害。喷施尿素、磷酸二氢钾晚上吸收量比白天大3～10倍，尿素喷施后24h吸收率达30%，对磷的吸收率5h达到30%。

附录7　晾晒烟田间管理技术

一、掏苗补苗

根据天气状况及时掏苗，防止高温烧苗。对弱苗、小苗追施偏心肥水。

二、中耕培土

以保墒、促根、除草和适当培土为主要目的。移栽后立即趟一犁土，促进烟田保墒增温。压实地膜，促进土壤熟化，利于烟株生长。移栽后15～20d进行中耕。深中耕要做到切断部分侧根、不伤主根，促进侧根大量发生。中耕土壤要锄深、锄透、锄匀，以烟株为中心，由浅而深，并浅培土。

1. 施药

定植前封闭除草可以选用以下药剂（亩用量）：33%施田补、仲丁灵或二甲戊灵250mL对水30kg喷雾，或96%异丙甲草胺150mL对水30kg喷雾。定植后如禾本科杂草较多可用12.5%拿捕净，每亩100mL对水30kg。

2. 培土方法及要求

结合中耕锄草等措施，使烟垄培高，也可以单独进行培土。在团棵前后进行。培土后垄高达到25cm以上。要求垄平沟直，土壤与烟株基部密切接触，有利于烟田排水和灌溉。

三、打顶抹杈

为了保证烟叶的产量和质量，需要及时打顶，控制腋芽生长。使烟叶身份、烟碱含量和香味能均衡增加，使根部吸收的营养成分和光合作用的产物集中供给最有经济价值的叶片。根据烟株长势长相，确保单株有效留叶数。打顶要适时，留叶要适当。

1. 打顶

（1）扣心打顶。花蕾包在顶端的小叶内和嫩叶明显分清，将花梗和花蕾连同三四片小叶用竹片或摄子摘去。此种方法消耗养分少，顶叶能充分展开，用于氮肥供应不足，烟株长势弱的脱肥烟田。打顶后株型呈伞形，中、下部叶光合作用不好，影响产量、质量。

（2）现蕾打顶。50%以上的烟株现蕾，当花蕾长到3cm左右时，将花蕾和花梗连同3～4片小叶打掉。打顶后株型呈筒形，上、中、下叶片基本一样大小，有利于光合作用和通风，产量、质量最优。

（3）中心花打顶。一般在大田50%烟株第一朵中心花开放时打顶。将主茎顶端、花轴、花序连其下边3～4片花叶一并摘掉。打顶后株型成塔形。此法用于施氮肥过多、生长旺盛、贪青晚熟的烟株，利于烟叶的落黄成熟和香气的形成，但产量降低。

（4）注意事项。打顶要选择晴天，先健株，后病株。打顶后，烟株主茎顶端要略高于顶叶的叶基部，打顶时摘下的整个花序和烟芽要带出烟田，集中处理。早抹杈杈小，脆嫩好抹，伤口愈合快，有利于促进叶片生长。采收前25～30d，也就是7月末，必须把顶打掉，因为烟叶成熟需要一段时间。

2. 抹芽

茎上每一个叶腋都有1～3个腋芽和副芽，打顶去掉顶端优势时，腋芽即迅速生长，必须及时除去萌发的芽。应掌握早抹、勤抹、彻底抹的原则。一般在腋芽长到3～4cm时进行，3～4d抹芽一次，以防止养分流失。

（1）药剂抑芽。打顶24h以内，用药物抑芽。可采用25%灭芽灵乳油，按1∶300～400倍液配好药剂，采用杯淋法处理每一个腋芽，每株烟用药液12～15mL。如果施药后3～4h内遇到降水，晴天时需再补淋。

（2）注意事项。用药后5～7d检查抑芽效果，对漏淋或抑芽效果不佳的应在抹杈后补施一次。施药时注意防护，避免眼、口及皮肤的接触，不能同时饮食，以防中毒。

四、早花原因和补救措施

早花是指未达到栽培品种正常条件下应有的叶数就开始现蕾的现象。早花一般比正常烟株提前现蕾20～30d。烟草出现早花，茎秆提前木质化，植株矮小，烟叶长不开，使产量、质量降低。苗床后期和大田前期持续低温，连续18℃以下是导致早花的主要原因。其他如干旱、肥力不足、地涝，间苗不及时烟苗过密，移栽时苗龄过长，栽老苗，栽培管理不当，满足不了烟草生长发育的需要，也容易出现早花现象。

早花轻的烟株，打顶后主茎2～3片叶位处，培育1～2个烟杈；早花重的烟株，在中部叶位培育1～2个烟杈。底部烟杈的产量最高，留杈后及时打顶，加强水肥管理，促进烟株生长。因野火病、角斑病等病害及冰雹等自然灾害造成的损失，也可以通过留杈烟来补救（附表3）。

附表3　晾晒烟各生育期特点和管理措施

时间	生育期	长相	矛盾分析	主攻方向	管理措施
4月5—10日	出苗期	两片子叶露出地面	温度和湿度	出全苗	播前进行种子和营养土的消毒
4月10—30日	十字期	第一至三片真叶生出呈十字状	温度和湿度	控水增温	增加光照和温度；控制水分；防猝倒病
4月25—30日	假植期	十字期	成活率	适时假植	营养土的配制和消毒
5月1—20日	生根期	第三片至第七片真叶生出	水分过大	促进根系生长	小水勤浇，干湿交替；及时通风降温；追施育苗肥；防炭疽病；禁止施用尿素
5月20—30日	成苗期	第七片到第十片真叶生出	控制水肥	壮苗移栽	控制水肥；增加光照通风练苗
5月25日至6月5日	移栽期	叶绿无病害根系发达	保证移栽期	一次全苗	带水带肥带药

（续表）

时间	生育期	长相	矛盾分析	主攻方向	管理措施
6月10日	缓苗期	成活转青	水	提高成活率，保全苗	查田补苗；浅铲浅趟
7月1日	团棵期	株形近于球状	肥	促进根系生长	团棵完成深耕；防野火病、蚜虫
7月20日	旺长期	现蕾	个体和群体；营养生长加速进入生殖生长；光照水分肥料	多留叶，促进烟株生长	烟田灌溉促生长；打顶抹杈，打去底叶；防蚜虫野火病
8月25日	成熟期	叶片成熟落黄	营养生长和生殖生长矛盾加剧	控制腋芽生长，促进叶片增重，防贪青，确保叶片成熟	分次采收成熟叶片，防赤星病

附录8　晾晒烟病害防治技术

根据晾晒烟生产的关键时期进行病害防治，对症防治。烟草小十字期至大十字期易感猝倒病和炭疽病。大田生长前期易感TMV和PVY，大田生长中后期易感野火病和角斑病。大田生长后期易感赤星病。

防治烟草病害的关健是必须弄清每一种病害的病因（病源）、种类以及它与烟草的关系，病菌是怎样从一个地方向另一个地方传播的，怎样为害烟株和怎么越冬的，以及什么方法防治才是有效的。没有这些知识，就不可能进行有效防治。

一、苗期主要病害

育苗棚室选择在地势高燥，背风向阳，排水良好，靠近水源的地方，避开茄科作物和烟秸秆堆放处，进行营养土的消毒，施用充分腐熟的有机肥料。选用抗病或耐病优良品种。将精选后的种子装入新布袋内，封口后放入0.1%硝酸银溶液中，浸泡15min，然后用清水冲洗干净进行催芽。将病害发病率控制在5%以下，大发生年份病害发病率控制在10%以下。

1. 炭疽病

（1）发病时间。小十字至大十字期。

（2）症状。炭疽病在烟苗假植后至成苗危害最重。叶片感病初期出现暗绿色水渍状小斑点，周围隆起，中央凹陷呈褐色。天气多雨时，病斑褐色或黄色，有时有轮纹，并产生小黑点；叶片老化或天气干燥时，病斑则为黄白色，没有轮纹和小黑点。病斑密集时叶片枯焦，幼苗倒状。

（3）发病条件。25～30℃是发病最适宜温度，超过35℃很少发病。温度适宜时潜伏期2～3d；温度降低至12～24℃，潜伏期可达10d以上。水分对炭疽病的传播起决定作用，在苗期多雨多雾或大水漫灌的情况下易发病。若苗床排水不良或烟苗种植过密，病害会加重，所以苗床期浇水后，要等叶面水珠干后再覆膜，否则容易发病。

2. 猝倒病

（1）发病时期。一般发生于苗床十字期。

（2）症状。病苗基部呈湿腐状，近地面呈褐色水渍状腐烂，像开水烫过一样，幼苗全部死亡，呈“圆补丁”状。在湿润条件下，病畦表面可见白色丝状菌丝体。

（3）发病条件。低温高湿有利于病害的流行，若持续几天温度在24℃以下，空气湿度大，土壤水分高，则有利于病菌的繁殖。苗床湿度大，排水不良，或降雨过多，有利于病菌的传播。pH值5.2～8.5发病严重，pH值5以下很少发病。母床土不要施用鸡粪、饼肥等有机肥，浇水适中及时揭膜通风。

（4）化学防治。炭疽病和猝倒病发病时，可使用50%甲基托布津可湿性粉剂1 000倍液苗床喷雾或25%甲霜灵1 000倍液灌入发病区，用噁霉灵和普力克防治效果也很好。

二、大田期主要病害

1. TMV

TMV在晾晒烟产区每年都有发生，感染后会造成烟叶产量和质量双重下降，带来严重的经济损失。

（1）症状。大田症状叶面出现“马赛克”状，俗称“花叶”，叶面呈现淡绿和深绿相间区域，在烟株的顶部和嫩叶尤其明显。早期发病导致植株矮化，节间缩短，生长迟缓。感病叶片厚薄不均，易形成泡斑叶，边缘多向背面翻卷，叶片皱缩，扭曲畸形。在烟草幼苗上花叶病症状不很明显，不容易辨别。

（2）病毒特性。TMV在活的寄主上才能繁殖（复制）。在植株多汁、生长迅速的情况下比较容易感染，在炎热、干燥的条件下，植株受到损害严重一些。TMV抗销毁，能在死的干枯的组织上能存活至少50年，而其他病毒当其寄主死亡之后便失去活性。病毒的钝化温度93℃10min或82℃24h，干病叶120℃处理30min仍不失侵染活力，要在140℃30min才失去活力。

（3）传播。TMV通过汁液传播，可以通过病叶和健叶间或是病根和健根间的接触和摩擦而感病。农事操作如抹杈、除草、施药等均可因细胞受损而染病。其侵染源是前茬残留在土壤中的烟秆、烟根和烟叶碎屑上的病原体，为初生感染。因此从事烟苗生产尤其是进行会对烟株造成伤口的田间作业期间不要使用烟制品；还要注意对任何能被烟叶、烟秆或烟根碎屑或碎片污染的用于培育烟苗的物品尤其是育苗盘，在使用之前进行清洁、消毒；另外可以通过作物轮作和或采用抗病品种控制花叶病的发生。在每一茬烟生长季结束后要彻底清除、销毁烟秆和烟根，并对烟田进行深翻来减少越冬的病毒。TMV的寄主还有番茄、辣椒和茄子等茄科作物，还有部分杂草，除了轮作外，不要接触这些作物。

在TMV发病重的烟田里，大多数的感病烟株是被少数几棵越冬病毒源（初生感染源）感染的烟株所传播的。一般在移栽后2～4周，被初生感染源感染的烟株就会显现花叶症状，应及时把感病烟株清除。因残留在根上的病毒会反复的感染补栽的烟株，为了防止二次侵染，建议不要进行补栽。团棵后的感病烟株，就没有必要进行清除了。

（4）防治。目前尚没有特效的抗病毒药剂或商业化学药剂可以控制TMV，最多是在施药后对病毒起钝化作用。生产上用于防治TMV表现较好的抗病毒药剂有菌克毒克（宁南霉素）、金叶宝、病毒必克等，防治效果在20%～60%，虽然防治效果不理想，但作为一种防病的辅助措施，仍要积极提倡。

2. PVY

又称“脉带病”“脉坏死病”等，在烟田每年都有发生，尤其在马铃薯和烟草间作的地块危害更为严重，发病率在10%左右。

（1）症状。烟草感染PVY后因品种和病毒株系的不同，表现为4种类型：叶片在发病初期出现明脉，而后形成系统花叶，病原为PVY^{0}；脉坏死症表现为病株叶脉到主脉变成深褐色至黑色坏死，病原为PVY^{VN}；点刻条斑病是发病初期先形成褪绿斑点，变成红褐的坏死斑和条斑，病原为PVY^{C}；茎坏死症是病株茎部维管组织和髓部呈褐色坏死，病株根部腐烂，病原为PVY^{SN}。

（2）传播。烟草PVY、CMV在自然条件下主要靠烟蚜传毒。烟蚜又名桃蚜，是刺吸式口器害虫，在桃树、樱桃树、杏树、菠菜和野草上越冬，6月末有翅蚜开始迁飞，7月是无翅蚜繁殖的盛期，也是进行药物防治的关键时期。有翅蚜迁飞的时间是上午8—9时和下午2—4时，靠风迁飞。PVY可以侵染多种作物和杂草，主要是侵染源是马铃薯。PVY不能由种子传播（种子不带毒），但可在种薯内越冬，第二年随种薯种到田间，长出的病株便成为了初次传染的来源。健康烟株几分钟就可以被有翅蚜完成传毒过程。PVY还可以通过摩擦传染，病叶和健叶只要摩擦几下，叶片上的茸毛稍有损伤，就有可能传染病毒。

3. 赤星病

是我国北方地区的最主要病害，1981年8月初赤星病曾大面积发生，有的烟田80%烟株感病，有的地块甚至绝产，给晾晒烟生产造成巨大损失。近年来也有发生，不过危害已得到有效控制。赤星病侵染源是主要是上一年烟株茎秆的残体，也就是露在地面上的烟秆，叶片、茎、蒴果包括种子表面也带会菌。因此要彻底处理烟秆和烟田的中的病叶，播种前要对种子进行消毒。赤星病的孢子在53℃潮湿的条件下5分钟就可以死亡，而在干燥的情况下需125℃，因此烘烤后的烟叶是无菌的。

（1）发病条件。烟草赤星病有明显的阶段抗病性，苗期以后抗病力逐渐降低，赤星病发病的主要时期是烟叶成熟期（烟叶生长的中后期）；其次温度也是影响该病发病流行的重要因素，日平均温度20℃以上就可以发病，发病的最适温度是23.7～28.5℃。山区立秋后降雨多，空气湿度大，昼夜温差大，晚上露水多往往比较容易发病。病菌会在烟株的残体上越冬，等早春平均气温达到7～8℃，相对湿度50%时，便会形成新的分生孢子。

赤星病的发病条件是中温（20℃以上），高湿、降水、露水时间长。尤其是晴天下雷阵雨，赤星病容易发生。田间孢子的长途传播是靠风，近距离传播只靠雨水。在雨水飞践，风雨交加的情况邻近的烟株就会发病；在干旱、阴天的条件下不发病，阴天光照不足条件下，只长菌丝，不长孢子，病害不会发生，而光照足的晴天，只长孢子，不长菌丝。玉米雄蕊的花粉可以为菌丝体的生长提供营养来源，因此靠近玉米地的烟田容易发生病害。移栽期迟，追肥过晚，氮肥过量，烟叶晚熟都是引发赤星病的因素。

（2）症状。最初在下部叶片上出现黄褐色圆形小斑点，直径0.1cm，以后变为褐色。病斑扩大到直径可达1～2cm，有明显同心轮纹，病斑边缘明显，病斑中心有深褐色或黑色的霉状物，严重时有许多病斑相互联合在一起，最后枯焦脱落。赤星病的同心轮纹是气候的干、湿交替所致，湿度大轮纹就宽。

（3）防治。必须坚持预防为主，综合防治的方针，着重进行合理正确的药剂防治。赤星病易感染成熟过度和衰老的叶片，早移栽发病前采收，躲过病害的流行期。种植抗病品种，控制移栽密度，行向南北拢，行距80cm以上，株距50cm，以行距不封垄为宜，连片种植控制在10hm^{2}以下。控制氮肥的施用量，增施磷钾肥，在缓苗后喷施叶面肥，在团棵期，旺长期，打顶后喷施1%的磷酸二氢钾。应尽量避免打顶过低，形成伞形烟。实行轮作，把烟秆清除田外进行秋翻地，减少侵染源。

用40%菌核净可湿性粉剂或40%灰核宁可湿性粉剂400～600倍液，效果是比较理想的。施药时间，烟叶打顶后进入成熟期，根据天气情况，几天连续降雨，湿度大露水时间长，就应及时施药5～7d一次，连续2～3次；未来一段时间天气干旱，天气变化不大，就可以少喷或者不喷间隔10天以上。

4. 野火病

野火病是大田期的主要病害，在苗床期和大田期均能发病，以大田期为害为主，大田初发病期一般在6—7月是烟叶成熟期。严重时发病率可达100%，病情指数50以上，给烟草生产带来巨大的损失。黑龙江省牡丹江市穆棱市1983年从6月1日至7月25日降水量比同期多115mm，积温比同期少311℃・d，日照比同期少312小时，野火病在全市大面积发生，造成很大的经济损失。

（1）症状。野火病也主要发生于大田中后期，病叶症状初为黑褐色水渍状小圆斑，以后病斑逐渐扩大，直径可达1～2㎝，四周有宽的黄晕。病斑合并后形成不规则大斑，上有轮纹，天气潮湿时病部表面有薄层菌膜，干燥后病斑破裂脱落，叶片被毁。

（2）发病条件。发病的最适温度24～28℃，温度达到30℃就停止发展。暴雨不仅有利细菌的传播，而且易在植株上造成伤口，诱致病菌侵入，因此常在暴风雨后严重发病，而天气干旱将受到抑制。氮肥多，磷钾肥少，雹伤虫伤多也有利于发病。

（3）防治。病菌在病残体粪肥寄主上越冬。合理轮作，应避免豆科作物；合理施肥，避免贪青晚熟，减少氨态氮肥施用量，合理使用硝态氮肥；注意田间卫生，田间早期发病应及时摘除病叶，清除烟田并深埋；尚无理想的抗病品种，防治病苗下地。

波尔多液叶面喷雾，每次间隔6d左右，连续喷3～4次；农用链霉素200万单位3 000倍液，叶面喷洒，不能与碱性农药、污水混合使用，否则无效，DT杀菌剂和农用链霉素混合使用效果更佳，间隔5～7d喷一次，连续喷3～4次。雹灾、暴风雨后及时喷药。

野火病属于细菌性病害，菌体有边毛，没有分生孢子。病斑无霉状物，而赤星病有霉状物分生孢子。野火病产生野火毒素，导致病斑周围有退绿晕圈，而角斑病不产生野火毒素，病斑周围无黄色晕圈。而赤星病有轮纹，退绿面积小（附表4、附表5）。

附表4　晾晒烟真菌细菌性病害

名称	症状	发病时期	发病条件
炭疽病	圆形病斑中心凹陷，边缘隆起	假植后	高温25～30℃高湿，叶面有水球复膜
猝倒病	茎基部坏死，成片死亡	小十字期	低温13～20℃高湿
赤星病	病斑灰褐色，有同心轮纹，每一个干湿过程一圈，由分孢子传播	大田生长后期8月	中温高湿，20℃，由成熟叶片开始发病
野火病	属细菌性病害，病斑红褐色，周围有较宽的黄色晕圈	大田生长中后期7月	高温高湿，28～32℃，风雨通过伤口侵染

附表5　晾晒烟病毒性病害

名称	侵染源	侵染方式	症状
TMV	前一年的病株残体	通过摩擦侵染	叶不变形，叶片下卷有明脉，花叶症状
CMV	蔬菜、杂草、树林	有翅蚜迁飞	叶片窄长，叶尖上卷
PVY	带毒马铃薯	有翅蚜迁飞	叶脉坏死，变褐色
YSMV（烟草曲顶病）			烟株矮化，节间缩短，顶叶皱缩，顶端呈菊花形

注：发病面积大的是TMV，其次是PVY，CMV最少。烟草病毒性病害均由摩擦和有翅蚜迁飞侵染。

三、晾晒烟病害的农业综合防治技术

烟草病害的防治要提倡预防为主，防重于治，在发病前采取各种措施预防病害的发生，可以事半功倍。一旦发病，病斑不可以恢复，发病后再去治往往收益很小。

1. 种植抗病品种

充分利用当地晾晒烟的品种资源，种植优质、适产、抗病或耐病品种，是防治病害最经济有效的措施。在烟草种植中选定主栽品种或搭配品种，可以增强抗御自然灾害（叶部病害）的能力。

2. 培育根系发达壮苗

要从无病烟株上采种，育苗前进行种子消毒。进行营养土、大棚、工具的消毒，用肥皂水洗手。苗床要选择地势较高、排水良好的地点，要远离菜地、烤房、烟秆的堆放地点等菌源多的地方。集中育苗、分散假植。育苗时要在晴天浇水，叶片上没有水滴后复膜，育苗前期有要通风降低湿度，保持温度。

3. 改进施肥栽培制度

氮、磷、钾及微量元素对烟株的营养抗性起很重要的作用，要施足基肥，团棵后期浇旺长水。烟草根系不发达，须根少，可用生根粉灌根，促进根系的生长。不要施氮肥过多过晚，防止烟株贪青晚熟。改变过去在晾晒烟生产单一施用氮肥（尿素）的状况，增施磷钾肥、农家肥来提高抗病能力。

选择最适宜烟草生长发育的移栽期，避开感病的高峰期。采取早育苗、早移栽、早采收晾晒的措施，很大程度上减轻了病害的危害。晚栽烟，烟叶不成熟，白露后采收晾晒温度低、湿度小，调制后青黄烟（微青）多品质降低。

晾晒烟生产中种植密度过大，光照不足，发生严重荫蔽，有利于病菌的繁殖，导致病害的发生。田间栽烟按50cm × 90cm株行距，有利于通风透光，降低湿度，减少病害的发生。

现蕾打顶可以使烟株上中下部叶片基本一样大，达到最佳产量和产值。不要采取扣心的方法，使上部四片大，中下部叶片的光合作用不好，不通风，容易引起病害的发生。

4. 坚持卫生栽培

提高大田的管理水平，可以有效预防田间病害的发生。在田管中先管理健株，后管理病株，及时拔掉病株，并集中消毁。坚持田间卫生栽培，工作前洗手，不在田间吸烟，减少田间的摩擦侵染，在团棵前完成铲趟培土工作，避免伤根，减少二次侵染循环机会。

5. 坚持轮作，适当集中种植

种烟地块前茬以玉米、小麦、谷子为好，不在瓜、菜、马铃薯地种烟。进行秋翻，秋起垄（施肥）并在翻地前把烟秆，烟茬运出地外，适当的集种植面积便于病害的防治工作。

6. 做好病害的预测预报

7—8月高温高湿，是病虫害的高发期。同当地气象站协作，做好病虫害的预报，及时进行化学防治，防患于未然。

7. 做好烟蚜防治工作

CMV和PVY病毒的传播是通过有翅蚜的迁飞完成的。利用银灰色地膜覆盖，可以有效地驱避蚜虫向烟田迁飞。烟蚜喜欢黄色，可用黄色的塑料盆装上水作为诱蚜皿。做好药剂治蚜工作，防治病毒的传播和蔓延。

8. 化学防治

应在病菌侵入前施用，施药时要尽量使药液均匀接触叶片，7d施药一次。药剂有：波尔多液（硫酸铜+生石灰+水，比例1∶1∶200）、代森锰锌、百菌清。

防治猝倒病的药剂有甲霜灵锰锌（瑞毒霉），防治炭疽病有甲级托布津、多菌灵，防治赤星病有菌核净，其对普通花叶病也有一定的疗效，防治野火病有DT杀菌剂、农用链霉素。使用时药剂不必全喷到，可10d施药一次。

四、农药使用存在的问题

1. 产品虚假宣传

目前市场上农药的品种五花八门，为了获得高额利润，一些厂家把自己的产品宣传得神乎其神，不能对症下药，影响防治效果，使用后烟农大呼上当。

2. 农药市场缺乏严格的监管

农药纯度不高，储存时间过长或储存条件不好，致使药效降低。如农用链霉素等产品，一些不符合国家规定的小厂家甚至非法厂家由于设备简陋、原料劣质、颗粒或助剂不达到标准，但其生产成本低，价格低，易使烟农上当。

3. 使用方法不当

包括施用时间、施用部位、施用浓度、施用剂量以及喷药的质量等，使用不当都会使药效下降甚至出现药害。

附录9　晾晒烟虫害防治技术

根据晾晒烟生产的关键时期进行虫害防治，对症防治。大田生长前期注意防治地老虎等地下害虫的危害，大田生长中后期注意烟青虫、烟蚜、金针虫、斑须蝽等害虫的危害。

一、防治原则

坚持“预防为主，综合防治”的植保方针。

二、大田移栽期主要虫害及防治措施

主要害虫有地老虎、金针虫、蛴螬等。

1. 农业防治

人工捕杀幼虫，每天清晨在新被害烟株附近土中可捕杀幼虫。

2. 化学防治

（1）毒土防治。用75%锌硫磷乳油0.5kg加少量水，喷拌细土125～175kg，每公顷烟田施毒土300kg，移栽时穴内环施或移栽傍晚顺垄撒施。

（2）毒饵防治。用90%的敌百虫0.5kg加水2.5～3kg，均匀拌在豆饼40～50kg里制成毒饵，1hm^{2}烟田施225～300kg，移栽时穴内环施或移栽后傍晚施在烟株周围。

（3）药剂防治。90%的敌百虫600～700倍液，喷淋烟株或灌根。

三、大田生长期主要虫害及防治措施

1. 烟蚜

烟蚜，又名桃蚜，属于刺吸式口器害虫，是世界性虫害又是烟草最重要的虫害，寄主达300余种，是典型多食性害虫。烟蚜对烟草的危害包括直接危害和间接危害两个方面，直接危害是烟蚜刺吸烟株汁液，影响烟株正常生长发育及分泌蜜露污染烟叶；间接危害主要是指其作为多种病毒的传毒媒介，引起烟草病毒性病害所造成的损失。

（1）农业防治。在大田期及时打顶抹杈，摘除侧芽，可集中消灭烟蚜，减少田间蚜量，选用抗蚜品种。

（2）化学防治。在蚜虫发生初期喷用10%吡虫啉可湿性粉剂3 000倍液。

2. 烟青虫

（1）农业防治。深翻灭蛹，捕杀幼虫。

（2）化学防治。在幼虫发生期，施用90%敌百虫晶体或2.5%溴氰菊酯2 500倍液。

3. 斑须蝽

斑须蝽在烟株顶端的嫩叶上刺吸汁液使叶片调萎下垂，使组织坏死失去调制使用价值。其有驱微弱光性，强日光多栖于叶背，弱日光阴天才能看到在叶面顶端花蕾上。亦有趋黄性，可以传播病毒病害。

（1）农业防治。于6月中旬成虫盛发期捕杀成虫两次，摘除卵块及集中消灭初孵化尚未分散的幼虫。及时打顶，使其失去为害场所。

（2）化学防治。用2.5%溴氰菊酯乳油1 000倍液雾喷嫩叶。

附录10　晾晒烟采收晾晒技术

一、晾晒烟采收晾晒条件

晾晒烟借助日光的热能，在室外经晒制而成，通过温湿度的变化调节，使烟叶经历凋萎变色、定色、干筋三个时期。一般是白天晒、夜间晾、晴天晒、阴天晾，以晒为主，晾晒结合的调制方法。

在晾晒过程中，温度和湿度的变化十分重要，在温度24～36℃、湿度75%～85%的范围内，晾晒的烟叶能达到正常的要求。烟叶采收初期属于凋萎期，在避免阳光灼伤的前提下，烟叶会损失15%～20%的水分。变黄期控制温度30～32℃，相对湿度85%，既能平衡脱水速度又利于变黄。若这个时期温度低于30℃，相对湿度为90%～95%，会产生烟叶颜色变深，乃至霉烂现象；若相对湿度在60%左右会造成烟叶急速干燥。鲜叶上架后因含水量大，若直接暴晒，水分散失过快，不利于叶片内含物质的转化，容易出青烟和花叶。因此上架后的初晒阶段，要以晒为主，使烟叶凋萎，去掉一部分水分，由青转黄。根据天气情况来调整绳杆疏密，即晴天稍密，以能使阳光射到叶尖，晒场地面微见阳光为宜；阴天则应稍稀，以利排出水分。

上架后叶片容易互相粘连。要利用早上烟叶回潮时机，将黏着的叶片用手逐片分开，否则粘连部分生热发酵使油分减少，烟叶干后会颜色发青，光泽暗，变色不均，易于破碎。应使叶尖离地面50cm左右，以免叶尖吸潮霉变。

定色期白天利用高温和强烈日光把烟晒干，晚上让其吃露回潮，让烟片内含物质继续转化以提高品质。如果只晒不露，烟叶色泽变淡，油分不足，影响质量。

晾晒烟每株可留叶8～18片，顶部叶片大、成熟早，可以先采收上部叶4～5片，让整个烟株养分集中供给留下的叶片，延长了中下部叶片光合作用的时间，也改善了光照强度，经过7～10d会达到明显的增产提质的效果。烟叶采收后直接上架晾晒，温度高水分蒸发快，叶片的干物质来不及转化，叶片没有完全变黄，容易晒出青烟，所以需要捂黄晾晒。一种方法是堆积捂黄，烟叶采收后就地放堆捂黄，病叶底叶放在堆的上面或下面，好叶放在中间。捂黄时间要根据烟叶的成熟度和温度而定，等烟叶变到7～8成黄时上架晾晒；另一种方法是架上捂黄，烟叶上架后，将烟叶靠在一起（并架）以叶片刚接触为宜，上面用草帘子、农膜盖好，不使其失水过快，过4～5d烟叶由绿变黄后，就可以敞开架晾晒。架捂不如堆捂的效果好，但效果也不错。

二、晾晒烟晾晒方法

科学的晾晒方法是整个晾晒烟生产过程中的关键。晾晒是利用自然的温度、湿度和光照进行的，并不是单纯地把烟叶晒干，而是通过科学的晾晒技术把烟叶所含的化学成分，向有利烟叶品质的方向转化。

晾晒场地应选择向阳、干燥、便于管理的河滩地、沙土地，东西搭架，南北放杆（绳），横梁的距离按烟杆的长短而定。晾晒面积是种植面积的10%左右。处暑后开始采收成熟叶，白露前编烟上架结束，要做到随采随编（上绳、杆），烟叶背靠背，每扣大叶上2片，背对背，小叶病叶上3～4片，绳杆距20～30cm。上杆晾晒便于管理，防风防雨，对烟叶的质量有利，但平架晾晒烟叶的密度是上绳晾晒的两倍，因上杆的两侧各上两片烟叶，而上绳是每扣两片烟叶，上杆每扣的距离在2cm为宜。

1. 晾晒调制要领

初期疏而不稀，日晒强而不暴，失水不速不迟，颜色由浅入深，干筋晒足晒透，防止叶片粘连。晒制过程分为三个阶段。

（1）凋萎期。绳间距离应掌握在两绳叶片边缘间隔不过寸，保持不稀不密。过稀则失水过快，易出青烟，过密则通风不良，易发热降低油分和光泽。经常查架，轻推勤摆，防止烟叶粘连，晴天高温2～3d，阴天低温需4～5d就可以凋萎。

（2）变黄期。在烟叶凋萎的基础上，进行适当并架，间距15cm左右。此时需要足够的阳光，仍需轻轻推摆，保持变色均匀。前期保持叶片间相应的水分，促其变黄转红，后期掌握失水不宜过快，保持应有的光泽。待晒至叶片变黄，叶肉基本晒干，开始具有吸水返潮能力时，需在晴天夜间吃露，增加烟叶水分。次日继续晒足晒透，如此反复几次，可以提高烟叶的燃烧性。

（3）干筋期。在叶片基本晒红的基础上，再度紧绳，适当并架。充分利用光能晒足晒透，使剩余的水分尽快消失，直至主筋全干为止。

2. 晒黄烟晾晒方法

晒黄烟和晒红烟晾晒方法不同之处在于晒黄烟变黄后，需要及时把黄色固定下来，缩短定色时间。需要较高的温湿度，如温度30～32℃，相对湿度85%。但如果晚上露水大，或者阴雨天地面潮湿，就要适当控制湿度。晒黄烟在变黄后期和定色期的湿度要求小于晒红烟，才能调制出晒黄烟。

三、不同收获方式对烟叶产量和质量的影响

1. 带茎采收

带茎采收（半整株采收）的烟叶虽然产量较低，但因为提高了烟叶的质量，经济效益较高。因为茎可以继续供给烟叶水分，烟筋不受损伤，失水较慢，叶片保持长时间活性状态，烟叶内各种生物化学变化得以充分完成。调制后烟叶身份适中，结构疏松，化学成分协调，外观质量和内在质量表现较好。

2. 划筋采收

采叶划筋调制的烟叶失水快，晾晒时间短，内含物质转化不充分，烟叶产量虽高，但质量较差。这是由于主脉受损伤，烟叶调制其间在阴雨天湿度较大的环境中，划筋的主脉易受细菌的侵染而发霉；而在干旱天气则会出现“急干”造成青色烟，影响外观质量，而且造成各种化学成分不协调，内在质量也相对较差。

划筋采收干燥时间为17d，不划筋处理为24d，半整株采收烟叶失水慢，晾制时间为42d才干燥。

最佳晾晒期是8月25日（处暑后）至9月5日（白露前），共10d时间。采收晾晒完毕后，把烟

叶放到杆或绳上。这时雨季刚过，温度高，湿度大，大雾天气多，有利于烟叶内在物质的转化。白露后烟上架，雾天减少，温湿度低，烟叶内部物质转化不好，容易晒出青烟。因此一定要根据品种的大田生育期计算出合适的播种期和大田移栽期。民谚“烟不是秋后草，白露烟上架”正是这个道理。

晾晒烟有索（绳）杆、折、捂晒红烟，晒红烟色泽深褐与含氮物多和调制技术有关。由于调制过程缓慢，糖类物质大量减少，蛋白质损失不多，因而烟的刺激性很强，生理强度很大，但吃味丰满，阴燃持火力强。

在顶叶成熟时按一定的距离开辟作业道（整株采收），其余的烟分2次采收，先采顶叶后采中部叶片。

四、乙烯利催熟

乙烯利是一种植物生长调节剂，进入烟株组织内，可以调节烟株的碳、氮代谢，促进蛋白质的分解和运转，增加碳水化合物的积累，有促进烟叶落黄成熟，改善烟叶外观和内在品质的作用。在烟叶贪青晚熟或气候寒冷的情况下，烟叶成熟较慢，喷乙稀利可以促进成熟，减少采收次数，缩短变黄时间。在贪青晚熟、采收较晚、气温低的季节施用。一般施用浓度为500 ~ 700mg/kg，喷成细雾，均匀洒遍全株。喷药次数为一次，喷后2 ~ 5d即可全部采收。

五、提高晒红烟烟碱含量，为工业生产生物农药和肥料提供优质原料

烟碱的积累能力受基因控制，其遗传特性又决定了烟碱含量的高低，遗传特性不同，烟碱含量的差异很大。烟草的烟碱含量又与生长环境，烟叶着生部位，成熟度，栽培措施以及调制工艺因素直接相关。烟碱含量高，总氮的含量就高，糖的含量高，总氮的含量就低。穆棱晾晒烟属于晒红烟。

1. 利用烟茎（烟秆）提取烟碱

烟叶含有烟碱（植物碱），是卷烟工业的主要原料，而烟秆只能做燃料（烧柴用）。晾晒烟的根茎鲜少被拿来检测，而我们通过化验晾晒烟茎、根的烟碱含量发现：蛤蟆头（黄花烟草）烟茎烟碱含量1.10%；地方晒红烟（大青筋）根烟碱含量1.39%，其茎的烟碱含量在1.30%左右。提取烟碱后所剩废渣，通过发酵和消毒，可以生产生物肥料。

分析烟茎、根K_2O含量结果表明，蛤蟆头叶2.47%、茎5.28%，地方烟茎3.64%。氮含量，黑河烟3.11%，蛤蟆头叶3.16%，茎2.49%，地方烟茎2.85%，尤其蛤蟆头氮钾的含量较高，在生产工艺中可以节省生物肥料，氮、磷、钾纯量，降低肥料成本。茎的木质部可以增加化肥有机质含量，所含少量烟碱可以起到杀虫杀菌的作用。提取烟碱，生产生物肥料是绿色环保，无残留（低硝酸盐）很有发展前途的一项产业。

因蛤蟆头根茎叶的氮、钾、烟碱含量高于其他晾晒烟品种，抗病性较强，是可以开发利用的一个种质。种植黄花烟草，只需配合施用复合肥，不需要好地（不和粮食、经济作物争地），下等地力的地块都可以种植。管理简单，一次成苗，苗期40d，6月10日（芒种后）栽烟，随其自然生长，要及时打顶，整株收获（带叶）晾晒，烟茎较细30d茎叶就干了。

2. 烟碱含量与烟叶着生部位有关

穆棱晒红烟顶叶质量（品质）最好，烟碱含量最高，烟碱含量由上而下逐渐下降，烟碱含量高的晾晒烟一般品质也好。

3. 打顶抹杈有利于烟碱的积累

打顶抹杈是晾晒烟生产中提高烟碱含量的重要措施。打顶时期要根据土壤、施肥状况、气候条件和烟株长势而定。烟株长势好的，应高打顶，长势弱的则适当低打顶，尽可能减少打顶到成熟采收的天数。适时提早打顶时间，降低打顶高度，减少留叶数，可增加烟碱含量。打顶和抹杈，可使较多初生根分化，萌发大量的初生根，提高根系合成烟碱的能力。

打顶后若吸收N肥过少，则造成烟株体内总N含量下降，下部叶提前老化，整株的产量、品质大幅度下降；若打顶后N肥吸收过多，则叶片贪青晚熟，品质不佳。打顶迟早对烟叶中烟碱的含量及品质有很大的影响。

4. 种植密度留叶数对烟碱含量的影响

生产实践证明，种植密度在晾晒烟生长前期影响不大，但在旺长期则有较明显的影响，密度小比密度大的烟碱含量高。密度大，叶面积系数大，光照减弱，单株和单叶发育不良，烟碱合成低；而密度小，个体生长量较大，有效叶片也有增加的趋势，单叶重、上等烟比例、均价、级值均随着种植密度的减少而增大。在群体结构合理的情况下，适当减少密度，可以增加烟碱含量。既要有较高的产量，又要兼顾烟叶的产值和可用性，就必须有合理的种植密度。

5. 平衡施肥增加烟碱含量

烟草中主要的含N化合物是烟碱、蛋白质和氨基酸。吸烟对人们产生的兴奋刺激作用即形成烟瘾，主要是烟碱作用的缘故。N元素对晾晒烟的产量和品质影响比其他任何一种元素都大。缺N将会导致烟叶减产，调制后色淡，烟叶平滑，组织粗糙，而过量施N，烟叶产量虽然高，但是烟叶调制过程中会出现青烟或青黄烟。P和K也是改进烟叶品质的重要元素，磷肥促进烟株早发，根系繁茂，促进N、K的代谢过程，以及物质的运转过程，P对烟碱的形成和积累都有一定的促进作用。因此平衡施肥可增加烟碱含量。

附录11　吉林省地方标准——晒红烟

DB22/T 925—1999

1999-07-01发布　　　　1999-08-01实施

吉林省技术监督局　发布

一、范围

本标准规定了晒红烟的名词术语、分级、技术条件、检验方法、验收规则等内容。

本标准适用于省内晒红烟原烟或复烤后未经发酵的扎把烟，是分级销售、收购定级、工商交接的依据，以文字标准为主，辅以实物样品。

二、引用标准

GB 2635—92烤烟检验方法。

三、名词术语

1. 部位

按烟叶在烟株着生位置分为上部叶、中部叶、下部叶。各部位比例：上部叶、中部叶、下部叶分别占单株留叶数的30%、40%、30%。

2. 成熟度

指晒烟后烟叶的成熟程度。分下列档次：成熟、尚熟、欠熟、未熟、假熟。

3. 油分

烟叶内含有的一种柔软半液体或液体物质。分下列档次：多、较多、有、稍有。

4. 身份

指烟叶厚度、密度或单位面积重量。以厚度表示，分下列档次：薄、较薄、中等、较厚、厚。

5. 叶片结构

指烟叶细胞排列的疏密程度。分下列档次：过疏松、疏松、尚疏松、较密、紧密。

6. 颜色

指烟叶经晒制后所呈现的深浅不同的颜色。分为：活青、黄褐、褐黄、青褐、褐红、棕红、老红、深红、红黄、黄红。

（1）允带青筋。指仅支脉带有青色。

（2）允微带青色。指叶片青色一成及以下。

（3）允稍带青色。指叶片青色在一至二成。

（4）红黄色。指叶面呈红、黄色，且红色程度占七成及以上。

（5）黄红色。指叶面呈黄、红色，且黄色程度占七成及以上。

（6）青褐色。指褐色烟叶上含青色在二至四成。

（7）褐黄色。指叶面呈褐、黄色，且褐色程度占七成及以上。

（8）活青色。指烟叶青色在四至五成。

7. 色度

指烟叶表面颜色的饱和程度、均匀度和光泽强度。分下列档次：浓、强、中、弱、淡。

8. 破损

指叶片因受到机械损伤而失去原有的完整性，且每片叶破损面积不超过50%，以百分数（%）表示。

9. 残伤

指病斑透过叶背，使烟叶组织受到破坏失去加工成丝的强度和坚实性，以百分数（%）表示。

10. 纯度允差

指混级允许度。允许在上、下一级总和之内，以百分数（%）表示。

四、分级

根据烟叶生长的部位及叶片的成熟度、油分、身份、叶片结构、颜色、色度、残伤等分为六级。

五、技术条件

品质规格见表1。

烟叶水分含量规定见表2。

表1　品质规格

级别	部位	成熟度	油分	身份	叶片结构	颜色	色度	残伤（%）
一	上部 中部	成熟	多	较厚 中等	尚疏松 疏松	老红、深红、红黄	浓	10
二	上部 中部	成熟	较多	厚 中等	较密 疏松	深红、红黄、允带青筋	强	15
三	中部	尚熟	有	中等	尚疏松	棕红、黄褐、允微带青色	中	20
四	中部 下部	尚熟	稍有	中等 较薄	尚疏松	褐红、黄红、允稍带青色	弱	25

（续表）

级别	部位	成熟度	油分	身份	叶片结构	颜色	色度	残伤（%）
五	下部	假熟 欠熟		较薄	过疏松 紧密	褐黄、青褐	淡	30
六	下部	假熟 未熟		薄	过疏松 紧密	褐黄、活青		40

烟叶含砂土率允许量见表2。

烟叶扎把为无拐自然把，大叶每把20片左右，小叶25片左右。烟绕用一片同级烟叶，绕宽不超过5cm。

六、验收规则

定级原则：烟叶的部位、成熟度、油分、身份、叶片结构、颜色、色度都达到某级规定，残伤不超过某级允许度时，才定位某级。

质量达不到一、二级的上部叶在三级以下定级。

一批烟叶在两个等级界限上，则定较低等级。

霜冻叶、杈子叶、霉变、掺杂、水分超限等不列级。

破损的计算以一把烟内破损总面积占烟叶应有总面积的百分比计算；每张叶片的完整度必须达到50%以上，低于50%者列为级外烟。破损度的规定见表2。

表2　纯度允差的规定（%）

等级	纯度允差不超过	水分不超过	自然沙土率不超过	破损率不超过
一	10	20	0.5	5
二	10	20	0.5	10
三	15	20	1.0	15
四	20	20	1.5	20
五	20	20	2.0	25
六	20	20	2.0	30

把头不超过5cm的部分轻微霉变。视其对烟叶品质影响的程度适当定级。

纯度允差的规定见表2。

七、检验方法

按GB 2635—92中烤烟检验方法执行。

八、检验规则

分级、交售、收购、供货交接均按本标准执行。

现场检验。

取样数量，每批（指同一产区，同一级别烟叶）在100件，超出100件的部分取5%～10%的样件，必要时酌情增加取样比例。

成件取样，自每件中心向其四周抽检样5～7处，3～5kg。

未成件烟取样，可全部检验，或按部位抽检样6～9处，3～5kg或30～50把。

对抽检样按本标准第七条规定进行检验。

现场检验中任何一方对检验结果有不同意见时，送上级技术监督部门进行检验。检验结果仍存在异议，可再复验，并以复验结果为准。

九、实物样品

实物样品是检验和验收的凭证，为验货的依据之一。

实物样品根据根据文字标准制定，经省烟叶标准标样技术委员会审定后，由省技术监督局批准执行。每年更换一次。

实物样品制定原则

最低界限样品，以各级烟叶最低质量叶片进行制定。每把15～20片。

可用无损伤叶片。

十、包装、标志、运输、贮存

1. 包装

每包（件）烟叶必须是同一产区、同一等级。

包装用的材料必须牢固、干燥、清洁、无异味、无残毒。

包（件）内烟把应排列整齐，循序相压，不得有任何杂物。

每包净重50kg，麻布包装，成包体积为40cm×60cm×80cm。

2. 标志

必须字迹清晰，包内要放标志卡片。

包（件）正面标志内容：

a. 产地（省、县）；

b. 级别（大写）；

c. 重量（毛重、净重）；

d. 产品年、月；

e. 供货单位名称。

包件的四周应注明级别。

3. 运输

运输包件时，上面必须有遮盖物，包严、盖牢、防日晒和受潮。

不得与有异味和有毒物品混运，有异味和有污染的运输工具不得装运。

装卸必须小心轻放，不得摔包、钩包。

4. 贮存

（1）垛高。原烟1～2级不超过5包高，其他各级不超过6包高；复烤烟不超过7包高。

（2）场所。必须干燥通风，地势高，不靠火源和油仓。

（3）包位。须置于距地面30cm以上的垫石上，距房墙至少30cm。

（4）不得与有毒物品或异味物品混贮。

（5）露天堆放。四周必须有防雨、防晒遮盖物，封严。垛底需距地面30cm以上，垫木（石）与包齐，以防雨水侵入。

（6）存贮须防潮、防火、防霉、防虫。定期检查，确保商品安全。

附录12　穆棱晒红烟等级标准

Q

黑龙江省烟草公司穆棱市公司　　企业标准

Q/MYC01—2001

穆棱市晒红烟

2001-07-20发布　　2001-08-20实施

黑龙江省烟草公司穆棱市公司　　发布

前　言

本标准是黑龙江省烟草公司穆棱市公司为收购、销售穆棱晒红烟，参照GB 2635—95烤烟国家标准而制定。

本标准由黑龙江省烟草公司穆棱市公司提出并负责起草。

本标准主要起草人：谷庆吉、穆玉喜、赵彬

黑龙江省烟草公司穆棱市公司　　企业标准

穆棱晒红烟　　Q/MYC01—2001

一、范围

本标准规定了穆棱晒红颜的分级要求、检验方法、验收规则、包装、运输、贮存要求。

标准适用于正常栽培、管理、经过晾晒、分级扎把的穆棱晒红烟以文字标准为主，以实物样品为依据。

二、引用标准

下列标准所包含条文，通过在标准中引用而构成为本标准的条文。在本标准出版时，所有版本均有效。所有标准都会被修订，使用本标准的各方应探讨，使用下列标准最新版本的可能性。

GB 2635—1992　烤烟

GB/T 5991.2—2000　香料烟、包装、标志与贮运

三、名词、术语

1. 采用上绳、杆的方法，利用自然的光热、湿度进行晾晒

2. 部位

指烟叶在烟株上的着生位置，分上、中、下部叶。

3. 颜色

指烟叶经过晾晒后所呈现深浅不同的色彩。

红色烟，包括紫红、深红、赤红。

红黄色烟，包括深红黄、浅红黄。

青色烟，包括活青、青黄、青绿。

4. 成熟度

指烟叶的成熟，分成熟、尚熟、欠熟、过熟。

5. 叶片结构

指烟叶细胞的疏密程度，分疏松、尚疏松、稍密、紧密。

6. 油分

指烟叶内含柔软半流体物质，在适度的含水量下，根据在感官鉴别，有油润或枯燥，柔软或僵硬的感觉，分多、有、稍有、少。

7. 光泽

指烟叶表面色彩的纯净鲜艳程度。分鲜明、尚鲜明、稍鲜明、稍暗、较暗。

8. 身份

指烟叶的厚度和细胞的密度或单位面积的重量，以厚度表示分厚、较厚、稍厚、较薄、薄。

9. 破损率= $\frac{\text{把内烟叶破损面积}}{\text{把内烟叶应有总面积}} \times 100\%$

指破损、杂色残伤损害烟叶的程度。

（1）破损。由于虫咬、雹伤、机械破损等因素的影响，使叶片缺少一部分，而失去完整性。

（2）残伤。指烟叶的组织受到破坏，失去成丝的强度和坚实性，基本无使用价值，如病斑、枯焦、杂色等（不包括霉变）。

10. 级品要素

指用以衡量等级的外观因素，分品质因素和控制因素。品质因素说明或衡量烟叶外观品质优劣的因素。

四、分类、分组、分级

1. 分类

晾晒烟中的晒红烟属于红花烟草。

2. 分组

根据烟叶的着生部位，分上部叶、中部叶、下部叶组。颜色分组，红色、红黄色、青色、杂色组。

3. 分级

根据烟叶的成熟度、身份、叶片结构、颜色、光泽、油分、损伤度等外观品级条件，划分出级别，上部叶位二个等级，中部叶位三个等级，下部叶位三个等级，共八个等级。

部位分组特征见表1。

表1

部位	代号	叶形	叶脉	厚度
上部	B	叶片大，叶尖较尖	粗、突出、显露	厚
中部	C	叶片较宽	较粗	较厚
下部	X	叶片宽，叶尖较钝	较粗	薄

五、要求

1. 级品要素

指每个因素划分成不同的程度档次并和有关因素相应的程度和档次相结合，以勾画出各级的质量状态，确定各级的相对价值见表2。

表2

品质因素	品级要素	程度
	成熟度	成熟、尚熟、欠熟、过熟
	身份	厚、较厚、稍厚、较薄、薄

（续表）

品质因素	品级要素	程度
	叶片结构	疏松、尚疏松、稍密、紧密
	颜色	紫红、赤红、褐红、红黄、微青、活青、青黄、暗褐、青绿
	光泽	鲜明、尚鲜明、稍鲜明、稍暗、较暗
	油分	多、有、稍有、少
控制因素	破损度、以百分数表示	

2. 破损度，包括杂色、病斑、机械伤等，超过规定面积在下一级定级

1～4级必须是红黄色烟。

5级烟要求红黄色占70%以上，青色不超过30%，青烟在5级以下定级。

用同级烟叶捆把，每把叶片10～15叶片。

原烟收购水分超标，把腰超限，带小拐均按实际重量扣除。

复烤烟烤耗15%，碎耗1.5%，途耗1%，共计17.5%。

纯度允差不许隔级混等。

3. 纯度允差、破损度、水分、自然沙土率的规定见表3

表3

级别	代号	纯度	破损度（%）	水分		自然含土率（%）	
				原烟	复烤烟	原烟	复烤烟
1	B1	5	10	2～3季度18%，4季度22%	16%允差±1	0.5	1.0
2	B2	10	15			0.5	
3	CB3	15	20			1.0	
4	C4	20	25			1.5	
5	C5	25	30			1.5	
6	CX6	30	35			2.0	
7	CX7	35	40			2.0	
末级	N	35	45			2.0	

六、检验方法

水分、砂土检验。

七、检验规则

7.1　现场检验的取样数量，每批（同一级别）在100件以内者，取20%的样件，必要时酌情增加取样比例。每件自中心向四周检验5～7处，共约3～5kg，未成件的烟可全部检验，或按部位各取6～9处，3～5kg或30～50把进行检验。

现场检验中任何一方对检验结果有不同意见时，按本标准规定送交上一级质量监督主管部门进行

检验，检验结果如仍有异议，可再进行复验，并以复验为准。

7.2 实物样品

7.2.1 实物样品的制定要在当地质量监督部门的监督下，根据文字标准，每年制定一次。

7.2.2 实物样品的制定原则。

7.2.2.1 实物样品分别以各级中等质量的叶片为主，包括级内大致相等的较好和较差的叶片每把10～15片。

7.2.2.2 可用无残伤、无破损叶片。

7.2.2.3 实物样品是检验和验级的凭证，为验货的主要依据，以实物样品的总质量水平做对照。

7.2.2.4 加封时注明级别、日期、叶数并加盖批准单位印章。

八、包装

8.1 每件烟必须是同一等级。

8.2 包装材料必须牢固、干燥、清洁、无异味和残毒。

8.3 包内烟把排列整齐，把头向外，包体端正，不得有任何杂物。

8.4 包装类型

8.4.1 麻布包装，每包净重50kg，成包体积40cm × 60cm × 80cm。

8.4.2 捆包三横一竖，缝包不少于40针。

8.5 标志

8.5.1 标志内容，字迹清晰。

8.5.2 产地、级别（大写、代号）、重量（毛重、净重）、日期、供货单位名称。

8.6 运输

运输包件时，上面必须有遮盖物，包严、盖牢，防止日晒雨淋受潮。

8.6.1 不得与有异味和有毒物品混运，有异味和污染的运输工具，不得装运。

8.6.2 装卸必须小心轻放，不得摔包钩包。

8.7 贮存

8.7.1 垛高不超过5个，复烤烟不超过6个烟包。

8.7.2 烟包存放地点必须干燥通风，距离地面、墙面30cm以上。

8.7.3 存贮期间必须经常检查，防火、防霉，确保安全。

参考文献

陈荣平，邱恩建，宋宝刚，等. 2002. 烤烟新品种龙江911的选育及特征特性[J]. 中国烟草科学（4）：22-26.

陈泽鹏，陈元生，罗占勇，等. 2000. 烟草品种对青枯病的抗性鉴定初报[J]. 广东农业科学（2）：34-35.

程晓兵，李保江，韩彦东. 2014. 世界新型烟草制品发展状况[J]. 中国烟草（3）：38.

丛佩远. 2003. 烟草传入东北的途径与年代[J]. 北方文物（4）：81-90.

德国烟草国际出版公司. 2006. 烟草百科全书[M]. 烟草百科全书编委会，译. 北京：中国大百科全书出版社，432.

丁巨波. 1976. 烟草育种[M]. 北京：中国农业出版社.

董清山，解艳华，范书华，等. 2007. 龙杂烟一号的选育及其特征特性[J]. 牡丹江师范学院学报（自然科学版）（3）：30-31.

董清山，王艳，范书华. 2015. 晒烟新品种龙烟7号的选育及其特征特性[J]. 中国林副特产（2）：18-19.

董清山，王艳，范书华. 2010. 优质抗病晒烟雄性不育杂交种龙杂烟2号的选育及其特征特性[J]. 黑龙江农业科学（2）：131-133.

董清山. 2006. 晒烟新品种龙烟六号的选育及其特征特性[J]. 牡丹江师范学院学报（3）：19-20.

窦玉青，沈轶，朱先志，等. 2017. 晾晒烟主要化学成分与其苦味程度的关系[J]. 中国烟草科学，38（2）：88-92.

冯宇. 2005. 尼古丁替代法简介[C]//第12届全国吸烟与健康学术研讨会暨第二届烟草控制框架公约论坛论文集[C]. 深圳.

国家烟草专卖局. 2016. 中国烟草年鉴2016[M]. 北京：中国经济出版社.

姜洪甲，邢世东，马维广. 2009. 抗TMV烤烟种质资源材料筛选与利用研究初报[J]. 中国烟草科学，30（增刊）：53-55.

蒋慕东，王思明. 2006. 烟草在中国的传播及其影响[J]. 中国农史，25（2）：30-41.

蒋予恩. 1997. 中国烟草品种资源[M]. 北京：中国农业出版社.

蒋予恩. 1988. 我国烟草资源概况[J]. 中国烟草科学（1）：42-46.

解艳华，宋在龙. 1997. 黑龙江省晒烟资源利用现状与发展对策[J]. 延边大学农学学报，19（1）：55-58.

金爱兰，金妍姬，高崇. 2013. 晒红烟新品种延晒9号的选育及特征特性[J]. 延边大学农学学报，35（3）：190-193，205.

金爱兰，金妍姬，朴世领，等. 2014. 35份晒烟品种（系）对PVY和TMV病的抗性鉴定[J]. 延边大学农学学报，36（3）：204-210.

金爱兰，金妍姬，吴国贺，等. 2006. 晒红烟新品种延晒七号的选育及其特征特性[J]. 烟草科技（3）：48-51.

金爱兰，张文杰，郑成进，等. 2004. 延边晒红烟雄性不育一代杂交种延晒五号的选育及其特征特性[J]. 中国烟草科学（3）：25-27.

金爱兰，郑成进，徐振明，等. 2004. 晒红烟新品种延晒六号的其特征特性[J]. 烟草科技（4）：34-35.

金爱兰，郑成进，徐振明，等. 2006. 晒红烟早熟新品种“延晒八号”的选育[J]. 延边大学农学学报，28（1）：24-27.

金妍姬，金爱兰，高崇，等. 2014. 延边晒红烟杂交种延晒10号选育[J]. 延边大学农学学报，36（1）：6-11.

鞠馥竹，赵文涛，刘元德，等. 2019. 不同产区晒晾烟资源多样性的鉴定与评价[J]. 不同产区晒晾烟资源多样性的鉴定与评价中国烟草科学，40（2）：8-15.

匡传富，罗宽. 2002. 烟草品种对青枯病抗病性及抗性机制的研究[J]. 湖南农业大学学报（自然科学版），28（5）：395-398.

匡达人. 2000. 对烟草起源我国论的辨析[J]. 农业考古（3）：201-204.
兰俊荣，刘启彤，何宏仪. 2010. 部分烟草种质资源的青枯病抗性鉴定[J]. 福建农业科技（5）：62-63.
李虎林. 2009. 吉林省晒烟的栽培与调制学[M]. 长春：吉林人民出版社.
李梅云，冷晓东，肖炳光，等. 2012. 烟草抗黑胫病和TMV种质资源的鉴定与评价[J]. 安徽农业科学，40（23）：11 678-11 680.
李梅云，李永平，刘勇，等. 2011. 抗黑胫病烟草种质资源的田间筛选[J]. 云南农业大学学报，26（5）：725-729.
李梅云，许美玲，焦芳婵，等. 2016. 不同类型烟草种质资源对TMV的抗性鉴定[J]. 烟草科技，49（11）：7-13.
李毅军，王华彬，张连涛，等. 1996. 我国晒晾烟的传入及演变[J]. 中国烟草科学（4）：45-48.
李永平，马文广. 2009. 美国烟草育种现状及对我国的启示[J]. 中国烟草科学，30（4）：6-12.
林龙云，张燕云，周以飞，等. 2013. 抗花叶病烟草种质资源的鉴定与筛选[J]. 植物遗传资源学报，14（6）：1 173-1 178.
凌成兴. 2014. 谋划三大课题提升五个形象努力实现烟草行业税利总额超万亿元年度目标：在2014年全国烟草工作会议上的报告[R].
刘艳华，王志德，钱玉梅，等. 2007. 烟草抗病毒病种质资源的鉴定与评价[J]. 中国烟草科学，28（5）：1-4.
刘勇，秦西云，李文正，等. 2010. 抗青枯病烟草种质资源在云南省的评价[J]. 植物遗传资源学报，11（1）：10-16.
刘勇，许美玲，黄昌军，等. 2016. 高抗烟草花叶病毒的烟草种质资源筛选[J]. 种子，35（12）：51-54.
雒振宁，时焦，王聪，等. 2015. 湖北晒晾烟地方种质对烟草白粉病抗性的温室鉴定[J]. 烟草科技，48（1）：26-30.
孟坤，时焦，孙丽萍，等. 2013. 不同烟草品种对白粉病的抗性[J]. 烟草科技（12）：78-80.
世界姓名译名手册编译组. 1987. 世界姓名译名手册[M]. 北京：化学工业出版社.
陶卫宁. 1998. 论烟草传入我国的时间及其路线[J]. 中国历史地理论丛（3）：157-164.
田峰，田晓云，吕启松，等. 1999. 湘西晒红烟种质资源收集鉴定与创新[J]. 作物品种资源（3）：12-14.
佟道儒，蒋予恩，李毅军. 1986. 新疆霍城莫合烟[J]. 中国烟草（3）：29-31.
佟道儒，邵进翚编译. 1996. 烟草属植物[M]. 北京：中国农业出版社.
佟道儒. 1997. 烟草育种学[M]. 北京：中国农业出版社.
汪银生，张翔. 2006. 明清时期福建烟草的传入与发展[J]. 农业考古（1）：179-182.
王凤龙，时焦，钱玉梅，等. 2000. 烟草种质资源对黄瓜花叶病毒抗性鉴定研究[J]. 中国烟草科学（3）：1-4.
王凤龙，王刚. 2013. 图说烟草病虫害防治关键技术[M]. 北京：中国农业出版社.
王年，石金开，孔凡玉，等. 2000. 烟草品种资源对根结线虫病抗病性鉴定[J]. 植物病理学报，30（1）：82-86.
王仁刚，蔡刘体，任学良. 2011. 烟属起源与分子系统进化的研究进展[J]. 贵州农业科学，39（1）：1-7.
王仁刚，王云鹏，任学良. 2010. 烟属植物学分类研究新进展[J]. 中国烟草学报，16（2）：84-90.
王仁刚，杨春元，吴春，等. 2008. 贵州晾晒烟品种资源对根结线虫的抗性研究[J]. 安徽农业科学，36（17）：7 242-7 243，7 252.
王艳，董清山，范书华，等. 2009. 黑龙江省晒烟种质资源的收集与利用研究[J]. 中国烟草科学，30（增刊）：75-76，81.
王艳. 2007. 黑龙江省几个晒烟种质抗病性的比较鉴定[J]. 黑龙江农业科学（5）：14-15.
王元春，李敏莉，夏炳乐. 2006. 明清之际烟草在中国的传播和影响[J]. 阜阳师范学院学报（社会科学版）（3）：123-125.
王志德，牟建民，刘艳华，等. 2009. 我国烟草种质资源平台建设状况与发展思路[J]. 中国烟草科学，30（增刊）：1-7.
王志德，王元英，牟建民，等. 2006. 烟草种质资源描述规范和数据标准[M]. 北京：中国农业出版社.
王志德，张兴伟，刘艳华. 2014. 中国烟草核心种质图谱[M]. 北京：科学技术文献出版社.
王志德，张兴伟，王元英，等. 2018. 中国烟草种质资源目录（续编一）[M]. 北京：中国农业科学技术出版社.
巫升鑫，方树民，潘建菁，等. 2004. 烟草种质资源抗青枯病筛选鉴定[J]. 中国烟草学报，10（1）：22-24，40.
吴国贺，崔昌范，金爱兰，等. 2011. 吉林省晒烟热量区划[J]. 安徽农业科学，39（4）：2 040-2 042.
吴晗. 谈烟草[N]. 光明日报，1959-10-28.
萧德荣，周定国. 2001. 21世纪世界地名录（上中下册）[M]. 北京：现代出版社.

小川茂男. 1994. クバコ属植物图鉴（The Genus *Nicotiana* Illustrated）[M]. 日本東京都：日本たばこ产业株式会社.
解国庆，董清山，王艳，等. 2012. 牡丹江地区晒烟新品种（系）比较试验初报[J]. 中国农学通报，28（25）：139-143.
徐振明，郑成进，金爱兰. 1999. 延边晒红烟新品种“延晒四号”选育报告[J]. 延边大学农学学报，21（1）：19-22.
许美玲，李永平，殷端，等. 2009. 烟草种质资源图鉴（上、下册）[M]. 北京：科学出版社.
许美玲，卢秀萍，王树会. 1998. 烟草品种资源对根结线虫病的抗性评价[J]. 烟草科技（3）：42-43.
许石剑，肖炳光，李永平. 2009. 烟草抗TMV育种研究进展[J]. 中国农学通报，25（16）：91-94.
许文舟. 2008. 吸旱烟的佤族妇女[J]. 食品与生活（12）：28-29.
闫克玉，赵铭钦. 2008. 烟草原料学[M]. 北京：科学出版社，306-313.
杨春元，任学良，吴春. 2008. 贵州烟草品种资源（卷一）[M]. 贵阳：贵州科技出版社.
杨春元，吴春，任学良. 2009. 贵州烟草品种资源（卷二）[M]. 贵阳：贵州科技出版社.
杨春元. 2008. 贵州烟草品种资源（卷一）[M]. 贵阳：贵州科技出版社.
杨天瑞. 2013. 兰州水烟[J]. 发展（3）：47-49.
杨友才，周清明，朱列书. 2005. 烟草品种青枯病抗病性及抗性遗传研究[J]. 湖南农业大学学报（自然科学版），31（4）：381-383.
叶依能. 1986. 烟草：传入、发展及其他[J]. 中国烟草科学（3）：23-26.
于梅芳，王玉奎. 1980. “抢救”晒晾烟资源——关于补充征集烟草品种的意见[J]. 中国烟草（2）：37-38.
于梅芳. 1986. 我国烟草品种资源的研究[J]. 中国种业（1）：11-14.
于民. 兰州水烟兴衰记[N]. 甘肃经济日报，2006-06-01.
苑文林. 1990. 烟草属种名拉丁文中译名录：烟草属种名中译名之商榷[J]. 贵州烟草（2）：64-67.
云南省烟草科学研究所. 2009. 云南晾晒烟栽培学[M]. 北京：科学出版社.
张丽芬，黄学跃，赵立红. 2003. 云南优特异晾晒烟品种[J]. 云南农业（12）：10-12.
张文杰. 1990. 鼻烟杂谈[J]. 烟草科技（4）：46-48.
张兴伟，冯全福，杨爱国，等. 2016. 中国烟草种质资源分发利用情况分析[J]. 植物遗传资源学报，17（3）：507-516.
张兴伟，王志德，张久权，等. 2009. 中国烟草种质资源信息网的开发与应用[J]. 中国烟草科学，30（增刊）：32-36.
张兴伟，邢丽敏，齐义良，等. 2015. 新型烟草制品未来发展探讨[J]. 中国烟草科学，36（4）：110-116.
张兴伟. 2013. 烟草基因组计划进展篇：4. 中国烟草种质资源平台建设[J]. 中国烟草科学，34（4）：112-113.
赵彬，李文龙. 2002. 黑龙江省穆棱晒红烟[J]. 中国烟草科学（2）：40-41.
赵彬，朱华生，吴帼英，等. 1988. 穆棱晒烟[J]. 中国烟草（1）：18-20.
郑超雄. 1986. 从广西合浦明代窑址内发现瓷烟斗谈及烟草传入我国的时间问题[J]. 农业考古（2）：383-387.
中国农业科学院烟草研究所. 1987. 中国烟草品种志[M]. 农业出版社.
中国烟草白肋烟试验站、湖北省烟草科研所. 2009. 中国烟草白肋烟种质资源[M]. 武汉：湖北科学技术出版社.
中国烟叶公司. 2017. 中国烟叶生产实用技术指南[M]. 北京：中国烟叶公司.
訾天镇，杨升同. 1988. 晾晒烟栽培与调制[M]. 上海：上海科学技术出版社.
Alpert H R，Koh H，Connolly G N. 2008. Free nicotine content and strategic marketing of moist snuff tobacco products in the United States：2000—2006[J]. *Tobacco Control*，17（5）：332-338.
Aoki S，Ito M. 2000. Molecular phylogeny of *Nicotiana*（Solanaceae）based on the nucleotide sequence of the *MatK* gene[J]. Plant Biology，2（3）：316-324.
Baldwin B G. 1992. Phylogenetic utility of the internal transcribed spacers of nuclear ribosomal DNA in plants：an example from the compositae[J]. *Molecular Phylogenetics and Evolution*，1（1）：3-16.
Clarkson J J，Knapp S，Garcia V F，et al. 2004. Phylogenetic relationships in *Nicotiana*（Solanaceae）inferred from multiple plastid DNA regions[J]. *Molecular Phylogenetics and Evolution*，33（1）：75-90.
Goodspeed，T H. 1954. The genus *Nicotiana*[J]. *Chronica Botanica*，16：531-536.
Horton P. 1981. A taxonomic revision of *Nicotiana*（Solanaceae）in Australia[J]. *Journal of the Adelaide Botanic Gardens*，3：1-56.

Kenton A, Parokonny A S, Gleba Y Y, et al. 1993. Characterization of the *Nicotiana tabacum* L. genome by molecular cytogenetics[J]. *Molecular & General Genetics*: *Mgg*, 240（2）: 159–169.

Kitamura S, Inoue M, Shikazono N, et al. 2001. Relationships among *Nicotiana* species revealed by the 5S rDNA space sequence and fluorescence in situ hybridization[J]. *Theoretical & Applied Genetics*, 103（5）: 678–686.

Laskowska D, Berbec'A. 2003. Preliminary study of the newly discovered tobacco species *Nicotiana wuttkei* Clarkson et Symon[J]. *Genetic Resources and Crop Evolution*, 50（8）: 835–839.

Leitch I, Hanson L, Lim K, et al. 2008. The ups and downs of genome size evolution in polyploid species of *Nicotiana*（Solanaceae）[J]. *Annals of Botany*, 101（6）: 805–814.

Lewis R S, Milla S R, Levin J S. 2005. Molecular and genetic characterization of *Nicotiana glutinosa* L. chromosome segments in tobacco mosaic virus-resistant tobacco accessions[J]. *Crop Science*, 45（6）: 2 355–2 362.

Lim K Y, Matyasek R, Lichtenstein C P, et al. 2000. Molecular cytogenetic analyses and phylogenetic studies in the *Nicotiana* section Tomentosae[J]. *Chromosoma*, 109（4）: 245–258.

Olmstead R G, Sweere J A, Spangler R E, et al. 1999. Phylogeny and provisional classication of the Solanaceae based on chloroplast DNA[D]. London: Royal Botanic Gardens, Kew, 111–137

Stehmann J R, Semir J, Ippolito A. 2002. *Nicotiana mutabilis*（Solanaceae）, a new species from southern Brazil[J]. *Kew Bulletin*, 57（33）: 639–646.

Stepanov I, Jensen J, Hatsukami D, et al. 2008. New and traditional smokeless tobacco: Comparison of toxicant and carcinogen levels[J]. *Nicotine & Tobacco Research*, 10（12）: 1 773–1 782.

Symon D E, Kenneally K F. 1994. A new species of *Nicotiana*（Solanaceae）form near Broome, Western Australia[J]. *Nuytsia*, 9（3）: 421–425

Symon D E. 1998. A new *Nicotiana*（Solanaceae）from near coober pedy, South Australia[J]. *Journal of the Adelaide Botanic Garden*, 18（1）: 1–4.

Symon D E. 1984. A new species of *Nicotiana*（Solanaceae）from Dalhousie Springs, South Australia[J]. *Journal of the Adelaide Botanic Garden*, 7（1）: 117–121.

Volkov R A, Borisjuk N V, P anchuk I I, et al. 1999. Elimination and rearrangement of parental DNA in the allotetraploid *Nicotiana tabacum*[J]. *Molecular Biology and Evolution*, 16（3）: 311–320.

Yanhua Liu, Zhide Wang, Yumei Qian, et al. 2010. Rapid detection of tobacco mosaic virus using the reverse transcription loop-mediated isothermal amplification method[J]. *Archives of Virology*, 155（10）: 1 681–1 685.